家は生態系

あなたは20万種の生き物と暮らしている

NEVER HOME ALONE

From Microbes to Millipedes, Camel Crickets, and Honeybees, the Natural History of Where We Live

by Rob Dunn

ロブ・ダン 著
今西康子 訳

白揚社

モニカ、オリヴィア、オーガストへ　そして私たちと共に暮らすすべての種へ

目次

◉――〔　〕で括った箇所は訳者による補足です。

序章　ホモ・インドアラス

子どものころ、私は外で遊んで大きくなった。妹と二人で砦を築いたり、穴を掘ったり、小道を作ったり、蔓（つる）にぶら下がったり。家というのは、寝るために帰る場所、指がちぎれそうなほど外が寒くなったときにだけ遊ぶ場所だった。私たちが住んでいたミシガン州の田舎は、春先になってもそれくらい寒かった。それでも子どもたちはみな、普段は屋外で過ごしていた。

私たちの子ども時代以降、世の中はすっかり様変わりした。現代の子どもたちは、しばらくある建物の中で過ごすと、また別の建物に移動するというように、もっぱら建物の中で育っている。これは誇張ではない。現在、平均的なアメリカ人の子どもは、生活時間の九三パーセントを屋内または車内で過ごしている。アメリカの子どもたちだけではない。カナダの子どもたちや、ヨーロッパやアジアの多数の国々の子どもたちについても、同様の調査結果が報告されている。[1]

このような話を持ち出して、世界の現状を嘆こうというのではない。そうではなく、このような変化は、人類の文化的進化が全く新たな段階に入ったことの表れだと言いたいのだ。私たち人類は「ホモ・インドアラス（屋内人）」になった、あるいはなりつつある。私たちは現在、戸建住宅や集合住宅の、壁で仕切られた世界で暮らしており、しかも、集合住宅の各戸は、屋外よりもむしろ、廊下や周囲の家々とつながっている。

こうした変化に照らして考えるならば、どんな生き物が私たちと一緒に家の中に棲(す)んでいるのか、そうした生き物が人間の健康や暮らしにどんな影響を与えるのかを知ることこそ、私たちが真っ先に取り組むべき課題のように思われる。ところが実際には、ほんの上っ面のことしか解明されていないのである。

微生物学の黎明期(れいめいき)以降、家の中には他の生き物も生息しているということが知られるようになった。当時、アントーニ・ファン・レーウェンフックという一人の男が、自分の家屋や身体、さらには隣人たちの家屋や身体に、おびただしい数の生き物がいることを発見したのだ。彼は異常なほどの喜びと、畏怖の念すら抱きながら、このような生き物たちを研究した。しかし、彼の没後一〇〇年の間、中断された研究を再開しようとする人物は一人も現れなかった。やがて、家にいる生き物のなかに病気を引き起こすものがあることがわかると、研究の主眼はそのような生き物、すなわち病原体へと移っていった。その結果として、一般大衆の認識にも大きな変化が生じ、人間と一緒に棲んでいる生き物について考えると、頭っから、それは悪者であり、殺すべき相手だと考えるようになった。

こうした変化が人々の命を救ったわけだが、それが高じすぎて、その結果、ちょっと立ち止まって、家にいる他の生き物を研究したり、評価したりしようとする者が誰もいなくなってしまったのだ。ところが数年前、その状況が一変した。

私たちのグループを含めた複数の研究グループが、家の中にいる生き物について真剣に再検討を始めたのだ。コスタリカの熱帯雨林や南アフリカの草原にいる生物種の目録を作るようなやり方で、家の中にいる生物種を調べ始めたところ、調査を終えてびっくり仰天。当初の予測では数百種程度と考えられていたのだが、私たちの分析手法によると、二〇万種を超える生物が発見されたのである。その多くは顕微鏡でなければ見えないほど微小な生物だったが、肉眼で見えるにもかかわらず見過ごされてきた生物も少なくなかった。

息を吸ってみよう。大きく深く吸い込もう。呼吸をするたびに、肺の奥にある肺胞に酸素が届けられるが、それと一緒に数百種ないしは数千種の生物が肺の中に入って来る。腰を下ろしてみよう。どこに座っても、その周囲で何千種もの生物が漂ったり、跳ねたり、這(は)ったりしている。私たちは家の中で決して一人ぼっちではない。

ではいったい、どんな種類の生物が私たちと一緒に棲んでいるのだろうか？　もちろん、肉眼で見えるほど大きな生物もいる。世界中では、数十種、ことによると数百種に及ぶ脊椎動物と、それよりも多種類の植物が家の中で見つかっている。脊椎動物や植物よりもはるかに多様性に富んでいて、やはり肉眼で見えるのが、節足動物、すなわち昆虫とその親類である。節足動物よりも多彩で、しかも、必ずしも小さいとは限らないのが菌界の生物だ。菌類（真菌）よりも小さくて、肉眼では全く見えないのが細菌である。地球上に生息している鳥類と哺乳類の種の数よりも多い細菌種が、家の中で見つかっている。細菌よりもさらに小さいのがウイルスで、植物や動物に感染するウイルスの他に、バクテリオファージと呼ばれる、細菌を攻撃する特殊なウイルスもいる。

私たちは、こうしたさまざまな種類の生物をすべて、別個のものとして捉えている。しかし実際には、一緒にまとまって家に入って来ることが多い。たとえば、玄関から入って来た飼い犬は、体にノミを付けているが、そのノミの腸内には真菌や細菌が生息しており、その細菌にはバクテリオファージが付いていたりする。『ガリヴァー旅行記』の著者のジョナサン・スウィフトには、「ノミの体には、その血を吸う小さなノミ」という詩があるが、実際に起きていることはもっともっと複雑だったのだ。

生き物のことをこんなふうにいろいろ聞かされると、家に帰って掃除しよう、もっとごしごしこすってきれいにしなくてはと思うかもしれない。ところが、また別の意外な事実も明らかになっている。同僚たちと私が家の中の生物について調査したところ、生き物がわんさかいて多様性に富んでいる家屋に生息している生物種の多くは、人間の役に立っており、場合によっては人間にとって不可欠な存在であることがわかったのだ。

このような生物種のなかには、人間の免疫系が正常に機能するのを助けてくれているものもある。病原体や害虫の発生を抑え、それらと張り合ってくれているものもある。新しい酵素や薬剤の供給源になりそうなものも少なくない。新しいタイプのビールやパンの発酵に役立つものもある。そして、数千種の生物が、水道水を病原体のない状態に保つなど、人間にとって価値ある生態学的処理を行なってくれている。家の中にいる生物のほとんどは、害がないか、役に立つかのどちらかなのだ。

残念なことに、家の中にいる生物の多くは善良で、人間にとって不可欠でさえあることに科学者たちが気づき始めたちょうどそのころ、社会全体は、家の中を殺菌消毒することに精力を傾けるようになった。躍起になって屋内の生物を殺していくうちに、意図していなかった結果、しかし当然予想できたはずの結果を招くことになった。家の中を外部の世界から遮断しようとするだけでなく、殺虫剤や抗菌薬を使用すると、その矛先が有益な生物にも向かい、そのような生物を死滅させ、排除していくことになる。そして、知らず知らずのうちに、チャバネゴキブリ、トコジラミ、さらには命取りのメチシリン耐性黄色ブドウ球菌（ＭＲＳＡ）のような、薬剤耐性をもつ生物種に加勢してしまうことになるのである。

私たちは、このような薬剤耐性をもつ種の残存を有利にしているのみならず、その進化の速度を速めてもいる。人間と共に家の中に棲んでいる生物種の進化の速度は、おそらく地球上のどこよりも速いと思われる。たぶん地球の歴史上、最も速いに違いない。私たちはわざわざコストをかけて、屋内環境生物の進化の速度を速めているのである。その一方で、こうして新たに進化した、より厄介な系統と競り合うはめになった弱い生物種は姿を消していっている。そして言うまでもなく、こうした変化の影響はとてつもなく広い領域にまで及んでいる。というのも、屋内環境は、この地球上で最も急速に成長しつつある生物群系（バイオーム）のひとつであり、いまや屋外環境の生物群系（バイオーム）よりも大きくなっているからである。

このような変化について考えるには、特定の場所に注目したほうがわかりやすいのではないかと思う。そこで、ニューヨーク、その中でもマンハッタン島だけについて考えてみよう。図P・1に、マンハッタン島内の土地面積が示してある。大きい円が、屋内の床面積、小さい円が、土地面積である。マンハッタン島の屋内の床面積は、今や、土地面積の三倍に達しているのである。

こうした屋内の環境で生き残ることができた生物種はみな、大量の栄養源（人間の身体、食品、家屋）と、生存しやすい安定した気候を獲得している。そのような現実を考えるならば、屋内環境を無菌状態になどできるわけがない。「自然は真空を嫌う」という言葉を耳にすることがある。だが、それは正確ではない。むしろ「自然は真空をむさぼる」と言うべきだろう。競争相手がおらず、栄養源や棲み処（すか）を占有できる状況に置かれると、どんな生物種もあっという間にそこに棲みついてしまう。まるで、氾濫した川の水がドアの下から忍び込んできて、たちまち部屋の隅々にまで行き渡り、棚やベッドの下にまで入り込んでいくような素早さである。私たちに望めるのは、せいぜい、人間にとって害がなく、益をもたらす生物種を家の中に棲まわせることくらいなのだ。けれどもそれを意図するのであれば、まず最初に、すでに家に棲みついている生物種、ほとんど知られていない二〇万種ほどの生物種について理解を深める必要がある。

本書では、家の中の私たちの傍（かたわ）らにはどんな生き物がいて、それがどのように変化を遂げつつあるかをお話ししようと思う。家の中の生き物たちは、私たち人間の秘密、選択、そして未来に

図 P.1　現在、マンハッタン島の屋内エリアは、床面積でみると、島自体の面積の3倍近くにまで達している。都市の人口が増え続けて密集化が進むと、近い将来、世界中の人々の多くが、土地面積よりも床面積のほうが広い地域で生活するようになるだろう。(NES-Cent Working Group on the Evolutionary Biology of the Built Environment et al., "Evolution of the Indoor Biome," *Trends in Ecology and Evolution* 30, no. 4 [2015]: 223-232 の図を改変)

ついて語る。人間の心身の健康にも影響を及ぼす。家の中の生き物たちは、極めて大きな影響力を秘めながら、ちらちらと不思議な微光を放っている。家の中にいる生物種のほとんどはその実態がつかめていないが、ある程度はわかっているものもある。それをお話しするだけでも、あなたはびっくりするだろう。私たちの傍らで交尾し、餌を食い、繁栄を遂げている生物種の実態となると、見かけとはだいぶ違ってくる。

第1章　驚異

この研究を私は長いこと続けてまいりましたが、それは、今受けているような賞讃を得るためではなく、何よりもまず知識への渇望からであり、ほとんどの方々よりも私のほうが豊富な知識を備えていると自負しております。それと共に、何か注目すべきものを見つけたら必ず、発見したことを書き留めて、頭のいい方が誰でもそこから情報を得られるようにしておくことを自分の義務だと考えてまいりました。

——アントーニ・ファン・レーウェンフック
（一七一六年六月十二日の書簡より）

家の中にいる生き物たちの未開世界の研究が始まった時期を、正確に特定するのは難しいが、一六七六年のデルフトのある一日こそ、まさにそれに当たるかもしれない。アントーニ・ファン・レーウェンフックは、自宅から一ブロック半ほどのところにある市場に黒胡椒（くろこしょう）を買いに出かけた。魚市場、肉屋、そして市役所の前をぶらぶらと通り過ぎ、市場で黒胡椒を買って売り子に礼を言い、それから家に戻った。帰宅してすぐにレーウェンフックが行なったのは、料理に胡椒を振ることではなかった。ではどうしたのかと言うと、水を満たしたティーカップに一〇グラムほどの黒い粒をそっと投入した。そして、胡椒をしばらく水につけたままにしておいた。胡椒の実を柔らかくしてから、それを割って、中にあるピリッとした刺激のもとになるものを見つけ出そうと思っていたのだ。翌週も、その翌週も、胡椒の実がどうなっているかを繰り返しチェックした。そして、三週間ほど経ったとき、のちに非常に重要であったことが判明するある行動に出た。その胡椒水の一部を、自分で吹いて作った細いガラス管に吸い上げてみたのだ。その水は驚くほど濁っていた。そこで彼は、金属フレームにレンズが一枚取り付けられた、ある種の顕微鏡を通して、その水を観察してみた。この装置は、胡椒水のような半透明のものや、彼がのちに独学で考案する、固体の薄い切片を観察するのに優れた効果を発揮した。[1]

　レンズを通して胡椒水を観察したレーウェンフックの目に、何やら奇妙なものが映った。それが何であるかを突きとめるには、あれこれと工夫が必要だった。夜間の研究ならば、ロウソクをあっちに置いたり、こっちに置いたりしてみただろうし、窓からの光を利用していたのであれば、自分があっちこっちに移動しては顕微鏡を覗（のぞ）き込んだことだろう。いくつものサンプルで観察を試みた。そしてついに一六七六年四月二十四日、対象をはっきりと捉えることができた。彼が目にしたものは実に独特であった。「さまざまな種類の非常に微小な動物が信じられないほど多数いる」と記している。彼はそれまでにも微小な生物をいろいろと見てきたが、これほど小さいものは初めてだった。

一週間後、少しずつやり方を変えながら、この実験を繰り返した。まずはもう一度、粒のままの胡椒を使って、次は挽いた胡椒を使って、その次は雨水に浸した胡椒で、その次は別のスパイスでといったぐあいに、いずれも自分のティーカップに浸しては観察してみた。するとそのたびに、ますます多くの生物が彼の目に映ったのだ。これこそまさに、人間が細菌というものを初めて目撃した瞬間だった。しかもその発見がなされたのは、家の中。黒胡椒と水という、どの家のキッチンにもあるものを調べているうちになされた発見だった。レーウェンフックはこのとき、未開世界のふちに立っていた。自分の家の小さな未開世界に足を踏み入れようとしていた。彼は、それまで誰も見たことのない、この生物界の一側面を目撃したのである。問題は、彼が目撃したものを信じてくれる人物がいるかどうかだった。

レーウェンフックが顕微鏡を使って、身の回りの生き物や自宅内外の生き物を調べるようになったのは、それよりも一〇年ほど前の一六六七年頃のことだったと思われる。つまり、レーウェンフックが胡椒水の中に細菌を発見した瞬間は、それまで、何百時間、何千時間もかけて、自分の家や日常生活の中のさまざまなものを調べてきたのちに訪れたのである。チャンスは心の準備ができている者のところにやって来る、とよく言われるが、それ以上にチャンスに好かれるのは、何かに取り憑かれている者だ。何かに取り憑かれた状態というのは、科学者にとってはごく自然なことで、何かに対して集中的に、執拗なまでに好奇心を向けたときに現れる。しかし、科学者に限らず、どんな人間にもその可能性は開かれている。

レーウェンフックは、従来どおりの意味での科学者ではなかった。デルフトの実家を離れて奉公に出た彼は、織物商として、洋服生地やボタンをはじめ、服飾関連の細々とした物を商っていた。[2] レーウエンフックはおそらく、生地を形成する細かな糸の品質をチェックするために、何らかのレンズを使い始めたのだろう。[3] しかしその後、何かがきっかけとなって、自分の家の中にある洋服生地以外のものを覗いて回るようになった。そのきっかけは、ロバート・フックが出版した『ミクログラフィア（顕微鏡図譜）』だったかもしれない。[4] レーウエンフックはオランダ語しかできなかったので、ロバート・フックの英語の文章が読めたとは思えないが、フックが自身の顕微鏡で観察した対象物のスケッチから大きな刺激を受けた可能性がある。[5] 知られているレーウエンフックの性格からすると、彼はそのスケッチを見たあと、初めて編まれた蘭英辞書（一六四八年出版）を引きながら、フックの文章を一節ずつ読み解いていったであろうことが容易に想像される。

レーウエンフックが自作の顕微鏡を通してさまざまなものを観察し始めた頃には、他の科学者たちもすでに、顕微鏡を用いて、家屋に生息する生き物たちのそれまで知られていなかった細部を観察するようになっていた。ロバート・フックをはじめとするそうした科学者たちは、生物の細かい隙間に、全く思いも寄らない、既知の領域を超えた未知の世界の存在をほのめかすパターンを発見したのだった。ノミの脚、ハエの眼、フックの自宅の本の表紙に生えているケカビの長い胞子嚢柄（のうへい）――そうしたものすべてが、それまで目にしたことも、想像したことさえなかった微細な世界を垣間見せてくれていた。

今日、同じ生物を、同じ倍率で観察することができるが、私たちがそれを見たときの感じ方は、一六〇〇年代に同じものを見たときの感じ方とはまるで異なる。じかに自分の目で見て驚いたとしても、私たちはすでに、顕微鏡でなければ見えない微細な世界が存在することを知っている。しかし、顕微鏡が発明されてまだ間もない時代の科学者たちにとって、その体験はもっと驚きに満ちたものであり、生物界のいたるところに走り書きされた、まだ他の誰も見たことのない秘密のメッセージを発見するような体験だった。

自宅の中やその周辺にいる生き物を顕微鏡で覗いたレーウェンフックは、それまで知られていなかった細かな部分も見逃さなかった。たとえば、ノミを観察した彼は、ロバート・フックがすでに描いた細部をほとんどもらさずに描いたが、フックが見落としたものもしっかり捉えていた。砂粒ほどの大きさしかないノミの貯精嚢まで見つけたのだ。その貯精嚢にたくわえられているノミの精子まで観察して、それを自分の精子と比較している。[6]

観察を続けているうちに彼は、それまで人間の目に全く触れることのなかった生物、そもそも顕微鏡でしか見ることのできない生物の世界があることに気づき始めた。それはもはや、見過ごされてきた細部などではなく、もっと重要なものだった。レーウェンフックは、私たちが現在、原生生物と呼んでいるもの（サイズで一括りにされた単細胞生物）を発見したのである。それらは分裂した。動き回った。大きいものや、小さいもの、毛の生えているものや、生えていないもの、尾部をもつものや、もたないもの、付着性のもの、浮遊性のものと、実にさまざまな種類のものが存在していた。

レーウェンフックは、デルフトに住んでいる知人たちに、自分が発見したことを知らせた。彼の周りには、魚屋、外科医、解剖学者、貴族など大勢の友人がいた。そのような友人の一人が、レーウェンフックの自宅からさほど離れていないところに住んでいるライネル・デ・グラーフだった。デ・グラーフは若年ながら、深い学識を備えていた。たとえば、三二歳のときすでに、ファロピーオ管（卵管）の機能を解明している。レーウェンフックの発見に感銘を受けたデ・グラーフは、一六七三年四月二十八日、生まれたばかりの我が子の死を悼んでいるときであったにもかかわらず、レーウェンフックに代わって、ロンドンの王立協会の事務総長、ヘンリー・オルデンバーグに書簡を送ってくれた。その書簡の中で、デ・グラーフは、レーウェンフックが驚くほど優れた顕微鏡を持っていることを伝えたうえで、オルデンバーグと王立協会に対し、レーウェンフックに何か具体的な研究課題を、つまり彼の顕微鏡とスキルを活かせるような研究課題を与えるようにと熱心に勧めている。デ・グラーフは、レーウェンフックが自分の発見について記したメモの一部も同封した。

書簡を受け取るとすぐ、オルデンバーグはレーウェンフック宛に直接返信し、説明を添えた図解を送るように求めた。[7] 八月、レーウェンフックはその求めに応じて（悲しいことに、デ・グラーフはこのときすでに他界していたが）、カビの外観、ハチの刺針、ハチの頭部、ハチの眼、シラミの体など、自分には見えたけれども（フックも含めて）他の人々は見逃していたものについてさらに詳しく説明した。

一方、レーウェンフックの一通目の書簡、つまり、デ・グラーフが彼に代わって書き送った書簡が、五月十九日に、王立協会の発行する学術論文誌「フィロソフィカル・トランザクションズ」（世界で二番目に古い科学雑誌で、当時まだ創刊八年目だった）に発表された。これが、その後多数寄せられることになる書簡——現在のブログ記事に近い形の書簡——の第一号となった。これらの書簡は、きちんと編集されてはおらず、構成も必ずしも整ってはいなかった。本題から逸れたり、くどくど繰り返されたりということもしばしばだった。しかし、自分の家や町の中にいる微小な生き物たちの日々の観察記録というのは斬新だった。それまで誰一人見たことのない光景が記録されていたからだ。レーウェンフックが胡椒水についての観察結果を記録したのは、このような書簡のなかの一通、一六七六年十月九日に送られた一八通目の書簡だった[8]。

レーウェンフックは、胡椒水の中に原生生物を見つけた。原生生物という括りには、多くの種類の単細胞生物が含まれるが、そのどれもが、生物分類上、細菌よりもむしろ動物、植物、真菌に近い。レーウェンフックは、細菌を餌にしている原生生物である、ボド属、シクリディウム属、ツリガネムシ属の種と思われるものを描いている。ボドは長い鞭（むち）のような尾（鞭毛（べんもう））をもっており、シクリディウムは小刻みに震える毛（繊毛）に覆われている。ツリガネムシは、柄の末端で何かに付着し、周口部の水流を利用して餌をこしとる。

やがて、レーウェンフックは、もっとすごいものまで見つけてしまう。胡椒水の中にいる最も小さな生物は、彼の計算によると、幅が砂粒の一〇〇分の一、体積は一〇〇万分の一であった。現代の私たちならば、それほど小さいものは細菌以外にありえないと知っている。しかし一六七六年当時、細菌を目にしたことのある人間は一人もいなかった。それが、初めてここにその姿を現したのである。レーウェンフックは興奮で震えながら、さっそくそれを知らせる書簡を王立協会に送った。

これは、私が自然界で発見してきたありとあらゆる驚異のなかで、最高の驚異であります。私としましては、このような愉快な光景は目にしたことがないと申すほかございません。ほんの一滴の水の中に、何千という生き物がいて、すべて群がって移動しながら、それぞれ独自の動きをしているのです。(9)

王立協会は、レーウェンフックが送った一七通の書簡までは気をよくしていた。しかし、胡椒水に関する書簡では、彼はついに度を越して、真実の道から全くの想像の道にそれてしまったと考えた。とりわけロバート・フックはたじろいだ。フックは、『ミクログラフィア』が大成功を収め、誰もが認めるミクロの世界の第一人者となっていたが、これほど小さな生き物はいまだかつて見たことがなかったからである。フックと、もう一人の地位の高い王立協会会員、ネヘミア・グルーは、レーウェンフックの観察記録が誤りであることを証明しようと、その実験の反復に取りかかった。再現実験は協会の仕事の一つであり、単純な実証のために行なわれるのが普通だった。しかしこの件に関しては、単なる実証のためではなく、レーウェンフックが報告した観察記録が真実かどうかを判断する目的も兼ねていた。

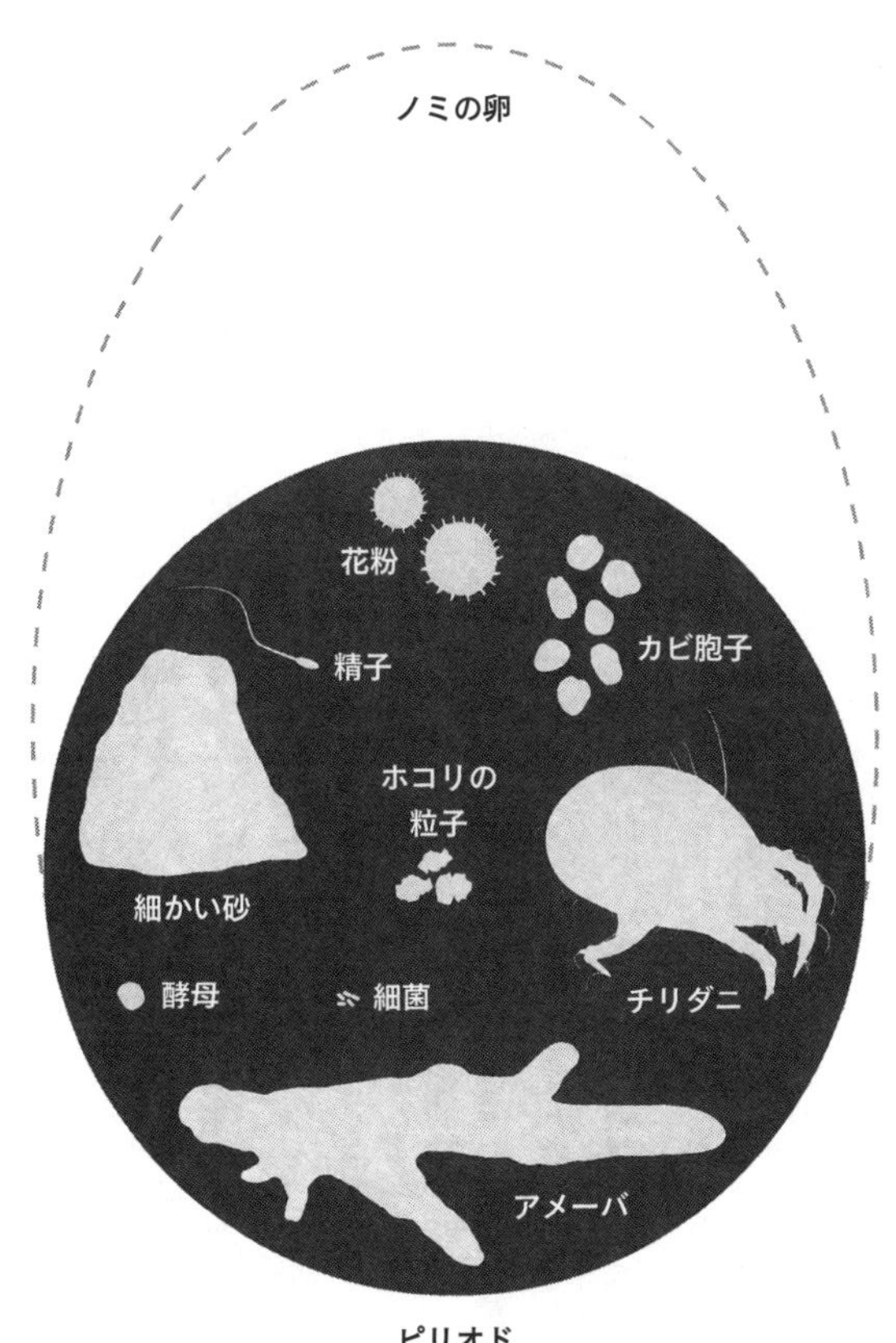

図1.1　レーウェンフックが自作の顕微鏡で観察したさまざまな生物や粒子。ピリオド(.)の大きさと比較してある。(イラストはニール・マコイ作成)

まず初めに、ネヘミア・グルーがレーウェンフックの観察結果を再現しようと試みたが、うまくいかなかった。ロバート・フックも自分でやってみようとした。フックは、レーウェンフックが胡椒、水、顕微鏡を用いて行なった手順をすべて繰り返したが、何も見えなかった。彼はぶつぶつと文句を言い、レーウェンフックをあざけった。それでも、もう一度、挑戦してみた。さらに努力を重ねて、もっと性能の高い顕微鏡をこしらえたのだ。三度目の試みでようやく彼も、そして最終的には王立協会の他の会員たちもなんとか、レーウェンフックが捉えたものの一端を見ることができるようになった。

そうこうするうちに、オルデンバーグが英訳したレーウェンフックの胡椒水の書簡が、王立協会によって発表された。この書簡が発表され、さらに、王立協会がレーウェンフックの観察記録を追認したことによって、細菌の科学的研究、すなわち細菌学の歴史が幕を開けたのである。ここで特に注目したいのは、どこの家のキッチンにもある胡椒と水を混ぜあわせたものの中で見つかった細菌、つまり屋内で見つかった細菌の研究によって、細菌学がスタートしたという点である。

その三年後、レーウェンフックは再び胡椒で実験を試みるが、今度は胡椒水を密閉したガラス管に入れた状態で実験を行なった。ガラス管内の細菌は、管内の酸素を使い果たしてしまったが、それでも何かが増殖を続け、中から気泡が出てきた。レーウェンフックはまたもや、胡椒水で新しいものを発見したのだ。今度は、嫌気性細菌、すなわち無酸素の状態で生育し、分裂することができる細菌の存在だった。またしても彼は、自宅にいる生物を研究していて、新たな発見をしたのだ。細菌全般の研究も、そして嫌気性細菌の研究も共に、家の中の生物を研究するところからスタートしたのである。

私たちは現在、そこらじゅうに細菌がいることを知っている。酸素がある場所にも、ない場所にも、暑いところにも、寒いところにも、ときに薄い層、ときに厚い層を形成して、ありとあらゆるどんな表面にも、どんな人の体内にも、空気中にも、雲の中にも、海底にも、細菌が存在することを知っている。これまでに数万種の細菌が同定されているが、それ以外に数百万種（ひょっとしたら数兆種）が存在すると考えられている。しかし、一六七七年当時は、レーウェンフックと王立協会の会員数人が発見した細菌が、世界で知られている唯一の細菌だった。

レーウェンフックの研究はこれまで、ともすると、新しい道具を使って身の回りを調べているうちに新たな世界が見えてきただけのように語られがちで、現在でもそんなふうに片付けられてしまうことがある。そうなると、話は顕微鏡やそのレンズのことだけで終わってしまう。しかし、話は実際、それほど単純ではない。今日では、レーウェンフックが使用したのと同倍率の顕微鏡をカメラに取り付けることができる（あなたはたぶんそうしているはずだ）。だとすれば、それを使って自宅の周囲を調べて回ることができるはずだが、だからと言って、レーウェンフックのように世界を捉えられるとは限らない。

レーウェンフックの発見は、単に、優れたレンズを取り付けた高性能の顕微鏡をいろいろと持っていたからもたらされたわけではない。その発見は、彼の根気、忍耐力、そして熟練の技があってこそ生まれたものなのだ。顕微鏡それ自体が不思議な力をもっていたのではなく、顕微鏡と、彼の丹念な手技、そして驚異の念に満ちた心とが相俟ってそうした力が生み出されたのである。

レーウェンフックは、他の誰よりも、壮大さに満ちたこの世界を視野に捉えることに長けていた。しかし、そのためには、他の人々が大変すぎてできないと思うような研究が必要だった。それゆえ、王立協会の会員たちは、レーウェンフックが発見した世界を目にしたにもかかわらず、本気になって研究を続けることができなかったのだ。ロバート・フックは、レーウェンフックの微生物の観察結果を検証したあと、およそ六か月間にわたって、自分の顕微鏡で微小な生物の観察を続けた。しかし、六か月でやめてしまった。フックをはじめとする他の科学者たちは、新たな世界をレーウェンフックに残したまま、手を引いたのである。レーウェンフックはミクロの世界の宇宙飛行士となり、彼以外のどんな人間が考えているよりも多様性に富み、なおかつ精緻極まる世界の探索に、たった一人で乗り出していった。

それから五〇年間生きているあいだに、レーウエンフックは自分の身の回りのありとあらゆるものをつぶさに記録していった。デルフトのものも、デルフト以外のものも（友人たちがよくサンプルを届けてくれた）何でも調べたが、とりわけ自分の家にいる生き物を徹底的に調べた。出くわしたものは何でも恰好の試料になった。側溝の水、雨水、積雪水も調べた。自分の口の中に微生物を見つけると、今度は近所の人の口の中を調べ始めた。生きている精子を（何度も繰り返し）観察して、生物種による違いを明らかにした。蛆は汚物から自然発生するのではなく、ハエの卵から生まれることを明らかにした。ある種のハチがアリマキの体内に卵を産むところを初めて記録したのも彼だった。ハチの成虫がエネルギー消費を抑えながら眠りについて越冬するという事実に初めて気づいたのも彼だった。長年にわたる熱心な研究を通して、誰よりも先に、多くの種類の原生動物や、貯蔵型の液胞[10]、横紋筋の縞模様を捉えた。チーズの外皮、小麦粉、その他いたるところに生物が棲みついていることを発見した。

九〇歳でこの世を去るまでの五〇年間ずっと、あちこち探しては、つぶさに観察し、驚異の目を見張って新たな発見をする、ということを何度も何度も繰り返した。ガリレオと同じく、ものも言えぬほど驚愕し、心を揺さぶられる日々を送った。しかし、ガリレオは、宇宙を仰ぎ、自分の仮説の正しさを立証してくれる恒星や惑星の動きを観測するだけで満足しなければならなかったのに対し、レーウェンフックは、自分が発見した世界に触れることができた。水の中に生物を見つけても、その水を飲み、ビネガーの中に生物を見つけても、そのビネガーを使い、自分の身体に生物が棲んでいるのがわかっても、そのまま生活を続けた。

　レーウェンフックが身の回りの生物について記したものと、現代の種名とを突き合わせるのは難しいので、彼がいったいどれだけの数の生物を見つけたのか数え上げることはできないが、数千種に上ったことはまず間違いないだろう。ともすると、レーウェンフックから、現代の屋内環境生物の研究まで、まっすぐに線を引いてみたくなるが、それをすると間違いをおかすことになる。というのも、レーウェンフックが亡くなるとすぐに、屋内の生物の研究自体がほとんど廃(すた)れてしまったからである。

レーウェンフックは大勢の人々に影響を与えたが、デ・グラーフが亡くなってからは、デルフトに真の盟友はいなかった。[11] 晩年には、娘が研究に協力していた可能性があるが、彼の死後、その観察を続行することはなかった。彼女の存命中は、試料も顕微鏡も保管されてはいたが、使用されないままだった。彼女が亡くなると、レーウェンフック自身が遺言で指定していたとおり、それらは競売にかけられ、その結果、彼の顕微鏡のほとんどが消失してしまった。彼が観察を行なっていた庭は、拡大するデルフトの市街地の一部に組み込まれた。彼のインスピレーションを開花させたに違いない幼少期の住まいはすっかり荒廃し、十九世紀に入ると取り壊されてしまった。現在、そこは学校の運動場になっている。彼が数々の発見をした家も、やはり取り壊された。[12] 彼の家が建っていたことを示す銘板が掲げられたのだが、間違った場所にはめ込まれてしまった。その誤りを正すために、また別の銘板が設置されたが、それもやはり正確な場所とは言えない(数え方によっては一、二軒ずれている)。

結局のところ、別の科学者たちが全く新たに、人体や家屋に棲みついている生物の研究を始めることになる。しかしそのときは、レーウェンフックの時代からすでに一〇〇年以上が経過しており、いくつかの微生物種が病気の原因になることが発見されていた。これらの微生物は病原体(病原菌)と呼ばれた。この病原菌が病気を引き起こすという考え(細菌説)は、ルイ・パスツールが唱えたとされている(しかし、微小な生物が人間の病気の原因になりうることをパスツールが立証したときには、もうすでに、微小な生物が農作物の病気の原因になりうることが実証されていた)。

細菌説の登場によって、病原菌が屋内微生物の研究の眼目となった。レーウェンフックも、微小な生物が問題を起こしうることに、うすうす気づいてはいたようだ（ある微生物のせいで、美味しいワインが不味いビネガーになってしまうことを明らかにしている）。しかし、自分が観察している生物のほとんどは無害だと考えていた。この点に関して、レーウェンフックの考えは正しかった。たとえば、世界中に生息する全細菌種のうちで、きまって病気を引き起こすものは五〇種にも満たない。たったの五〇種だ。それ以外はすべて、人間にとって無害または有益な細菌であって、細菌のみならず、ほとんどすべての原生生物や、ウイルスでさえそうなのだ（ウイルスの発見は一八九八年まで待たねばならないが、ウイルスもまたデルフトで発見された）。

病原体が、目に見えない世界に属していることがわかると、屋内にいる目に見えない生物すべてに対して戦いが宣言された。人間の身近にいる生物であればあるほど、徹底的に叩きのめそうとした。胡椒の実、側溝の水、ごく普通の家のいたるところにいる風変わりな生物などは、研究の対象から外されてしまう。そして時が経つにつれて、このような傾向にますます拍車がかかっていった。

一九七〇年には、屋内環境に関する研究はほとんど、病原体や害虫とその制圧方法に焦点を当てたものだけになっていた。屋内環境を扱う微生物学者たちは、いかにして病原体を殺すかを研究するようになった。微生物学者だけではない。屋内環境を扱う昆虫学者たちは、いかにして昆虫を殺すかを研究するようになった。屋内環境を扱う植物学者たちは、いかにして花粉を排除するかを研究するようになった。胡椒を扱う食品科学者たちは、胡椒が食中毒の原因にならないかどうかを検討するようになった。

　私たちは、身の回りの生物には、人間の心に感動を呼び起こす力があることをすっかり忘れ、さらに、身近な生物は人間を苦しめるだけでなく、味方にもなってくれる存在であることを認識する心の余裕を失った。私たちは、物語の一部分にしか関心を向けなくなってしまったのだ。これは大きな誤りで、それがようやく改善され始めたのはごく最近のことである。身の回りの生物を、以前のようにもっと包括的（ホリスティック）に捉えようとする大きな第一歩が、屋内環境とはまるで無関係に思える場所——イエローストーン国立公園やアイスランドの熱水泉——で踏み出された。

第2章　自宅の熱水泉

発見への動機づけには、好奇心と恐怖心をセットにするのがよい。恐怖を感じると、身が竦みながらも、心を奪われて、目を逸らすことができなくなる。気味の悪いもの、ちっぽけなもの、無視したくなるものにしっかりと目を向けよう。

――ブルック・ボレル『蔓延――トコジラミはいかにして寝室に潜入し世界を征服したのか』(*Infested: How the Bed Bug Infiltrated Our Bedrooms and Took Over the World*)

二〇一七年の春、微生物を扱ったあるドキュメンタリーの撮影のために、私はアイスランドに来ていた。[1] 撮影の一環として私たちは、熱湯が噴出し、硫黄のにおいが立ち込める間欠泉を見つけては、何度も何度もその傍らに立った。間欠泉を指差しながら、生命の起源についてカメラに向かって語るのが私の役目だった。あるときのこと、私はそのような間欠泉に一人置き去りにされてしまい、トラックが戻って来てくれるのをひたすら待つはめになった。[2] 撮影クルーは、ともすると無慈悲この上ない。私は途方に暮れながら、間欠泉についてじっくり考える時間を与えられることになった。寒い日だったので、硫黄のにおいが立ち込めていても、その場からずっと離れずにいた。暖かかったからだ。地殻の下の火山活動によって熱せられた間欠泉の熱湯が、大地の裂け目から噴き出していた。

夜空に対して無関心でいられるように、大地は動いているという事実を簡単に忘れていられる地域もある。しかし、アイスランドではそうはいかない。アイスランドの西半分と東半分は互いに反対方向に移動しており、そうやって引き裂かれた大地の裂け目を見逃すことはなかなかできない。ときには猛烈な火山噴火が起きて、空が暗くなってしまうこともある。また、私が傍らに立ったような間欠泉が、毎日欠かすことなく地面から噴き上がってくる。ところで、この間欠泉で生息している生物は、今、あなたの家で起こりつつあることと、想像もつかないほど密接に関連しているのだ。

間欠泉の温熱中で生物が生存・繁殖していることがわかったのは、一九六〇年代になってからのことだ。当時インディアナ大学にいたトマス・ブロックが、まずアメリカのイエローストーンで、その後、アイスランドの、私がいた場所から程近いところで調査を行なった。ブロックは、間欠泉の周囲の色鮮やかな模様に強く興味を引かれた。岩肌の色が、黄、赤、ピンクから、緑、紫へと変わっていた。ブロックは、このような模様を作り出しているのは単細胞生物ではないかと考えた。[3] 実際、そのとおりだった。そして、そのなかには細菌だけでなく、古細菌（アーキア）も含まれていた。古細菌は、生物分類において、細菌とは全く別のドメインで、細菌と同じくらい古くてユニークな生物である。[4]

さらに、ブロックは、間欠泉の生物の多くは「化学合成生物」、すなわち間欠泉の化学エネルギーを生物エネルギーに変えられる生物であることを発見した。太陽の助けを受けずに、無生物から命を作ることのできる微生物である。[5] 光合成が進化する遙か以前から存在していたのは、おそらくそういった微生物であり、原初の微生物コミュニティはそのようなものだったに違いない。それらの生物は、地球最古の生物化学的環境を彷彿とさせるものだった。私を温めてくれている間欠泉の周囲にできた厚い敷物のようなマットの中でも、そのような生物が繁殖しているのが確認できた。

しかし、間欠泉の生物はそれだけではなかった。シアノバクテリア（藍色細菌）も熱水に生息して、光合成を行なっていた。さらにブロックは、他の細菌の細胞やハエの死骸など、沸騰する熱水の中で渦巻く有機物を栄養にして生きている細菌も発見した。最初のうち、彼はこのようなスカベンジャー〔死骸を食べる生物〕にはそれほど興味を引かれなかった。なぜなら、ブロックが研究している化学合成細菌とは違って、化学エネルギーを命に変えることはできず、他の生きている生物か死骸を見つけて食べなくてはならない細菌だからである。しかし検討の結果、それらは新種の細菌、しかも全く新たな属の細菌であるとの判断をブロックは下した。熱を好むことから属名を「テルムス属」とし、水中に棲んでいることからこの細菌を「テルムス・アクウァーティクス」と命名した。

哺乳類や鳥類の場合には、新種が発見されたらニュースになって当然で、新しい属が発見されたとなれば、さらに大事件である。[6] しかし細菌の場合はそうではない。新種の細菌を見つけるのはそう難しいことではないうえに、この新種の細菌、テルムス・アクウァーティクスには、微生物学者たちがまず着目する特徴について、あまり興味をそそる点がなかった。たとえば、胞子形成はしない。細胞は黄色の棒状。グラム陰性。すべてありきたりで、面白みが全くなし。しかし、非常に不思議なことがあった。

ブロックが実験室内でテルムス・アクウァーティクスを確認できたのは、培地を摂氏七〇度以上に保ったときだけだった。この細菌はさらに高い温度を好み、八〇度もの高温になってもまだ生きていた。水の沸点は一気圧では摂氏一〇〇度だが、標高が高くなると沸騰温度は下がる。ブロックは、地球上で最も高温に強い細菌の一種を培養していたのである。[7]

彼がのちに記しているように、この生物を見つけるのは決して難しいことではなかった。そのような高温下で微生物の培養を試みた者が、他に誰もいなかっただけのことなのだ。実験室では、熱水泉から採取したサンプルを摂氏五五度で培養していたが、その温度がテルムス・アクウァーティクスの生育最適温度よりも低すぎたのである。その後の研究で、極度の高温条件下でなければ培養できない細菌や古細菌の世界全体が明らかになってきた。そのような微生物にとって、私たちが日常生活を営んでいる温度はあまりにも低すぎて生息不能なのである。

ではなぜ、屋内環境について語る本で、テルムス・アクウァーティクスのことを取り上げたりするのだろう? 間欠泉などの熱水泉の温度や環境は、日常とはかけ離れているように思うかもしれないが、実を言うと、日常生活で私たちの身の回りにある環境にとてもよく似ているのだ。

ブロックの研究室のある学生は、テルムス・アクウァーティクスやそれに類する細菌が、ひょっとしたら私たちのすぐそばで、誰にも気づかれずに生きているのではないだろうかと考えた。その仮説を検証するために、その学生とブロックは、ブロックの研究室のコーヒーメーカー（テルムス属の生育にうってつけなほど高温のマシン）を調べてみた。このマシンが研究エネルギーをチャージしてくれていることを考えれば、探すのにふさわしい場所であったろう。しかし、コーヒーメーカーにはいなかった。

ブロックは、身近にあって、高温の液体を含んでいる場所があやしいのではないかと考えた。たとえば、人間の身体だ。人体は熱水泉の温度には到底及ばないが、発熱する瞬間を求めて細菌が存在しているのではないかと考えたのだ。ひょっとしたら。調べるのに手間はかからなかった。ブロックは人間の唾液のサンプルを「作った」（それが自分の唾液だったのかどうかメールには書いていなかった。ということは、科学者たちの行動を見てきた私の経験からして、それは彼の唾液だったということだ）。彼は唾液からテルムス・アクウァーティクスを培養しようと試みた。しかし、そこにもテルムス・アクウァーティクスはいなかった。人間の歯や歯肉も調べてみた（レーウェンフックならば、やはりそうしていただろう）。しかし、そこも結果は同様で、他の好熱性細菌も見つからなかった。湖からサンプルを採取したが、そこにも、近くの貯水池にもいなかった。自分のラボ（研究室）があるジョーダン・ホールの温室のサボテンも調べてみた。そこにもいなかった。それはやはり、熱水泉にしかいない細菌種なのだろう。

しかし念のために、ブロックはもう一か所だけ調べてみた。ジョーダン・ホールにある自分のラボの給湯栓である。ブロックのラボは、一番近い熱水泉からも三〇〇キロ以上離れていた。にもかかわらず、ラボの給湯栓から出る熱湯には、テルムス・アクウァーティクスらしき細菌が含まれていたのである。驚きの発見だった。ブロックは、給湯器が細菌に棲み処を提供したのではないかと考えた。給湯栓から出て来る湯はたしかに温かいが、熱水泉ほどではない。ほぼ完璧な棲み処は、給湯器そのもののはずだ。おそらく、給湯器に棲みついている細菌が、ときおり湯の流れに乗って給湯栓に運ばれて来てしまうのだろう、と。

そうこうするうちに、やはりインディアナ大学にいた別の研究者二人、ロバート・ラマレイとジェーン・ヒクソンが、ジョーダン・ホールでさらに好熱性細菌のサンプリングを行なった。そして二人もやはり高温に強い細菌を発見した。それは、ブロックが見つけたテルムス・アクウァーティクスによく似ていたが、全く同じではなかったので、さしあたりテルムスX－1と呼ぶことにした。[8] テルムス・アクウァーティクスとは違って、黄色ではなく透明だった。また、テルムス・アクウァーティクスよりも増殖速度が速かった。ラマレイは、これはテルムス・アクウァーティクスの新変種ではないだろうかと考えた。テルムス・アクウァーティクスの黄色色素は、野ざらしの熱水泉で日光から身を守るための適応ではなかろうか。だとすれば、建物内の水源に棲みついたこの変種は、高価で不必要な色素を産生する能力を失ったに違いない、と。この時すでにウィスコンシン大学に移っていたブロックは、建物内のテルムス属についてもっと詳しく研究すべき時だと判断した。

ブロックは、実験助手のキャサリン・ボイレンと共に、ウィスコンシン大学の近くの一般家庭とコインランドリーの給湯器を調査した。コインランドリーでは、一般家庭用のものよりも大型の給湯器が持続的に使用されていることが多いので、好熱性細菌がもっと高確率で棲みついているかもしれない。ブロックとボイレンは、現地に出向いては、給湯器のタンクの配管を外してその内部を調査した。給湯器の内部は、熱水泉と同じくらい、極めて高い温度になる。そのうえ、どんな水道水にも、テルムス・アクウァーティクスの生存におそらく十分なほどの有機物質が含まれている。

　今から一〇〇年以上前、生態学者のジョセフ・グリンネルは、ある生物種の生存に必要な一連の条件を満たす場所を表すのに、「ニッチ」という用語を用いた。このニッチという言葉は、中期フランス語の「ニーシュ」(「巣ごもる」の意)に由来している。もともとは、彫像その他の装飾品を置くために、古代ギリシャ・ローマ建築の壁面に設けられた窪み(壁龕(へきがん))を指す言葉だった[9]。その窪みには彫像がぴったりと収まった。それと同じように、給湯器の温度や栄養源は、テルムス・アクウァーティクスの生育条件にぴったりとはまるらしい。

ただし、ある生物が、ある場所で生存可能だからと言って、必ずそこに来るとは限らない。科学者たちは現在、生物種の基本ニッチ(生息可能な環境)と実現ニッチ(実際に生息している環境)とを区別している。給湯器がテルムス・アクウァーティクスの基本ニッチだとしても、それが実現ニッチかどうかは、全く別の問題だった。

　しかし調べてみると、それは実現ニッチだった。ブロックとボイレンは、マグマにさらされている間欠泉や、インディアナ大学ジョーダン・ホールの給湯器の湯だけでなく、ウィスコンシン州マディソンの家々やコインランドリーの給湯器でもテルムス〔テルムス属の細菌〕が生息しているのを発見したのである。しかも、そのような給湯器内で見つかった細菌は、生物などどこにも見つからないような極端な高温環境に対する耐性を備えていた。ブロックはテルムスを見つけるために最果ての地まで出かけていった。しかし実は、自分の研究室の近所のサッズ・アンド・モア〔コインランドリー〕の奥を探しても同じ発見ができたのである。[10]

ブロックの研究以降、給湯器のテルムス・アクウァーティクスに関する論文を発表した科学者はまだいない。しかし、アイスランドの給湯栓から出る熱湯に、テルムス属の新種が見つかった。[11]それは、ブロックとボイレンが給湯器内で発見したのと同じ無色素の種であることが判明した。この種は現在、テルムスX－1ではなく、テルムス・スコトダクタスと呼ばれている。[12]

ペンシルベニア州立大学の大学院生、レジーナ・ウィルピゼスキは、これまで数年間かけて給湯器のサンプリングを行ない、この細菌が給湯器内に生息する主要種なのかどうかを調べている。どうやらそうらしい。調査の結果、全米各地の給湯器からテルムス・スコトダクタスが発見されたのだ。ウィルピゼスキがサンプリングを行なった一〇〇の給湯器のうち、三五の給湯器からテルムス・スコトダクタスが見つかった。ウィルピゼスキの研究はまだ終わっていないが、すでにそれは新たな疑問を投げかけている。なぜ、給湯器内にこの細菌がいるのか、どうやってそこにたどり着いたのか？　逆に、熱水泉で生息できる他の多くの好熱性細菌が、まだ給湯器内に棲みついていないのはなぜなのか？　年季の入った給湯器に、熱水泉で見られるような、微生物の複雑な色彩模様がついていないのはなぜなのか？　これまでのところ、これらの疑問のいずれにも答えられていない。

他の地域の給湯器には、もっと別の種の好熱性細菌が棲みついているのではないかと私は推測している。遙か遠いニュージーランドやマダガスカルの給湯器で見つかる種が、全く独特の種であろうことは想像にかたくない。しかし本当のところはわかっていないのだ。レーウェンフックの取り組みを引き継ぐ者がほとんどいなかったように、ブロックの研究を引き継ぐ者も現れていない。[13]ウィルピゼスキのような研究をしているのは彼女ただ一人だ。テルムス・スコトダクタスが私たち人間や給湯器に（良いにせよ悪いにせよ）何らかの影響を及ぼすのかどうかもわかっていない。給湯器内のテルムス・スコトダクタスが、何か役に立つ特性をもっているのかどうかもわかっていない。ただ、給湯器以外の場所から採取された同種については、有毒な六価クロムを無毒な三価クロムに変える力があるらしいことなどがわかっている。[14]

ともかくも、テルムスをめぐる物語は、屋内環境生物の研究史において重要な意味をもっている。それは、家の中の生態系が従来考えられていた以上に多様性に富んでいること、そして、大いに注目されている病原体だけでなく、もっともっと多くの種が棲んでいることを示してくれるものだった。テルムスをめぐる物語はこのような事実を、レーウェンフックの時代以降、最もはっきりと思い出させてくれたと言ってよい。さらに、給湯器内のテルムスの存在は、現代の住環境が、以前には決して身近にいなかった生物種をいつのまにか屋内に招き入れてしまう可能性を秘めていることを教えてくれた。結局のところ、給湯器内のテルムスの存在こそが、屋内の生物の調査を少しずつ広げていく力になったのである。その存在こそが、私のような研究者に、それはテルムスに限ったことではなく、もっと大きなストーリーの一端なのではないかと考えるきっかけを与えてくれたのである。

家の中には、極めて冷たい低温環境もあれば、極めて熱い高温環境も見つかる。世界中の環境の微小生態系（マイクロコズム）が見つかる。このような微生物が屋内の極限環境を見つけて棲みついていたにもかかわらず、それを探し出す人間はそれまで一人もいなかった。しかし、それは当然と言えば当然のことなのだ。なぜならば、屋内環境研究の次なる革命を起こすには、新たな研究手法の登場を待たねばならなかったからである。そして、その新たな研究手法、すなわち、シャーレで培養できなくてもその微生物を同定できるような研究手法の開発を可能にしたのは、他ならぬテルムスの尋常ならざる性質だったのである。

近年、ほとんどの細菌種は、実験室内では培養できないことがわかってきた。依然として「培養不能」なのである。必要とされる栄養物質や環境条件がわからないと、採取したとしても、それに気づくことさえない。言い換えると、微生物学史のほとんどの期間は、聡明で粘り強い生物学者がそのニーズを解き明かして、培養不能種を培養可能にしない限り、そのような種は研究することもできなかったということだ。テルムスがまさにそうで、ブロックが高温での培養を試みるまで見落とされていた。

しかし、身の回りにいる培養不能な生物を捉える私たちの能力は、最近になって一変した。培養方法が全くわからない生物種を研究し、理解することが、現在では可能になったのである。それには、トマス・ブロックがテルムス・アクウァーティクスやその近縁細菌を発見したことが少なからず貢献している。[15]

培養不能な生物種を検出して同定するために現在用いられている主要ツールは、厳密に言うと一連の実験手順だ。各工程が流れ作業的に行なわれることから、ふつう「パイプライン」と呼ばれている。[16] パイプラインのスタート地点にサンプルを挿入すると、反対側から、生きているもの、死んでいるもの、休眠状態のものも含め、サンプル中に存在する生物種のリストが出てくる。この解析パイプラインは、私たちの研究の中で頻繁に用いられるようになってきたアプローチなので、詳しく知っておいて損はない。

解析パイプラインは、まずサンプルの採取から始まる。サンプルが実験室に届いたら、液体が一滴入っている小さなチューブに入れる。サンプルは、ホコリ、糞便、水など、細胞やDNAを含んでいるもの、あるいは含んでいそうなものなら何でもよい。液体中には、界面活性剤、酵素、そして砂粒ほどの大きさの微細なガラスビーズが入っている（このビーズが、卵を割るように細胞を破砕して、そのDNA、すなわち細菌の遺伝情報を取り出すのを助けてくれるのだ）。そのあとチューブを密封して、加熱し、振動させてから遠心分離機にかける。重いビーズや細胞の断片の多くはチューブの底に沈む。私たちにとってのお宝である、密度の低いDNAの鎖が一番上に浮遊するので、プールの水面に浮かんでいる死んだ蠅（はえ）をすくうような要領で、それをすくい取る。[17] ここまではすべてとても簡単なので、生物学入門の実験で、寝ぼけた学生が指示をほとんど無視して行なったような場合でも、問題なくできる。

このようにして得られた（つまりその細胞から「抽出」された）ＤＮＡをもとに生物種の同定をするためには、ＤＮＡの塩基配列を解読する必要がある。シークエンシングと呼ばれるプロセスである。これがなかなか厄介なのだ。顕微鏡が、すでにそこにある物体を視覚的に拡大して肉眼で見えるようにする装置であるのに対し、シークエンシングという手法では、まずＤＮＡの量を増やすことによって、ＤＮＡに書き込まれている目に見えない遺伝情報を読み取れるようにする必要がある。問題は、ＤＮＡを構成するヌクレオチド、つまり遺伝情報である文字が読み取れるほどにＤＮＡの量を増やすにはどうすればよいか、ということだった。

ウイルスのＤＮＡを除き、すべてのＤＮＡは二本鎖になっている。相補的な二本の鎖が、分子のファスナーのようなものでつながっているのである。ＤＮＡの二本鎖を（そっと）ほどいてやれば〔加えて必要な酵素と材料があれば〕、それぞれの鎖が複製されること、そしてその操作を繰り返していけば、研究や解読に十分な量にまでＤＮＡが増えることは、かなり早い時期からわかっていた。ＤＮＡの二本鎖は、加熱すれば解離させることができる。そこまでは簡単だった。一本鎖になったＤＮＡを複製するには、ポリメラーゼと呼ばれる酵素（ヒトの細胞も含めた生物の細胞がＤＮＡを複製するために用いている酵素）を用いればよい。ＤＮＡの二本鎖を解離させて、いくらかのポリメラーゼと、プライマー（どのＤＮＡ領域、つまりどの遺伝子を複製するのかをポリメラーゼに知らせるＤＮＡ断片）、そしていくらかのヌクレオチド〔ＤＮＡ鎖の材料〕を加えれば、ＤＮＡは複製されていく。

問題は、ＤＮＡの二本鎖を引き離すことができるほどの高温は、ポリメラーゼを破壊してしまうということだった。この問題を回避するために採られたのは、加熱するたびに新たなポリメラーゼとプライマーを加えるという、何とも稚拙で、費用も手間もかかる方法だった。とりあえずうまくはいったものの、ひどく時間がかかった。あまりにものろいので、細菌研究の場では、ほとんどの微生物学者が、培養可能な一部の細菌だけに注目し、培養不能な未知の細菌はさしあたり無視しておくという状態が続いていた。

そこに解決策が登場したのだ。それをもたらしたのは、テルムス・アクウァアーティクスだった。テルムス・アクウァアーティクスのポリメラーゼは高温でも安定して働いた。むしろ、高温下に置かれたときに最もよく働いた。このポリメラーゼこそ、まさに、このような研究に必要とされるものだった。ブロックがテルムス・アクウァアーティクスを発見してから数年後、テルムス・アクウァアーティクスのポリメラーゼ（「Ｔａｑポリメラーゼ」）を高温下のＤＮＡ溶液に加えると、ＤＮＡがどんどん複製されていくことが明らかになった。

熱耐性のポリメラーゼを用いてＤＮＡを複製する方法は、ＰＣＲ（ポリメラーゼ連鎖反応）法と呼ばれている。ＰＣＲ法と言われても、何やら抽象的で、科学のおまけ程度にしか思えないかもしれない。しかし、父子関係の判定にせよ、ホコリの中の細菌の調査にせよ、世界中で実施されている遺伝子検査のほぼすべての根幹をなしているのが、このＰＣＲ法なのだ。熱水泉や給湯器で発見された細菌の種族、屋内にいる妙な生物への探究心をかきたててくれる種族は、このような現代の科学研究を推し進めるのに不可欠な酵素までも提供してくれているのである。[18]

遺伝学者や技師や医師たちが、ポリメラーゼ連鎖反応でどの遺伝子を複製するのか、その結果得られたＤＮＡのコピーをどのように解読するかは、研究の目的や用いられる手法によってそれぞれ異なる。

あるサンプル中に存在する細菌のすべてを網羅的に検出しようとする研究では、ただ一つの遺伝子、16ＳｒＲＮＡ（16Ｓリボソーム ＲＮＡ）遺伝子を増幅することが多い。この領域は、細菌や古細菌の機能の中核を担っているので、この四〇億年の間ほとんど変化していない。それゆえ、調べようとするどんな細菌種や古細菌種にもこの遺伝子は存在しており、科学者にとって頼りになる存在だ。この遺伝子には種を識別するのに十分な違いはあるが、その遺伝子だと認識できなくなるほどの違いはない。

この複製された多数の遺伝子コピーを解読する手法には、実にさまざまなものがある。複製したサンプル、またはしようとするサンプルに、標識を付けたヌクレオチドを混ぜておくという方法もある。ヌクレオチドに、シークエンサーで読み取れる物質でしるしを付けておくのだ。シークエンサーは、プライマー（ヌクレオチドが連なってできているＤＮＡ鎖の起点）から読み始め、そのあと、それに続く文字を読み取っていく〔遺伝情報は四種類の塩基の配列によってコードされている。塩基とはＤＮＡ鎖の構成単位であるヌクレオチドに含まれる部位のことで、それぞれＡ、Ｔ、Ｇ、Ｃの文字で表される。シークエンサーはこの文字（塩基）の配列を読む〕。場合によっては何十億にもなる、サンプル中の個々のＤＮＡコピーについて読み取りが行なわれ、ＤＮＡコピーすべての塩基配列が記載された膨大なデータファイルが作成される。これらのコピーを相互の類似性に基づいて分類し、その塩基配列を、研究に基づくデータベースに収録されている既知の生物種の塩基配列と比較すればいい[19]。

このプロセスの仕組みは、一点だけを除いて常に変化している。そして年を経るごとに、より安価かつ簡易になってきている。ポータブルのシークエンスデバイスも登場目前だ（実はもうすでに開発されているのだが、塩基配列の読み取りにエラーが起きやすい。しかし、それもいずれ改善されるだろう）。

そんなわけで、今日では、少なからずテルムス・アクウァーティクスのおかげもあって、サンプルを採取したらそれを「シークエンシング・パイプライン」に通して、そのサンプル内に、生きているか死んでいるかを問わず、どんな生物種が存在するのかを明らかにすることが可能になっている。サンプル内に存在する生物種を、目で捉えられなくても、培養できなくてもかまわない。生物学者たちは今や、土壌、海水、雲、糞便、その他どこにいる生物でも見つけ出すことができる。生物学者たちは今や、培養可能な種のみならず、培養方法がまだわからない非常に多数の種をも見つけ出すことができる。私が大学院生だった頃には、そんなことはまず不可能だったし、想像すらできなかった。それが現在ではごく普通のことになっているのだ[20]。

今から一〇年ほど前、同僚たちと私は、そのような手法を用いて家の中にいる生物を調べてみることにした。ドア枠のホコリを綿棒で拭い、水道水を一滴採り、あるいはクローゼットから服を一着取り出し、そのサンプル内のＤＮＡを解読することによって、そこに存在するほぼすべての生物種を検出することが、当時ようやく可能に、しかも安価にできるようになったのである。

レーウェンフックは、身の回りの生物に自作の単式レンズ顕微鏡を向けた。私たちは、身の回りの生物をシークエンシング・パイプラインに通すことにした。調査を始めた時には、いったい何が見つかるものやら、見当もつかなかった。しかし、その結果に、私たちは度肝を抜かれることになる。家の中で見つかった生物種の数のあまりの多さと、それがこれまでずっと見過ごされてきたという、意外な事実の両方に驚かされたのである。

第3章 暗闇に目を凝らす

モンスターが自分の中にいることに気づいたとき、ベッドの下でモンスターを探すのをやめた。

——チャールズ・ダーウィン

家の中の生き物を知ろうとする私の探究は、熱帯雨林にそのルーツがある。学部学生だったころ、私は第二学年の一時期を、コスタリカのラ・セルバ・バイオロジカル・ステーション〔ラ・セルバ自然保護区にある熱帯研究所〕で過ごした。コロラド大学ボルダー校の大学院生で、シロアリの一種、ナスティテルメス・コルニジェルの研究をしているサム・メシエの助手をして過ごしたのだ。

シロアリの働きアリは、森の枯れ木や枯れ葉を食べているが、このような餌は炭素には富んでいるものの、窒素が少ない。餌に不足している窒素を補うために、シロアリは、空気中の窒素を固定することのできる細菌を腸の中に棲まわせている。これらの働きアリや女王、王、そして幼虫からなるコロニーは、兵隊アリによって守られているのだが、この兵隊たちは、アリやアリクイといった敵に向けて、テレビン油に似た物質を放出する長い鼻の大砲を備えている。その鼻の大砲があまりにも長いために、兵隊アリは自分で餌を食べることができず、それゆえ、働きアリに与えてもらう栄養か、細菌が空気中から集める栄養に頼るしかない。

ナスティテルメス・コルニジジェルのコロニーには、このように餌を他者に頼っている兵隊アリが多数いるところもあれば、わずかしかいないところもある。そこで、シロアリのコロニーは、繰り返しアリクイの攻撃を受けると兵隊アリの数を増やすのではないか、とサムは考えたのである。この彼女の仮説を簡単に検証する方法があった。一部のシロアリの巣には、アリクイの攻撃を模した刺激を加え、他のシロアリの巣にはそれをせずに、両者を比較すればいい。このアリクイの攻撃を真似るのが私の役割だった。私は来る日も来る日も、マチェテ（鉈）を手に、次から次へとシロアリの巣を巡り歩いた。

二十歳の私の中に依然として潜んでいる少年にとって、これはすばらしい仕事だった。私はマチェテで草や木をなぎ払いながら、森の小径を歩き回るようになった。私の中の若い科学者は嬉しくてたまらなかった。調査中は、サムがうんざりするまで科学について話した。ランチやディナーのときは、相手がげんなりするまで、他の科学者たちに話しかけた。そして、疑問に答えてくれる人が誰もいなくなると、私はひたすら歩いた。夜間には、ヘッドランプを着け、懐中電灯と予備の電灯を持って小径を歩いた。[1]

夜の森は、生き物たちのざわめきや、生き物たちのにおいに満ちていたが、目に見えるのは、ライトに照らし出されたものだけだった。まるで、生き物を照らしている光が、それを生み出しているかのようだった。私は、暗闇で光る眼を見て、それがヘビなのか、カエルなのか、哺乳類なのか、見分けられるようになった。眠っている鳥のシルエットを見ただけで、それが何の鳥かわかるようになった。また、樹の葉や樹皮をじっくりと気長に観察するようになった。というのも、巨大なクモ、キリギリス、鳥の糞に擬態した昆虫がそこに潜んでいるからだ。

ドイツ人のコウモリ研究者に頼んで、夜間にいくたびか、張り網を用いたコウモリの捕獲に連れていってもらったこともある。当時、私は狂犬病〔イヌ、ネコ、コウモリなど哺乳類に感染する人獣共通感染症〕のワクチンを接種していなかった。しかし、彼はまるで気にかけなかった。二十歳の私も、そんなことは気にも留めなかった。彼は私にコウモリ類の種の見分け方を教えてくれた。コウモリの食性が、花蜜食、昆虫食、果実食など、種によって多様であることを教わったのもこのときだ。鳥を捕食する大型のコウモリ、チスイコウモリモドキにも遭遇した。その大きさたるや、張り網を引き裂いて穴を開けてしまうほどであった。

こんなふうにして観察を続けるうちに、裏づけには乏しいながらも、自分なりの仮説が頭に浮かぶようになった。それは「解明しうることのほとんどがまだ解明されていない」というもの。私はこの考えがすっかり気に入った。根気よく観察していると、だいたいどんな丸太や木の葉の下からも未知のものが見つかる。私は発見することが大好きになった。

コスタリカ滞在を終えるまでに、私が助手をしたサムは、マチエテで挑発すればするほどシロアリのコロニーは兵隊アリを増員する能力があることを明らかにした。[2] 研究はそこで終了だったが、その体験で私が得たものは後々まで生き続けることになる。私はその後の一〇年間のほとんどを、ボリビア、エクアドル、ペルー、オーストラリア、シンガポール、タイ、ガーナなどで過ごし、あちこちの熱帯雨林に赴いては、それをつないで全体像を描こうとするかのように森を巡り歩いた。その後、温帯地域に戻ったが、ミシガンやコネチカットやテネシー州に戻ってくると、誰かしらがチャンスをくれて――航空券や任務や飯の種をくれて――気がつくと再び私はジャングルの中にいた。

そうこうするうちに、熱帯雨林だからこそと思っていた発見や喜びと同じものを、砂漠や温帯林など、他の地域にも見出すようになった。そしてついに、裏庭でも同じ経験をするようになる。裏庭に目を向け始めたのは、ラボの新入生、ブノワ・ゲナールが来てからのことだ。アリに惚れ込んでいるブノワは、ローリーにやって来ても、アリを探して森に通い詰めていた。すると、彼にも私にもわからない種類のアリが見つかった。それは、アジア原産の外来種、オオハリアリだった。[3] このアリは誰にも気づかれることなく、ローリーに広まっていたのである。

オオハリアリを研究するうちに、ブノワは、このアリがそれまで昆虫には見られなかった行動をとることに気づいた。たとえば、働きアリが餌を見つけると、フェロモンで道しるべを付けながら巣に戻るのではなく、帰巣した後、他の働きアリをつかまえて餌のところまで運び、そこに投げ落とすのだ。「ほらここにあるぞ!」と。[4] ブノワは、原産地でオオハリアリを研究するために日本に渡った。そしてそこで、オオハリアリと類縁関係にある、全く新しい種のアリを発見した。そのアリは、気づかれることもないまま、都市部やその周辺も含め、日本南部の各地に広がっていたのである。[5] しかし、このような新発見は、まだ序の口でしかなかった。

同じ頃、ローリーでは、高校生のキャサリン・ドリスコルがラボを訪ねてきた。キャサリンは、トラを研究したいと言う。うちではトラの研究はしていないので、ダルマアリ属の一種のディスコシレア・テスタシア、別名「タイガー・アント」を調べてみてはどうかと、ブノワと二人で提案した。実はキャサリンには内緒だったが、「タイガー・アント」という名前はでっちあげにすぎず、しかも、このアリの生きているコロニーを見つけた者はまだ誰もいなかったのだ。けれども、キャサリンは探しに出かけた。探しているうちに、他のことに気を取られて別のものに関心が向くようになるだろうと私は高を括っていた。ところがなんと、キャサリンは「タイガー・アント」を見つけてしまったのである。しかも、うちのラボとオフィスが入っている建物のすぐ裏手で見つけたのだ。彼女は一八歳にして、「タイガー・アント」つまりディスコシレア・テスタシアの女王の生きている姿を目にした最初の人間となった。[6]

まもなく私たちは、ローリー以外にも範囲を広げて、もっと若い生徒たちに裏庭のアリの採集を手伝ってもらうことにした。[7] 全米の子どもたちに自宅の裏庭のアリを捕まえてもらえるように採集キットも作った。すると、発見率はさらに高まっていった。ある八歳児が、ウィスコンシン州にもオオハリアリがいることを発見した。また別の八歳児がワシントン州でもこのアリを見つけた。オオハリアリが、アメリカ合衆国南東部だけでなく、いたるところに生息域を広げているとは、それまで誰一人気づいていなかった。

子どもたちに参加してもらったこの裏庭のアリ調査は、ラボに変化を巻き起こした。一般市民に呼びかけて発見に協力してもらう機会が増え始めたのだ。最初は数十人だったが、やがて数百人、そしてたちまち数千人が、自宅近辺の調査に参加してくれるようになった。そして、このような市民と共に行なう裏庭調査に続いて、私たちはついに、屋内環境生物の研究に着手したのである。

一般市民と一緒になって、裏庭で新たな種や生態を発見するのはスリリングな体験だった。なんといっても、それは日々の生活に密接に関わってくる発見だったからだ。調査を通じて人々は、身の回りの世界には、まだ知られてない不思議なものが潜んでいることに気づいていった。私の願いは、自分が二十歳のときにコスタリカで体験したような感動と興奮を――身近な場所にも未知のものがあると知っていれば、故郷のミシガン州でも体験できたであろう感動と興奮を――ちょっとでも味わってもらうことだった。一緒に調査する人々が、実際にほとんどの時間を過ごしている場所、つまり自宅の中の未開世界で、新たな種や生態やその他の発見ができたなら、ますますエキサイティングな体験になるのではないかと私たちは考えていた。

屋内環境生物の研究のほとんどは、害虫や病原体に関するものだったので、それ以外の生物種が見過ごされていることは容易に想像がついた。当時、非病原性で人に無害な、面白い屋内環境生物の研究（たとえば、給湯器にいるテルムス・スコトダクタスに関する研究など）があちこちで個別に行なわれてはいたが、どれも単発の小規模な調査ばかりで、継続的な大規模調査ではなかった。そもそもフィールドステーションの内部を調査する拠点など存在しなかった。そのような時期に、私は、屋内を調査するチーム、一回限りではなくその後も成長を続けるチーム、世界各地の科学者と一般市民（成人、家族、青少年）から編成されるチームを作ったのである。みんなで力を合わせながら、レーウェンフックが味わったような感動を求めて、できることに取り組んでいこう。

準備はほとんど整っていた。しかし、まだ肝心なことが決まっていなかった。どこから着手するのか、そして、どんな方法で見つけるのか、ということだ。私たちは細菌から始めることに決めた。サム・メシエと共にナスティテルメス属のシロアリを研究して以来、私は巣の中の細菌に興味をもつようになっていた。家屋というのは、結局のところ、大きな巣ではないか。細菌などの微生物、肉眼では見えない生物種のなかにこそ、最大の発見がありそうに思われた。

しかし、このような生物種を研究するには、単式レンズ顕微鏡以上のものが必要になる。だが時代は変わっていた。ここでノア・フィエールの登場と相成るのだ。彼は（サム・メシエが大学院生として在籍していた）コロラド大学ボルダー校の微生物学者だが、このノアが、家屋内に棲んでいる生物を見つけ出すツールを提供してくれた。ホコリの中にどんな生物種が存在するかを、彼はそのＤＮＡに基づいて突きとめることができた。つまり、ホコリの中に存在する生物のＤＮＡ塩基配列を特定することによって、私たちが日々吸い込んだり、その中で活動したりしている、目に見えない生物の正体を明らかにすることができたのである。[8]

受けてきた教育からしても、興味の対象からしても、ノアは土壌微生物学者である。彼は土壌にすっかり魅せられている。私がジャングルに見出すのと同じ驚異を、土壌の中に見出し、発見に我を忘れてしまう。しかし幸いなことに、彼は、それ以外の場所に棲んでいる生物に対しても好奇心が旺盛だ（無我夢中になると言ったほうがいいかもしれない）。ただしそれは、生物の大きさがカビ胞子以下の場合に限られる。アリやトカゲについて話し始めると、ノアの眼はどんよりしてくる。

研究対象とする微小な生物の棲み処こそ異なるものの、ノアは、レーウェンフックと同じく、ごく普通の道具を新たな方法で使いこなす非凡な才能をもっている。レーウェンフックが顕微鏡を発明したとよく言われるが、顕微鏡を発明したのは彼ではない。レーウェンフックは非常に特殊な顕微鏡を持っていた、というのも必ずしも真実ではない。レーウェンフックの顕微鏡について言うならば、非凡なのはレーウェンフック自身だった。それと同様に、ノアの研究について言うと、並外れているのは、サンプル中の微生物の遺伝情報を解読する優れた装置を持っていることではない（持ってはいるが）。非凡なのは、そのような装置を使いこなして、他の人たちが見逃してきたものを捉えるテクニックなのだ。

家屋内で採取されたサンプルにはどんな生物種がいるのか、ノアが、サンプル中に存在するDNAの塩基配列を決定することによって、それを突きとめてくれるだろう。ノアとそのラボのメンバーが、各サンプルからDNAを抽出し、テルムス・アクウァーティクス（または、その他の好熱菌）の酵素を用いてそのDNAのコピーを増やしたのち、サンプル中のすべての種が共通してもっている特定の遺伝子の塩基配列を解読する。そうすることで、培養方法がわかっている種だけでなく、培養不能な種の存在も明らかになるのだ。私たちは一般市民やノアと協力して、生きているものや、死んでいるもの、休眠状態のものや、分裂しているものも含め、家の中にいる細菌すべてを見つけ出すことができるだろう。

私たちは市民の協力を募って、四〇世帯の一般住宅のそれぞれ一〇か所から、綿棒でホコリを採取してもらう計画を立てた。調査の対象はすべて、私がずっと暮らしてきた町、ノースカロライナ州ローリーにある住宅とした。まずどこから調査するかを決める必要があったが、屋内環境についてはほとんど何もわかっていなかったので、実際にはローリーでもどこでも良かったのだ。そして、サンプルの採取場所としては、まず冷蔵庫を選んだ。ただし、庫内の食品ではなく、食品のそばに生えているものを採取した。屋内側と屋外側両方のドア枠に積もったホコリも採取した。ベッドの枕カバー、トイレ、ドアノブ、キッチンカウンターも調べた。私たちが出向くのではなく、参加者たちに、これらの場所すべてでのサンプリングをお願いした。

調査に参加してくれる各世帯[9]には、屋内の各所からサンプルを採取するのに用いる綿棒を送った。使用済みの綿棒に付いているホコリには、科学ジャーナリストのハンナ・ホームズが「解体された世界の断片」と呼んだもの、つまり、塗料、衣類、カタツムリの殻、ソファーの生地、イヌの毛、エビの殻、大麻の残りかす、皮膚などの破片が含まれているだろう。そのホコリには、生きている細菌も、死んでいる細菌も含まれているだろう[10]。参加者が採取済みの綿棒を密封チューブに入れてノアの研究室に送ると、そこで、それぞれのホコリサンプル中に含まれている、ほぼすべての細菌種が明らかになる。ノアのラボが、ホコリの中に潜んでいる生物を照らし出す光となるのである。

ノアがこの家屋調査でどのような結果を予想していたかはわからないが、調査の開始時に科学文献でどんなことが知られていたか、つまり、十七世紀のレーウェンフックの研究以降、どんなことがわかってきていたかをお話ししよう。一九四〇年代の初めに行なわれた研究の結果、人体由来の細菌が家屋内のあちこちで見つかることが明らかになった。人体由来の細菌は、人間が長い時間を過ごす場所、そのなかでも特に、トイレの便座、枕カバー、リモコンなど、素肌で触れる場所で繁殖している。ちなみに、このような研究は、カリフラワーに付いている糞便細菌や、枕カバーに付いている皮膚病原体など、有害な細菌を見つけてそれを徹底的に除去することに主眼が置かれていた。心配の要らないものにはあまり関心が向けられていなかったのだ。

その後、一九七〇年代からの研究で、家の中にはもっと別種の生物も棲んでいることが明らかになった。たとえば、給湯器内のテルムス属細菌や、排水管に潜んでいる珍しい細菌などである。これらの新たな研究によって、家の中を探してみると、新たな生物がいろいろと見つかる可能性が示唆された。そこで今回、実際にやってみたのだ。

その結果、四〇世帯から、合わせて八〇〇〇種類近い細菌が見つかった。全米に生息している鳥類と哺乳類の種の数にほぼ匹敵するほど多種類の細菌が見つかったのだ。検出されたのは、人体に棲む細菌としてよく知られているものばかりではなかった。それまで知られていなかったものも多く、なかには極めて珍しい細菌も含まれていた。私たちは、四〇世帯の家屋という、言わば木の葉をめくって、その下に未開の荒野を見つけたのである。検出された細菌の多くは、科学界で知られているどの種とも一致しなかった。それらは、新種、場合によっては、新しい属の生

図 3.1　DNA サンプルを手早く遠心分離機にかけるジェシカ・ヘンリー。これは、環境試料から分離したDNA をシークエンサーにかけるのに不可欠な前処理の一つ。（ローレン・M. ニコルズ撮影）

物だった。私は天に舞い上がるような気分だった。またジャングルに戻ってこられたのだ。といっても日常生活のジャングルだが。

私たちは、もっと多くの家屋でサンプリングしてもらうことに決めた。少し時間がかかったが、屋内環境生物の研究への資金提供という野心的な取り組みをすでに始めていたスローン財団に、より大規模な研究への資金援助を確約してもらうことができた。また、全米各地に暮らすさらに一〇〇〇人の人々に、自宅の四か所のホコリを綿棒で拭ってもらう約束をとりつけた[11]。

その一〇〇〇世帯から採取したサンプルで、前回と同じように細菌の検出を行なった。この二回目の家屋群でも、ローリーで見つかったのと同じような種が見つかったと思うかもしれない。そう言えなくもなかった。ローリーで見つかった種の多くが、フロリダ州の家屋でも、アラスカ州の家屋でも見つかった。けれども、ローリーにはいなかった種、つまり、それぞれの家屋やそれぞれの地域にしかいない新種も見つかった。合計すると、八万種あまりの細菌および古細菌が見つかったのだ。最初のローリーのサンプルで見つかった種の一〇倍に及ぶ。

その八万種のなかには、地球最古の系統に分類される生物種がほとんどすべて含まれていた。細菌や古細菌のさまざまな種のうち、似た種をまとめて属という分類階級で括り、さらに属をまとめて科、科をまとめて目、目をまとめて綱、綱をまとめて門という分類階級で括っている。いくつかの門は、太古の昔から存在しているが、今日ではほとんど見かけなくなっている。ところが、家の中を調べてみると、地球上でこれまでに知られている限りの、ほぼすべての門の細菌や古細菌が見つかったのである。一〇年前には、その存在すら知られていなかった門の生物たち、それが枕や冷蔵庫から発見されていった。

地球上の生命の壮大さ、その歴史に思いを馳せて、謙虚な気持ちになった。家の中にいる生物の意味を真に理解するためには、何万種にも及ぶ生物の自然史を詳細に研究する必要があるだろう（私たちはまだそこには到達できていない。あと数十年はかかるだろう）。しかしそこまでは至らないにせよ、大まかなパターンが見えてきた。この大量の生物群をもう少しわかりやすく分類する方法が見えてきたのだ。

屋内で見つかった細菌種の一部は、すでにある程度注目されている細菌、すなわち人体由来の細菌だった。これらのほとんどは病原菌ではないが、腐食性生物であって、彼らが生息できるのは、人間の身体は生きている間も少しずつ朽ちている、という何とも不愉快な現実があるからなのだ。私たち人間は、行った先々に生物の大群を残していく。家の中を歩き回ると、皮膚の表層の死んだ細胞が剝がれ落ちる。「落屑（らくせつ）」と呼ばれる現象だ。どんな人でも、一日におよそ五〇〇〇万個の皮膚断片（鱗屑（りんせつ））が身体から剝がれ落ちている。そして空中を漂う鱗屑一つ一つに数千個の細菌が棲んでいて、それを食べている。これらの細菌は、鱗屑のパラシュートに乗って、降りしきる雪のごとく、私たちの身体から降り注いでいるのだ。私たち人間はさらに、唾液その他の体液や糞便に乗せて、あちこちに細菌を残していく。その結果、家屋内の私たちが過ごした場所には、私たちの存在の跡が残されている。これまでに調査してきたどの家屋でも、人が身を置いたすべての場所から、その人が生きている証である微生物が見つかった。[12]

人間が通った跡に細菌を残していくのは当然のことだ。避けようがないし、悪影響を及ぼすこともほとんどない。少なくとも、近代的な廃棄物処理施設があり、「清潔」な飲料水（その意味するところについては後述する）が供給される状況下では無害だ。あなたや他の誰かが座ったあと、その椅子に残していった細菌の圧倒的大多数は有益もしくは無害な種で、ほんの束の間、あなたが落としていったものを何でも食べて、それから死んでいく。

彼らは、食物の消化を助け、必要なビタミン類を生成してくれる腸内細菌だ。彼らは、全身の皮膚表面にいて、病原菌を寄せ付けないように守ってくれている皮膚常在細菌だ。彼らは、病原菌が皮膚に付着したときに、身体がそれを撃退するのを助けてくれる腋窩（えきか）細菌だ。私たち人間が移動する先々に残していく、この微生物の跡について考察している研究は、今や何百件にも及んでいる。こうした研究のことはニュースを見てご存知だと思う。ヒト由来の細菌は、携帯電話、地下鉄のポール、ドアの取っ手でも見つかる。ヒト由来の細菌は、人が行くところならどこにでもいて、人口密度が高い地域ほどその数も多い。これからもずっとそれは変わらないが、それでかまわないのだ。

調査では、人体の落屑由来の細菌のほかに、腐敗した食品由来の細菌も見つかった。このような細菌は、当然ながら、冷蔵庫内やまな板表面に最も多かったが、それ以外の場所でも見つかった。テレビから採取されたサンプルの一つは、ほとんど食品由来の細菌ばかりだった。時折、そのようなサンプルを前にして、どういうことなのか見当がつかなくなることがある。科学の世界は謎だらけだ。[13]

それはともかく、家の中で見つかるのが、食品を腐敗させる細菌や、人体から徐々に剝がれ落ちる垢(あか)を食べている細菌だけならば、科学的見地からみて特に注目すべき点はない。コスタリカに赴いて、熱帯雨林が樹木に覆われているのを「発見」するのと大して変わりない。ところが、人体由来の細菌や、腐敗した食品由来の細菌だけで話は終わらなかった。まだまだその先があるのだ。

さらに詳しく調べてみたところ、別の種類の微生物が見つかったのである。それは、ブロックが探していたかもしれないような細菌や古細菌、つまり、極限環境を「好み」そこで繁殖する極限環境微生物だった。古細菌や細菌ほどのサイズの生物にとって、あなたの家には、信じられないほどの極限的な環境がある。このような極限環境のほとんどは、私たち人間が意図せずに作り出した新たな生息場所だ。家の中には、極寒の凍原(ツンドラ)に匹敵するほど冷たい冷蔵庫や冷凍庫がある。家の中には、酷暑の砂漠よりも熱いオーブンや、そしてもちろん、熱水泉に劣らぬほど高温の給湯器もある。家の中にはまた、ある種の食品(たとえばサワードウブレッドの元種)のような極度に酸性の環境や、練り歯磨き、漂白剤、洗浄剤のような極度にアルカリ性の環境もある。こういった家屋内の極限環境の中から、それまで深海や氷河や遠い塩砂漠にしかいないと思われていた生物種が見つかったのである。

食器洗浄機のソープディスペンサーは、高温状態でも、乾燥状態でも、湿潤状態でも生存できる微生物が繁殖している特異な生態系のようだ。[14] ストーブの中には、極端な高温下で生きられる細菌が棲んでいる。最近、オートクレーブ(研究所や病院で器具などの滅菌作業に用いられる超高温の装置)の中で、古細菌の一種が生き延びているのが発見された。[15]

とうの昔にレーウェンフックは、胡椒の中に妙な生き物が混じっていることがあるのを明らかにした。私たちは、塩でもやはり、そういうことがあるのを発見した。買ってきたばかりの塩に、ふつうは砂漠の塩類平原やかつて海底だった場所でしか見つからない細菌が混じっているのだ。台所の流し(シンク)の排水管には、他所では見かけない、細菌と微小なチョウバエが一緒になったものが付着している。チョウバエの幼虫が、排水管内に繁殖している細菌を餌にしているのだ(そうとは知らずに、このハエをよく見かけているのではないだろうか。ハート型をした翅(はね)にレースのような模様があるのが、チョウバエの成虫だ)。乾燥状態と濡れた状態が交互に繰り返されるシャワーホースの内側は、普通は沼地にしかいない珍しい微生物の膜で覆われている。

　このような新たな生態系は、たいてい物理的に小さい。加えて、そのような生物種は、たいていニッチ幅が狭い。極めて特殊な条件を必要とする場合が多いからだ。その結果、見逃されやすい。屋外に生息しているニッチ幅の狭い生物種がやはり目立たないのと同じだ。たとえば、キャサリンが見つけた「タイガー・アント」がなかなか見つからないのは、それがクモの卵鞘（らんしょう）にしか、しかも卵鞘を地下に隠すクモの卵鞘にしか生息していないからなのだ。

　極限環境生物が見つかったことが、この調査での最大の発見だったわけではない。他にもすばらしい発見があった。一部の家屋からではあるが、この調査で確認された多種多様な生物の多くを占める一群の細菌が見つかったのだ。それは、森林や草原に由来する細菌、通常は土壌、植物の根や葉、昆虫の腸管内から見つかる細菌である。これが最も多様性に富んでいたのは、屋外側のドア枠で、それに次ぐのが屋内側のドア枠だった。さらに（全部ではないが）一部の家屋では、ドア枠以外のあちこちでも見つかった。これらの細菌は、土やその他の物体に付いて入って来て、あたりを漂っているのだろう。良い餌にありつけるのを待ちながら、静止期に入っているのかもしれないし、あるいは死んでいるのかもしれない。

　ドアの外のどんな種が屋内に入って来るかは、屋外にどんな種がいるかによって変わってくるようだ。家の外が自然に近い状態であればあるほど、空中を漂ってきてドアに付着する生物も自然に近くなる。[16] このようにふわふわと漂って、家の中に運ばれて来る生物種は、あまり意味のない不法侵入者だと考えてしまいがちだ。しかし、それはとんでもない誤りなのである。

ここでちょっと立ち止まって、あなたは今どんな生物種を肺に吸い込んでいるか、屋外の細菌が豊富な家ではどんなことが起きるか、家の中には他にどんな生物（節足動物、真菌など）がいるか、といったことをお話ししよう。まずは、家の中にいるものについて、もう少し視野を広げて話してみたい。家の中で一緒に暮らしている生き物のことを真に理解するには、家屋というものを、もっと長い歴史の中で考えてみる必要がある。

先史時代の間ほぼずっと、人類は小枝や木の葉を用いて巣を作り、夜間はそこで寝ていた。現生類人猿がそうしているので、人類の祖先もおそらくそうだったと思われる。人類と類人猿は共通祖先から枝分かれした。種によって異なる類人猿の習性からは、共通祖先についてわかることはあまりないが、どの種にも共通する習性を見れば、人類の祖先もやはりそうだったのだろうと推測される。現生類人猿はみな例外なく、小枝や木の葉を絡め合わせて巣を作る。チンパンジーもそうだし、ボノボも、ゴリラも、オランウータンもそうだ。[17] 類人猿は、その巣で一晩だけ寝たら、たいていそれを捨ててしまう。類人猿は、巣を、住居ではなくてむしろ、「ドミトリー」などと称される一日限りの寝床として使っているのだ。

最近、ノースカロライナ州立大学のうちのラボの大学院生、ミーガン・トームスが、チンパンジーの巣にいる細菌や昆虫について調査した。チンパンジーの巣には、チンパンジーの身体に由来する生物がわんさかいると予想する人もいるだろう。たとえば、チンパンジーの身体に棲む細菌だとか、もしかしたら、隙をついて潜り込んで来るもっと大きな生物がいるかもしれない（実際、ナマケモノはその被毛の中に、節足動物と藻類の生態系をそっくりかかえている。[18] だとすれば、チンパンジーだってそうかもしれない）。ケダニやチリダニもいるだろう。カツオブシムシやヒョウホンムシもいるかもしれない。人間のベッドからはこうした生物が見つかっている。[19] 私たち人間は、睡眠中も、自身の腐敗の生態系にさらされているのである。

しかし、ミーガンは、チンパンジーの巣はほぼ例外なく、環境由来細菌、つまり土壌や木の葉に生息している細菌で占められていることを発見した。[20] どんな細菌が見つかるかは、ミーガンの採取したサンプルが乾季のものか、雨季のものかによって違っていた。人類の祖先が初めて家を建てるようになる前に、その巣で見つかったであろう細菌も、やはりこれらと同じようなものであった可能性が高い。人類の祖先が何千万年にもわたってさらされてきた細菌は、季節によっても、また場所によっても組み合わせが異なる、環境由来の細菌であったと思われる。

巣よりも耐久性の高い住居が必要になった人類の祖先は、まずは洞窟に移ったのかもしれない。しかしやがて、家を建てるようになった。人類の祖先が家を建てたことを示す最古の証拠が、テラ・アマタ（現在のニースの近く）の浜辺付近のキャンプ場から見つかっている。[21] このテラ・アマタ遺跡で、ある考古学者が、古代の海岸線に沿って少なくとも二〇軒の住居跡を見つけたのだ。これらの住居のうちで最も保存状態のよいものでは、石が炉の跡を囲むように環状に並べられていた。床面には、屋根を支える柱の穴がまだはっきりと見てとれた。石の周りには、さらにそれを囲むように、杭の跡がぐるりと並んでいた。地面から伸びた杭がそれぞれみな、部屋を形づくるように湾曲していたようだ。これらの住居は、三〇万年以上前にヒト科動物のホミニド（おそらくホモ・ハイデルベルゲンシス）が建てたものだ[22]。

このような住居がどれほど広まっていたのかも、どれほど多様だったのかも、また、初めて作られたのはいつ頃なのかもほとんどわかっていない。考古学的記録からわかることはごくわずかで、あちこちに散在する手がかりしかない。たとえば、南アフリカの一四万年前の遺跡で発見された、ヒト科動物（この場合は現生人類）のものとされるシェルターや、南アフリカの七万年前の遺跡で発見された寝床などである[23]。それでもとにかく、人類の祖先の少なくとも一部は、外界から幾分隔てられた屋内で眠っていたのだということがわかる。

今から二万年前になると、世界中のあちこちで住居跡が現れ始める。ほとんどどの場合も、住居は円形で、丸屋根を被せてあったようだ。こうした住居は簡素なつくりをしており、まるで巣から飛び出して独立したシロアリの王と女王が作る小部屋のようだった。ある地域では、住居材料として木の枝が使われ、またある地域では泥が使われた。遥か北方では、マンモスの骨で作られた住居もあった。その耐久性はまちまちで、数日ないし数週間しかもたないものもあったが、そのような住居であってもすでに、身の回りの生物種に変化を及ぼし始めていたのではないかと思われる。

このような変化を物語る何よりも強力な証拠は、今もなお、人類の祖先と同じような住居で暮らしている現代の民族の研究から得られる。たとえば、ブラジルのアマゾン奥地に暮らす先住民族のアチュアル族は、木を組んで、ヤシの葉で屋根を葺いただけの伝統的な家に住んでいるが、こうした住居では環境由来細菌が多数を占めている。[24] 同様に、ナミビア北部に住んでいるヒンバ族の住居は、丸屋根を被せただけの家だが、それでも人々の寝場所には、調理場とは別の微生物がいることをミーガン・トームスが明らかにした。簡素な住居でさえ、人体に棲む微生物を増やす傾向がある。しかし、ヒンバ族やアチュアル族の住居には、人体に棲む微生物がいるものの、チンパンジーの巣と同様に、環境由来の細菌も家の周囲の空気中と同じくらい多様性に富んでいる。現代のヒンバ族の家や現代のアチュアル族の家は、屋内微生物が増えているが、環境微生物もやはり同じく存在している。現代のヒンバ族やアチュアル族の家は、大昔の人類の住まいと全く同じではない。だがそれでも、フランスのテラ・アマタ遺跡で発見されたような住居で暮らしていた人類の祖先は、アチュアル族やヒンバ族の家に暮らす人々と同じように、環境微生物にさらされることが多かったと言って差し支えないだろう。

それまでは丸い家しかなかったが、今からおよそ二万年前、人類は四角い家を作り始めた。家を四角くすると、丸い家の場合より、内部の利用可能なスペースは狭くなるが、ユニット式に組み立てやすくなる。いくつもの家を横につなげることもできれば、上に積み重ねていくことも可能だ。農耕が始まって人口密度が高まっていった地域ではほとんど例外なく、丸い家から四角い家への移行が起こった。このような変化に伴って、家の内部が外の世界から隔離される度合いが若干増した。家の内部と外部の差が大きくなったのである。しかし古いスタイルの家が姿を消すことはなく、丸い家と四角い家とが混在していた。

二万年の歳月を一気に早送りして、現代に話を移そう。今日では、圧倒的大多数の人々が都市部で暮らすようになっており、その傾向は加速するばかりだ。そして、都市部では、ますます多くの人々が集合住宅で暮らすようになっている。屋外の細菌が集合住宅の部屋に入ろうとしても、なかなかすぐには入って来られない。アパートの部屋の窓が閉まっている場合、細菌は階段を上って廊下を進み、ドアをいくつか通り過ぎ、それからすばやく中に入らねばならない。だとすると、無菌状態の世界を作ることもできそうな気がしてくる。しかし、公園から遠く離れた、窓を閉め切ったままのアパートの中でつくられているのは、人体の垢、食物のかけら、建築材の破片に関連する微生物に満ち満ちた世界なのである。

かつて人類は、身の回りの微生物といえば環境微生物ばかりで、座ったり眠ったりした場所に残された人の痕跡など、ほとんどわからなくなるような巣の中で暮らしていた。現在、一部の集合住宅では、環境の痕跡、自然の痕跡などほとんど見つけられなくなっている。私たちの研究結果から明らかなように、集合住宅内の生物は家によってまちまちで、環境から完全に切り離されている住まいもあれば、現代のヒンバ族やアチュアル族の家のように、あまり隔絶されていない住まいもある。しかし、私たちには選択肢があり、どのくらい多様な生物を受け入れるかを自ら選ぶことができる、という点が重要なのだ。

私の経験では、家の中で何千種類もの細菌に囲まれて暮らしていることを知らされると――それが岩屑を食べる種であれ、極限環境微生物であれ、森林や土壌由来の種であれ――人々は三通りの反応をする。私がよく一緒に過ごしている微生物学者たちは、最初はやや驚いた表情を見せるものの、それほどたじろいだりはしない。「八万種だって？　もっとじゃないのか？　冬場にも調べてみたか？　イヌもちゃんと調べたのか？」微生物学者たちは日々、崇高にして野卑なる未知の世界にどっぷりと浸かっている。だから感覚が麻痺しているのだ。さしあたり、微生物学者は無視することにしよう。

畏怖の念を抱く人々もいる。私も畏れを禁じえない。この畏怖こそ、他の人々にも感じてほしいと願っているものだ。まだよくわかっていない多種多様な生物のなかを歩き回るなんて、何と畏れ多いことだろう。家の中で遭遇する多種多様な微生物は、四〇億年という歳月をかけて進化してきたものだ。どの家にも、私たちが全く知らない、名も無い生物がたくさんいる。そのなかには、数百万年前から一緒に暮らしてきたと思われる種もあれば、最近になって現代の家屋の片隅や物陰に棲みつくようになった種もある。あなたの身の回りには、家に居ながらにしてできる発見がまだまだたくさんある。新種の生物、不思議な新事象など、ありとあらゆる新発見が待っているのだ。

しかし、嫌悪感を抱く人も少なくない。なぜそれがわかるのかというと、家の中で何か発見されたら、それを居住者に報告しているからだ。すると、居住者からメールで質問が届く。その質問がなかなか興味深い。私がコスタリカのラ・セルバ・バイオロジカル・ステーションに滞在していたとき、野外生物学者（フィールド・バイオロジスト）に尋ねたことに似ていなくもない。「この生物についてどんなことがわかっていますか？」「どんなことをする生物ですか？」私に答えられるのは、だいたいいつも、熱帯生物学者が私に言ってくれたことと同じだ。「わかりません。あなたが調べて下さい」。あるいは「わかりません。一緒に調べましょう」。しかし時折、こんな類の質問が来る。「わかりました。うちのホコリには一〇〇〇種類の細菌がいるのですね。すべて除去するにはどうすればいいですか?」そう聞かれたら「そんなことはすべきじゃありません」と答える。

理想を言うなら、家屋を庭のようにしたいのだ。庭では、雑草や害虫は駆除するが、その他のさまざまな生物は大切に育てようとする。同じように、家屋から除去する必要があるのは、私たちを本当に病気や死に追いやるおそれのある生物だけだ。しかし、そのような生物は、あなたが考えているよりもはるかに少ない。世界中のほぼすべての感染症を引き起こしているウイルス、細菌、原生生物は、一〇〇種にも満たないのである。

そのような病原微生物を寄せ付けないために、一人一人が手洗いを励行して、糞便微生物が糞便から手を介してうっかり口に入るのを防いでいる（ただし、手を洗っても、皮膚の深部に常在する微生物叢はそのままで、表面に付着したものが除去されるにすぎない）。また、一人一人が予防接種を受けて、病原微生物を寄せ付けないようにしている。さらに、政府や公衆衛生制度が、害を及ぼす微生物を阻止すべく、病原体が混入していない飲料水を提供するための政策実施やインフラ構築を行なっている（ただし、病原体のいない水にも生物は混じっている）。また、政府や公衆衛生制度は、黄熱病やマラリアといった、昆虫が媒介する感染症の制圧にも取り組んでいる。そしていよいよ、病原菌の悪さを食い止める手立てが尽きたとき（尽きたときにだけ）、医師が抗生物質を投与する。有害な生物を制圧するためのこうした手段を併用することによって、これまで何億人もの生命を救ってきたのであり、適切に利用すれば、これからも救い続けることが可能だ。

しかし、このような手段はすべて、有害生物だけを標的にした場合に最大の効果を発揮する。うかつにそれ以外の生物（たとえば、家屋内に生息している七万九九五〇種類ほどの細菌）まで殺してしまうと、往々にして良からぬ結果を招くことになる。本書では、この後も繰り返し、家屋内の多種多様な生物をすべて排除しにかかると何が起こるか、という問題を取り上げる。今のところは、そうすると病原体が蔓延、繁殖、進化しやすくなり、危険な害虫が蔓延、繁殖しやすくなり、私たちの免疫系が正常に機能しにくくなりがちだ、とだけ言っておこう。実際に、危険な生物種がしっかりと制御されている限りは、たいていの場合、家屋内の生物学的多様性が高いほうが（特に土壌や森林にいる野生種の生物多様性が高いほうが）健康がうまく維持される。[25]話はそれほど単純ではない（生物学にそもそも単純なことはない）が、だいたいそうなる。

それでもひそかにこう考える人々がいる。「でもやはり私はそれをすべて殺してみよう」。人体や家屋に棲んでいる非病原性微生物のメリットのひとつが、病原体を撃退するのを助けてくれることだ。しかし、家の中の細菌をすべて死滅させれば、病原体はもう何も残っていないわけだから、微生物に撃退してもらわねばならない敵もいないはず。まっさらでクリーンな状態になるはずだ、とあなたは思うかもしれない。洗浄剤のＣＭではよく、（頑固で厄介な菌を除いて）菌の九九パーセントを殺せますと宣伝しているが、もしかしたらその最後の一パーセントだって除去できるかもしれない。

これを実際に試してみた家があるとしたら――それがどこまで可能かを実際に示してくれる屋内空間があるとしたら――それは国際宇宙ステーション（ＩＳＳ）である。あなたの家から、細菌という細菌をすべて除去することができたとしたら、結局どういう状況になるかを、ＩＳＳが完璧に示してくれる。

アメリカ航空宇宙局（ＮＡＳＡ）は、設立されてまだ間もない時期に、地球から微生物を持ち出さないようにすることが重要だと判断した。当初から懸念されていたのは、スペースシャトルが不用意に地球の微生物[26]を太陽系に持ち出してしまうのではないか、あるいは地球外生命を地球に持ち帰ってしまうのではないかということだった。現在でも、これらがＮＡＳＡ惑星保護局の最大の懸念であることに変わりはない。しかし時が経つにつれて、ＮＡＳＡの科学者たちは、宇宙飛行士がスペースシャトルやＩＳＳ内で長期にわたって病原体と共に閉じ込められる可能性についても懸念するようになった。宇宙そのものはＮＡＳＡの味方だった。宇宙由来の生命がスペースシャトルやＩＳＳに棲みついてしまう可能性は存在しなかったからだ。地球上で家の窓を開ければ、外部の微生物が吹き込んでくるが、ＩＳＳのハッチを開けると、真空の宇宙空間が人間を（身の回りの生物もろとも）吸い出してしまう。そのうえ、ＩＳＳ内部の空気容量はアパートの建物などに比べて小さいので、湿度や気流をコントロールする力は相対的に大きくなる。

ついにＮＡＳＡは、ＩＳＳに送る食糧や物資のすべてを、輸送前にクリーンにする最新設備を作ることに成功した。つまり、あなたが自宅をどれほどクリーンにしても、ＩＳＳ以上にクリーンにすることはできないのだ。そこで問題になるのが、ＩＳＳにはヒト以外の生物は全くいないのか、ということである。

ＩＳＳ内の生物については詳細な研究がなされており、現在もさらなる研究が進行中だ。最近実施された新たな調査では、ＩＳＳに生息している生物を検出するために、私たちがローリーの家々を調査したときに用いたのと同じ手法が用いられた。これは偶然ではない。二〇一三年に、四〇世帯の家屋について調査した私たちの研究が発表されてからほどなく、カリフォルニア大学デービス校の微生物学者、ジョナサン・アイゼンから私のもとに、私たちの研究手順（プロトコル）を利用してＩＳＳのサンプル採取を実施したいのだが、という手紙が届いたのだ。そんなわけで、私たちが参加者たちに自宅のサンプリングをしてもらったのと同じ手順で、宇宙飛行士たちにサンプリングをしてもらうことになった。やはり綿棒が使われることになった。拭う場所はほぼ同じだが、若干の変更が必要だった。私たちは、空気で運ばれてきて家に付いた生物を調べるために、ドア枠に積もったホコリを参加者に拭ってもらった。しかし、ＩＳＳの微小重力環境下ではホコリが積もることはない。そこで、宇宙飛行士には、ドア枠ではなく、エアフィルターを拭ってもらった。

その調査でもやはり、私たちのときと同様の同意書（科学者による調査データの活用を認める同意書）を交わしたが、一つだけ例外規定が設けられた。地球での家屋調査では、サンプリング結果が匿名化されている（つまり、自分の家の結果は見られるが、他人にはそれが誰の家の結果かわからないようになっている）。しかしＩＳＳではそれは不可能だった。宇宙飛行士には多様な側面があるが、匿名性とはまず縁がない。当時ＩＳＳで生活していたのは、ＮＡＳＡの宇宙飛行士のスティーヴ・スワンソンとリチャード・マストラキオ、ロシアの宇宙飛行士のオレグ・アルテミエフとアレクサンドル・スクボルソフとミハイル・チューリン、そして、船長を務める宇宙航空研究開発機構（ＪＡＸＡ）の若田光一だった。若田光一がＩＳＳのホコリを綿棒で拭った。その後、地球に帰還した綿棒は、カリフォルニア大学デービス校のジョナサンの研究室へと送られ、ジョナサンの学生のジェンナ・ラングがこれを詳しく調べることになった。

ＩＳＳに関するそれまでの調査で、船内には環境由来の細菌はほとんどいないことが明らかにされていた。森林や草原に生息する野生の細菌はいなかったし、食品に由来する細菌もいなかった。ＩＳＳ内に生物を持ち込まないことを目指しているとすれば、それは大成功ということだ。といっても、ＩＳＳに細菌がいないわけではない。実は細菌で溢れかえっている。そのほとんどが、基本的に一括りにされる細菌、つまり、宇宙飛行士の人体に由来する細菌である。以上が、ＩＳＳに関する初期の調査での主要な発見だった。

ラングの調査でも、やはり同じような結果が得られた。この調査結果のポイントをつかみ、他の状況とも絡めて理解するためには、ＩＳＳで見つかった細菌を、他の場所（ローリーの四〇世帯の家屋）で見つかった細菌と関連付けてマッピングするとよい。このマップ上では、含まれる細菌の種類の類似度が高いサンプル同士は、近い位置にくる。逆に、類似度が低いサンプル同士は、離れた位置にくる。このマップからわかることは、ローリーの家屋調査のところですでにある程度、説明してある。つまり、ドア枠から採取したサンプルは、屋内と屋外両方の細菌を含んでいる傾向があり、互いに類似している。キッチンから採取したサンプルは、食品由来の細菌を含んでいるので、近くに集まる傾向がある。また、枕カバーからのサンプルと、トイレの便座からのサンプルは、互いに異なってはいるものの、たぶんあなたが望んでいるほどの大きな違いはない。ところで、ISSのサンプルは、ISS内のどこで採取したかにかかわらず、すべてマップの下のほうにくる。地球上でどこか、これと似かよった場所があるとすれば、それは枕カバーやトイレの便座である。[27]

枕カバーやトイレの便座と同様に、ISSのサンプルには糞便微生物が含まれていた。ラングは、大腸菌（エシェリヒア・コリー）の類縁種やエンテロバクター属細菌を見つけた。[28] さらに、地球上ではあまり研究されていない糞便細菌の一種も見つけた。ほとんど研究されていないため、命名もされていない細菌だ。現在のところ「未分類リケネラ科菌／S24－7」と呼ばれている。

ISSのサンプルは、便座や枕カバーのサンプルと全く同じではなかった。たとえば、枕カバーに比べて唾液由来の細菌種が少なく、便座に比べて皮膚由来の細菌種が多いという傾向が見られた。先行研究では、ISSには、足のにおいの原因となる枯草菌（バチルス・サブチリス）が非常に多いことが明らかになった。ラングの調査でも、枯草菌が確認されたが、それ以上に多く見つかったのがコリネバクテリウム属の細菌だった。コリネバクテリウムは腋窩のにおいの原因になる。ISSはプラスチック臭、生ごみ臭、体臭の混じり合ったにおいがすると言われてきたが、バチルス属やコリネバクテリウム属の細菌がいるのだからそれも当然だろう。[29] 地球上で、脇

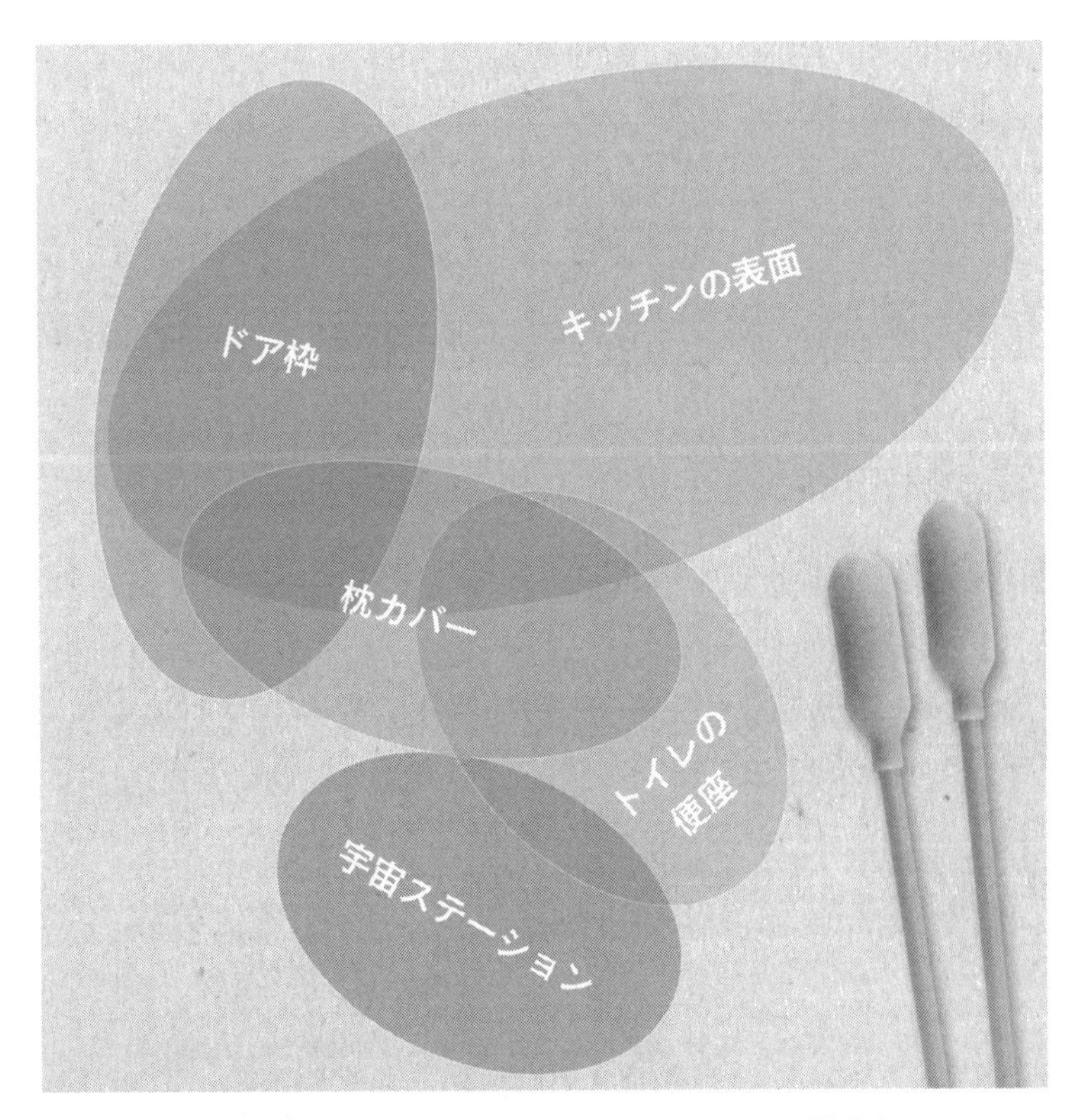

図3.2 楕円は、ローリーの家々に関する私たちの調査、および国際宇宙ステーション（ISS）に関する最近の調査におけるさまざまな細菌採取箇所を表している。楕円が大きいほど、その採取箇所の細菌構成がサンプルごとに大きく異なる。二つの楕円が近接しているほど、その細菌構成が類似している。図の下部に表示した採取箇所は人体由来細菌が、上部右側は食品由来細菌が、上部左側は土壌その他の環境由来細菌が優勢な傾向にある。（図はニール・マコイ作成）

の下のコリネバクテリウムがよく見つかるのは男性が住んでいる家々だ。調査当時、ＩＳＳ内には男性しかいなかった。このことが、ＩＳＳと地球上の家屋との相違点、つまり、膣内細菌（ラクトバチルス属のような膣内に多い細菌種）が比較的稀であることと関係していそうに思われる。それは、サンプル採取時にＩＳＳ内に女性がいなかったためかもしれない。

ＩＳＳ内の細菌は、環境の影響を差し引けば、ほとんど地球上の家屋で見つかるような細菌ばかりだ。家の隅々まで徹底的に清掃し、窓もドアもすべて締め切ったらどうなるかというと、ＩＳＳのようになるのである。しかしまだ重要なことがある。

ＩＳＳ内のさまざまな場所からの採取されたサンプルは、どれもみな非常に似かよっていた。あらゆる場所で、あらゆる細菌が検出された。この点に限って言えば、ＩＳＳは、泥や木の葉で作られた小さな伝統的な家屋に似ている。そのような家屋でもやはり（他の家屋に比較すると）、あらゆる場所であらゆる細菌が見つかる。しかし、ＩＳＳとは異なる点がひとつある。ナミビアの家にせよ、アマゾンの家にせよ、小さな伝統的な家屋で、家中にいる微生物が比較的似かよっているのは、環境微生物が遍在しているからなのだ。環境微生物がどこにでもいるのである。ＩＳＳでも、ラングが発見したように、どこで採取したサンプルも似かよっていたが、それは、あらゆる場所がヒト由来の細菌で覆われていたからだ。無重力状態で、しかも他の生物がいない屋内では、ヒト由来の細菌が均一に広がっていくのである。

家の隅々まで徹底的に清掃したら、やはりこうした状況になるのかもしれない。それは、マンハッタンの集合住宅の一部で見られる現象と似ていなくもない。ちなみに、私たちを含めた研究者が、そういった集合住宅の調査に乗り出したところ、ある問題が浮かび上がってきた。その問題とは、何かが存在するために起きる問題ではなく、何かが欠落しているがゆえに起きてくる問題なのだ。その問題は、人体から剝がれ落ちるもの以外のほぼすべての生物多様性を欠いた家を作って、一日二三時間、外出しない場合に起きてくる。

第4章　不在という病

どの通りでも排水口から汚水が溢れ出し、腐りかけのネズミの死骸がそれを呑み込んでいく……腹を上に向けて、リンゴの皮やアスパラガスの軸やキャベツの芯の間を漂う死骸の数々……悪化した虫歯だらけの人の口臭のような、下した腹に溜まったガスのような、飲み過ぎた男が吐く息のような、腐りかけた動物から立ちのぼる腐敗臭のような、おまるの内容物の鼻を突く臭気のような……大量の排泄物が腐敗物で溢れた通りにどっと押し寄せて……夜間の芳香を放っていた。

——「フィガロ」紙

十九世紀には、コレラがいくたびか世界を襲った。最初のパンデミックは、一八一六年にインドで始まって中国全土に広がり、一〇万人以上が死亡した。二度目のパンデミックは、一八二九年に始まってヨーロッパ全域に広がり、三〇年後に終息した時には、ロシアからニューヨークに至るまで、何十万人もの命を奪っていた。さらに、一八五四年にコレラの新たな流行が始まり、この時は全世界へと広がった。

コレラが次々と襲っていった都市では、家族全員が犠牲になり、その死体はまとめて荷車で運ばれた。ロシアだけでも一〇〇万人以上が死亡した。人々の活気ある日常生活が繰り広げられてきたアパートの建物は、抜け殻と化した。死亡数が出生数を上回ってしまう都市も出てきた。移入でしか人口が維持されなくなった場合、生態学ではその場所を「人口のシンク」と呼んでいる。[1] 都市は、人命が下水溝へと流れ込むシンクになっていた。

コレラの蔓延は、瘴気（ミアズマ）のせいだと考えられていた。瘴気説によると、コレラなどの病気の原因は、空気を伝わる悪臭（瘴気）、とりわけ夜間の悪臭だとされた。瘴気説を笑い飛ばすのは簡単だが、それにも確かに一理ある。悪臭はたいてい病気と関連がある、という考えが込められているからだ。進化生物学者は、腐敗臭と病気の関連性についての理解は大昔からのもので、脳の潜在意識領域に組み込まれていると主張する。[2] 人類の長い進化史のなかで、むかつくようなにおいを避けることが、人類の祖先の生存確率を高めてきたのだろう。[3] 死臭を避ければ、その死体に付いている病原体から感染するリスクが低くなる。糞便臭を避ければ、糞便中の病原体のせいで病気になるリスクが低くなる。このように、瘴気の概念は非常に古い歴史があるために、人間にとってほとんど生得的なものになっているのだろう。しかし、都市が発展するにつれて、こうした腐敗臭と病気との相互関係は役に立たなくなっていった。あらゆるものが悪臭を放っていたからだ。いやなにおいから逃げたければ、街から出て行くしかない。それは金持ちにしかできないことだった。

　コレラの真の原因を解明しようとする試みは、何十年間もスタート段階からつまずいたままで、科学者も一般市民も、目の前にあるデータに十分な注意を払うことができずにいた。しかし、十九世紀半ばのロンドンでは、ジョン・スノウという男が、他の人々よりも若干注意深い目で状況を観察していた。そして、コレラに罹るのは、「バイキン」のようなものが、空気中を伝わるのではなく、それが、ある人の糞便から別の人の口に入るからだとスノウは考えるようになった。糞便はにおうが、バイキンそのものににおいはない、というのが彼の考えだった。この考え方は世間の人々には好まれなかった。瘴気説と食い違っていたからである。おおざっぱで、根拠にも欠けていた。そこで一八五四年、スノウは、ヘンリー・ホワイトヘッド牧師の調査を土台にして、ロンドンのソーホー地区で、コレラに罹っている人と罹っていない人がどこに居住しているかという分布状況のデータを収集した。ソーホーは、とりわけひどくコレラが蔓延している地区だった。

　スノウの調査の結果、見えてきたのは、ソーホー地区の死亡者は、ある区域にほぼ集中しているということだった。彼はその理由を突きとめた。その区域に住んでいる人たちは全員、同じ井戸、つまりブロード・ストリート（現ブロードウィック・ストリート）の井戸の水を使っていたのである。ブロード・ストリートの井戸を使っていない世帯にも死亡者はいたが、そうした世帯は、自分のところの井戸に瘴気のにおいがするときは、ブロード・ストリートの井戸からも水を飲んでいたことが判明した。そこでスノウは、ブロード・ストリートの井戸を中心にして患者が

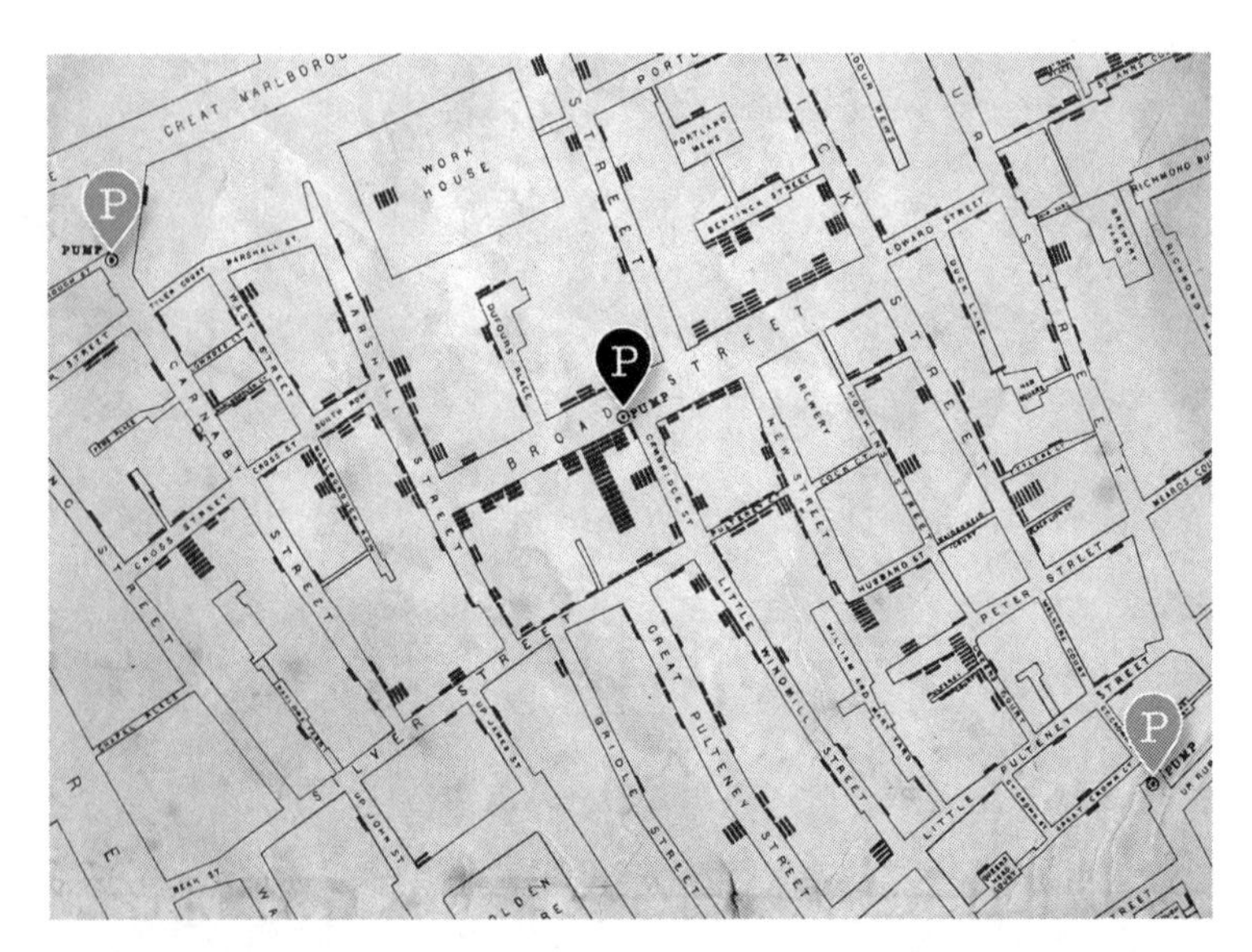

図 4.1 1854年にジョン・スノウ医師が、ロンドンのソーホー地区でコレラで死亡した人の居住地を地図上にプロットしたものを再現。黒い太線1本が死者1人を、Pがポンプ式井戸の位置を示している。スノウはこの地図を用いて、死者の大多数はブロード・ストリートの井戸〔地図中央のP〕の近くに住んでいる者、またはこの井戸の水を飲んだ者であることを示してみせた。（ジョン・スノウが作成した地図［1854年］をもとに、ジョン・マッケンジーが再現した地図［2010年］を一部改変）

分布している状況を可視化するために、ソーホー地区で最近コレラで死亡した人々を地図上にプロットした。

スノウはその地図を用いて、コレラ感染の元凶はブロード・ストリートの井戸であり、したがって、このポンプ式井戸のレバーを取り外して井戸を閉鎖すれば、ソーホー地区からコレラ犠牲者は出なくなるはずだと主張した。[4] 彼の推理は正しかったのだが、多くの同僚たちを納得させるには、まだ何年もかかることになる。そうこうするうちに、ソーホー地区のコレラ流行は自然に収まっていった。[5] 後になってわかったことだが、その井戸は、すぐ隣の汚水溜めに、コレラに罹患した赤ん坊のおむつを洗濯した水が捨てられたせいで、汚染されていたのだ。それから何年も経って、結核の原因は結核菌であることを突きとめた微生物学者、ロベルト・コッホが、コレラの原因はコレラ菌であることを突きとめた。コレラ菌はインドで発生し、十九世紀初めに貿易が盛んになるにつれて、ロンドンや世界各地に広まっていったのだ。

街自体をどのように作りかえれば、こうした汚染を食い止められるのか――その答えを探し当てるのには何十年もかかった。ロンドンでの当面の解決策は、汚染の可能性の低い遠隔地から、ポンプで都市部に水を引いてくることだった。また、コレラは水を介して感染するというスノウの発見以降、ロンドンを含めた諸都市は、屎尿(しにょう)の処理をより積極的に管理するようになった。すべてではないが一部の都市では、引いてきた飲料水の処理も始めた。このような対策によって、数億人の、ことによると数十億人の命が救われた。[6] 病原体が、ある人の糞便から別の人の口へと移動するのを阻止したことが、効果を発揮したのである。

スノウの地図をきっかけにして、病気の地理的な広がりを描いた疾病地図が、疫学の分野で共通して使われるようになった。学生たちは、病気の広がりを初めて示して見せたのはスノウの地図だと教わる（必ずしもそうではないのだが）。学生たちはまた、病気の感染源らしきものを特定し、病因とおぼしきものを示してくれる疾病地図の威力を知らされる。疫学で疾病地図を利用する場合、その目的は通常、ある生物すなわち病原体がいつ、どこに存在しているかを描き出し、なぜ存在するのかを推測することにある。地図が描き出すのは相関関係だが、疫学者はそれを手がかりにして因果関係を推測し、病気発生の要因や様態を解明していくのである。

ところが、疾病地図にうっかり惑わされてしまうこともある。一九五〇年代に一連の新たな病気が出現したとき、まさにそうしたことが起きたのだった。

クローン病、炎症性腸疾患、喘息、アレルギー、さらに多発性硬化症は、この新たな疾患群――身体の不調や機能不全を特徴とする疾患群――に含まれる。これらの疾患はどれもみな、何らかの慢性炎症を伴っている。しかし、いったい何がこの炎症を引き起こしているのだろうか？

これらの疾患は、最近になって現れたので、遺伝的要因だけで起こるとは考えにくかった。さらに、ロンドンのコレラの場合と同じく、これらの疾患は、発生状況に地理的な格差があった。あまり見たことのない不思議な地域差だった。これらの疾患は、コレラとは違って、公衆衛生のシステムやインフラが整っている地域ほど発生頻度が高かったのだ。裕福な地域ほど、そこに暮らす人々がこうした疾患に罹りやすくなっているようだった。この患者発生パターンは、スノウの研究以来の、「病原菌」とその地域差に関する私たちの理解に反するものだった。

それでも、このような疾病地図を見たら、人はやはり、地域差やその他の要因について、スノウと同じアプローチをとるのではないだろうか。スノウならば、手元にある疾病地図をもとに、発生原因についていくつか仮説を立てたであろう。そして、それらの仮説を検証すべく、自然実験が可能な状況を探したであろう。最終的に、初期仮説のどれかで満足のいく検証結果が得られたら、再度、疾病地図を用いて自分の仮説が正しいことを示したであろう。そのような手順を踏んで初めて、その疾患を引き起こす真の要因の生物学的特性がわかってくる。このような新しい疾患についても、それは同じだった。まず初めに、誰かが仮説を立て、それから、自然実験をもとに仮説を検証する必要があった。

これらの疾患の原因候補として、新たな病原体、冷蔵庫、さらには練り歯磨きまでが挙げられた。そうしたなか、生態学者のイルッカ・ハンスキが加わったチームは、全く別のことが原因だと主張した。つまり、ある特定の細菌に曝露（ばくろ）することではなく、そもそも曝露せずにいることが原因だと主張したのだ。

ハンスキは、慢性疾患や細菌にまつわる話には、およそ縁のなさそうな人物だ。そもそも彼は、世界をまたにかける糞虫（食糞性コガネムシ）の専門家として研究人生をスタートさせた。ハンスキの自伝を読むと、その後の人生の節目が章ごとに記されている。二〇一四年、彼はそれまで辿（たど）ってきた人生を記録し始めた。急遽（きゅうきょ）執筆に取りかかったのは、二〇一四年三月に友人たちに告げたとおり、がんで死期が迫りつつあったからだった。生物学の世界で最も重要だと思っていることを、後世のために書き残しておこうと考えたのだ。

自伝を読むと、ハンスキがキャリアステージごとに何に取り組んだかがわかる。その間、彼は一貫して、島のような分断された環境に生息する局所的集団(パッチ)の研究に関心を向け続けた。最初、そのような環境は、動物の糞だった。糞虫にとって、動物の糞は、見つけたら大急ぎで棲みつかねばならない島である。ハンスキは、自分の糞便や死んだ魚を使って糞虫をおびき寄せた。ボルネオ島のムル山を徒歩で登ったり降りたりしながら、糞虫をおびき寄せては捕まえ、多数の種が糞の山を競っている場合と、そうでない場合の一般原則を解明した。

ハンスキの関心はその後、フィンランド南部の沖合に浮かぶ群島、オーランド諸島に生息しているチョウ、グランヴィルヒョウモンモドキの研究に移った。彼はこのチョウをモデル生物として、希少種がパッチ内で生成と消滅を繰り返すメカニズムを解明した。数十年にわたり、四〇〇〇を超えるパッチについて、このチョウとその寄生者や病原体を追跡したのだ(その追跡は今もなお続けられている)。この研究を通して彼は、分断された環境に生息する種が絶滅に至るまでのダイナミクスを数値化する数理モデルを作成した。その後、ハンスキは、ある特定の種のチョウの個体群はなぜ、生息地域が分断化されても存続できるのかということに興味を抱くようになった。そして、ある特定のチョウの個体群だけがもつ、パッチ内でも存続できる能力に関連していると思われるバージョン違いの遺伝子を複数発見したのだった。フィールドワークによるデータ収集、理論の構築、現象の予測とその検証という、一連の作業に基づく深い洞察が評価されて、

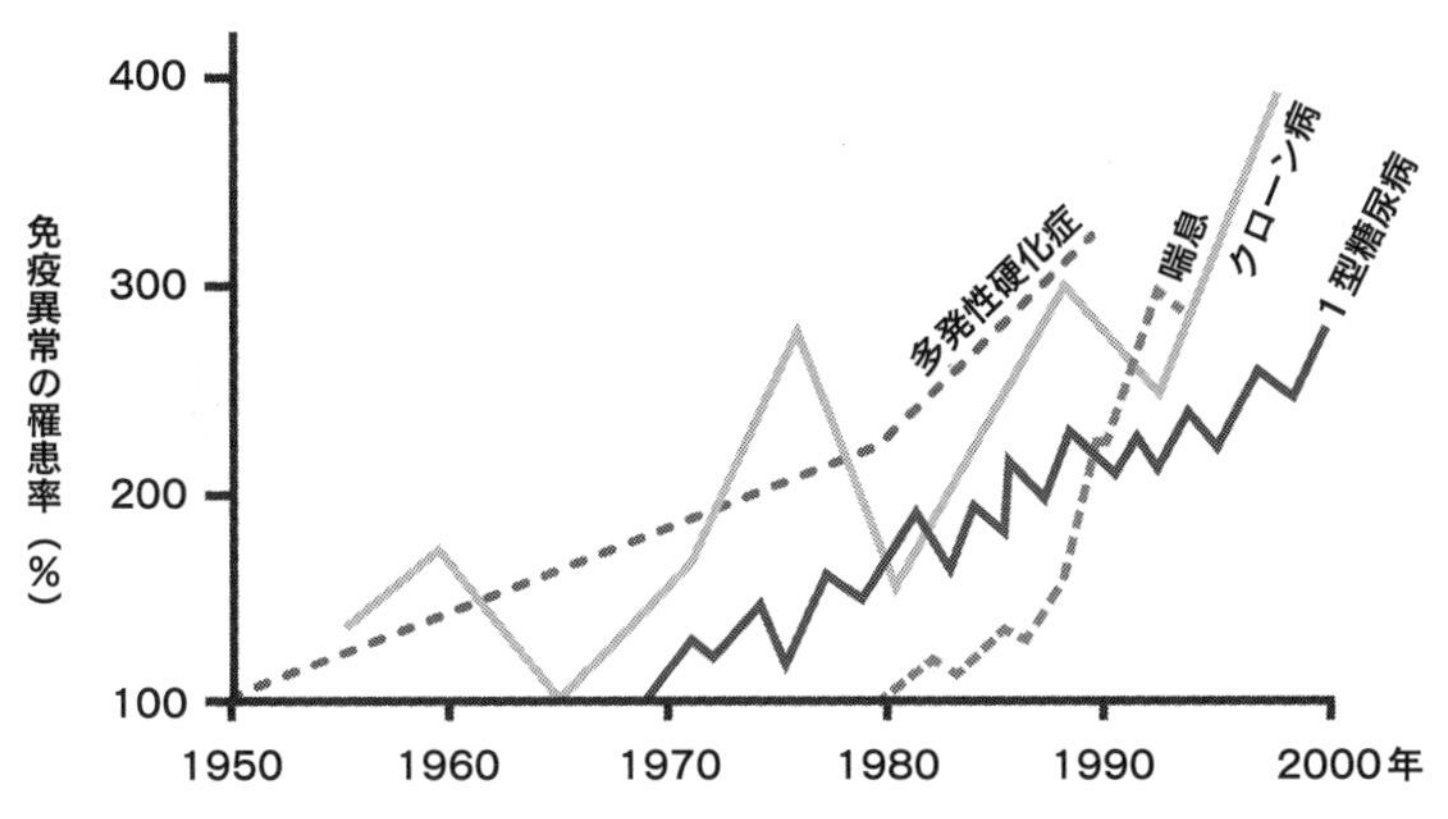

図4.2 1950年から2000年までの間に、免疫異常の発生率が着実に上昇していった。その傾向は今もなお続いている。（ジャン＝フランソワ・バッハが *New England Journal of Medicine* 347［2002］に発表したグラフを一部改変）

二〇一一年、ハンスキは生物科学分野でクラフォード賞（生態学界のノーベル賞）を受賞した。

数十年の間に、ハンスキの研究の焦点は、糞虫の群集全体から、ある特定のチョウの種へ、さらに、あるチョウの種の遺伝子バリアント〔個体間にみられる塩基配列の違い〕へと絞られていった。その後、突如、彼はヒトの慢性炎症性疾患の研究を始めた。ある人物との出会いが、彼の人生を大きく変えたのだ。二〇一〇年、ハンスキは、フィンランドの傑出した疫学者、タリ・ハーテラが慢性炎症性疾患について講演する場に居合わせた[7]。ハーテラが講演で取り上げていたのは、ハンスキがいまだかつて取り組んだことも、目にしたこともないような現象だった。それがハンスキの心を捉えて揺さぶったのである。

ハーテラは、慢性炎症性疾患の罹患率がどれほど上昇しているかを詳しく説明した。慢性炎症性疾患が軒並み、一九五〇年以降、二〇年ごとに約二倍に増えており、裕福な国々ほど顕著に増加していることを示して見せたのだ。この傾向はなおも続いている。たとえば、アメリカ合衆国ではこの二〇年間に、アレルギー疾患は一・五倍、喘息は一・三倍に増加した。また、途上国が都市開発に投資するようになると、やはり炎症性疾患の増加が認められた。このような世界共通のパターンは、目を引くと同時に不安を誘うものだった。ハーテラが示したグラフには、もしラベルがなければ、株価、人口規模、またはバター価格の推移かと思ってしまうような、右上がりの線が描かれていた。しかしそのラベルには実際、屋内にはびこる恐ろしい慢性疾患の名前が記されていた。ハーテラはさらに、これらの疾患の発生頻度が高い地域と低い地域と表示した地図を示して見せた。

これらの疾患は病原体によって引き起こされるのではない、とハーテラは主張した。それは、細菌説に立脚しない考え方、ほとんど細菌説とは正反対の考え方だった。ハーテラは、人々が病気になるのは、さらされる必要のある生物種にさらされそこなっているからだと考えていた。しかし、スノウが、井戸水中のどんな汚染菌がコレラの原因なのか、わかっていなかったのと同様に、ハーテラもまた、それがどんな生物種なのかはわかっていなかった。

ハンスキは、その疾病地図を見ているうちに、欠如しているのはもしかしたらこれではないのか、という考えが浮かんだ。ハーテラが示して見せた地図や傾向は、ハンスキが次に自らの講演で提示する予定の地図や傾向——すなわち、原生林やそこに生息する糞虫、チョウ、鳥、その他、多種多様な生物が、地球規模で失われつつあることを示す地図や傾向——の全く逆であるように思えたのだ。時と共に生物多様性が低下するにつれて、慢性疾患の発生頻度が高まっていくようだった。しかも、生物多様性が（特に屋内での日常生活から）すでにほとんど失われている先進地域で、こうした疾患の発生頻度が最も多くなっていた。ハンスキは、人々の生活に欠如していて病気の原因になっているものは、単一の生物種ではなく、もっと幅広い何かではないかと考えた。欠如しているのは、生物学的多様性そのものだった。脊椎動物の歴史上、おそらくは動物の歴史上、これほどまでに自然が欠如していたことはいまだかつてない。裏庭も、戸建住宅も、マンハッタンの集合住宅も、国際宇宙ステーション（ＩＳＳ）もそれはみな同じだった。

この時点でハーテラはすでに、確かなデータだけでなく喩えも用いながらではあるが、生物学的多様性と疾患の関連性について考察していた。二〇〇九年には、フィンランドのチョウの多様性が低下している地域では、慢性炎症の発生頻度が高まっていることを指摘する論文まで書いていた。彼はその論文に、自分の大好きなチョウ――エルバン・ヒース〔タテハチョウ科ヒメヒカゲ属〕、デレス・ブラッシィ・リングレット〔タテハチョウ科ベニヒカゲ属〕、トゥーテイルド・パシャ〔タテハチョウ科フタオチョウ属〕、ポーラー・フリトリアリ〔タテハチョウ科ヒョウモンチョウ属〕、ノゲルズ・ヘアストリーク〔シジミチョウ科〕、およびその他六種類のチョウ――の写真を掲載している。これらのチョウに必要な生息地の分断化や減少が進んで、チョウが絶滅し始めると、人間が病気になるというのである。[8] チョウは、野外の自然と家の中の自然のつながりの深さ、そして、そのつながりが断たれた場合の結果を示す指標だった。やはり自然の一部であるコレラ菌のような病原体とのつながりを断つことは、人間にとってメリットになる。ところが、今や、人間は度を越して、本当に有害で危険な少数の生物種からだけではなく、益をもたらしてくれる種も含めた、それ以外の多種多様な生物からも自らを切り離してしまったのである。

ハーテラのほうからハンスキに近づいていった。そして二人は語り合った。実はこれが初対面ではなかった。何年も前に、チョウの写真撮影を趣味にしていたハーテラが、グランヴィルヒョウモンモドキを研究テーマに選んではどうかとハンスキに勧めたのだ。再会するなり二人は、互いに交流を楽しんだことを思い出した。共にチョウを愛してきた二人は、今、現代社会に共通する巨大な潮流――生物多様性の喪失、慢性炎症性疾患の罹患率の上昇、そして屋内生活へとシフトする社会――についても意を同じくしていた。屋内は屋外よりもさらに、生物多様性の低下が顕著だった。[9] もし、二人が考えるとおり、これらの傾向が関連し合っているとしたら、状況は悪化の一途をたどるだろう。生物多様性への脅威は増大しつつあり、しかも、生物多様性と切り離された屋内生活へのシフトがますます進んでいる。

ハーテラは、ハンスキを自分のラボのミーティングに招いた。その席でハンスキは、やがて重要な共同研究パートナーとなる微生物学者、リーナ・フォン・ヘルツェンとも顔を合わせる。そのミーティングで彼は、腕毛が逆立つような興奮を味わった。のちに自伝に記しているように、ハンスキは、それまでの人生で最高にエキサイティングな共同研究に参加しているように感じた。世界のある重要な構成要素が今まさに解明されようとしているようだった。

スノウは、水中の糞便がコレラの原因となる何かを撒き散らすのだと述べたとき、具体的に何が撒き散らされるのかはわかっていなかった。同様に、ハンスキ、ハーテラ、フォン・ヘルツェンも、生物多様性喪失のどんな側面が病気を起こすのかはわかっていなかったが、どのような機序で病気になるのかは、ある程度予想できていた。多種多様な生物への曝露と心身の健康とが関連している可能性については、免疫機能の観点からも、それ以外の面からも、数十年にわたって検討されてきた。E・O・ウィルソンは「バイオフィリア仮説」を提唱し、私たち人間には生まれつき生物多様性を好む傾向があり、それが不足すると情緒的健康が損なわれると主張した。[10] ロジャー・ウルリヒは、自然はストレスを低減すると論じ、また、スティーヴン・カプランは、多種多様な生物にさらされることで集中力の持続時間が長くなると論じている。[11]「自然体験不足障害」という考え方は、これらの仮説を敷衍(ふえん)して、多種多様な生物や自然と触れ合う機会を増やすことによって、子どもたちの学びや心の健康を促す方法を探ろうとするものだ。[12] これらの仮説は、生物多様性の喪失に、情緒面でも、心理面でも、知的な面でも、痛みが伴うことを示唆している。

ハンスキとハーテラはこれらすべての研究の影響を受けつつも、現在進行していることは、それだけにとどまらないと考えていた。生物多様性の喪失は、人間の免疫系にも「痛み」を与え、機能不全を引き起こすと考えていたのだ。そのように考える上で、最も直接的な足がかりとなったのは、慢性的な自己免疫疾患は過度に清潔で衛生的な生活と関連があるとする仮説および一連の研究だった。この「衛生仮説」は、一九八九年にロンドン大学セントジョージ医学校の疫学者、デイヴィッド・ストローンが初めて提唱した。ストローンは、現代の潔癖性が日々の生活から、必要不可欠な環境曝露の機会を奪ってしまっていると唱えた。[13] ハンスキとハーテラは、その欠如している環境曝露とは、ヒト以外の多種多様な生物への曝露だと考えたのだ。

ヒトの免疫系は、小さな政府のごとく、多数の部署から構成されていて、複数の指揮系統があり、常にではないがほとんどの場合に従うルールによって統制されている。慢性炎症性疾患では、二つの経路が関与している。

しばらく前からわかっていたのは次のような経路だ。チリダニのタンパク質であれ、危険な病原体であれ、何らかの物質（抗原）が皮膚、消化管、肺の免疫細胞によって探知されると、一連のシグナルが伝わって、免疫系がその抗原を攻撃するか否かの判断が下される（好酸球のような白血球によって即座に攻撃する場合と、将来の攻撃に備える場合の両方がある）。攻撃反応の引き金が引かれると、ある種の細胞から別種の細胞へと次々にシグナルが送られていき、やがて、そうしたシグナルが刺激となって、さまざまな種類の白血球が補充されると共に、（常にではないがある場合には）特定の抗原に特異的に結合する免疫グロブリンＥ（ＩｇＥ）の産生が開始される。ＩｇＥ抗体はその抗原を記憶していて、再びその抗原が現れるとそれと結合する。

ここで押さえておくべきポイントは、この経路は、抗原を探知し、それを攻撃するか否かを決定し、さらに将来の攻撃を容易にするか否かを決める経路であるという点だ。正常に機能すれば、免疫系の病原体に対する迅速な対応が可能になる。しかし、機能に狂いが生じると、免疫系が間違ったものを攻撃してしまい、アレルギーや喘息その他の炎症性疾患を発症することになる。

好酸球のような白血球が集まってしまうのを防ぐと共に、探知された抗原すべてにＩｇＥ抗体が反応してしまうのを防ぐことによって、免疫反応のバランスをとる働きをしているのが、第二の経路だ。この別個に備わっている経路（独自の特異的な受容体、一連の制御物質、シグナル分子などを含む経路）が、平和維持の役割を果たしているのだ。必要に応じて働く経路だが、ほとんど常時働いている。大多数の抗原は危険ではないからだ。特に、頻繁に遭遇するものや、通常の環境曝露に関連するもの、そして、皮膚や肺や消化管に生息している生物種は危険ではない。そのことを身体に思い出させるのが、この平和維持経路の仕事なのである。

ストローンなどの研究者たちは、免疫系を鎮める理性の声であるこの平和維持の経路は、通常の日常生活の曝露では十分に刺激されないのではないかと指摘していた。しかし、都会に住む子どもたち、つまり「清潔」すぎる環境で暮らす子どもたちに不足しているものは何なのか、この統制不足を招いているのは何の欠如なのか、ということを彼は説明できずにいたのだった。

ハンスキ、ハーテラ、フォン・ヘルツェンは、環境中、家屋内、そして身体に生息する多種多様な生物への曝露が、免疫系の平和維持経路の機能を正常に保つのに何らかの役割を果たしているに違いないと考えた。そのような曝露の機会がないと、免疫系がIgE抗体を作って反応し、チリダニやチャバネゴキブリやカビの破片、さらには自己の細胞のような、実際には危険ではないさまざまな抗原に対して炎症反応を起こすようになる。子どもたちが十分に野生生物に曝露していないと、調節経路がその仕事を果たしてくれない。アレルギーや喘息を発症し、その他諸々の問題も生じてくる――そんなふうに彼らは考えたのだ。刺激的な仮説だが、その仮説を検証する必要があった。

このような仮説をどこで、どのように検証するかという話になると決まって持ち上がるのが、現代のフィンランドの一地域だった。フィンランドでは、第二次世界大戦終了後、一種の自然実験が行なわれてきた。フィン人の間では、慢性炎症性疾患の罹患率が、ある地域を除くあらゆる場所で上昇していた。その地域とは、カレリア地方のロシア側半分、かつてフィンランドの一部だった地域である。第二次世界大戦以前、フィンランドとロシアの国境地帯にあるカレリア地方は、すべてフィンランドの統治下にあった。ところが戦後、新たに引かれたフィンランド・ロシア国境線により、この地方は二分されて、ロシア領カレリア人とフィンランド領カレリア人が生まれ、共通の伝統を受け継ぎながらも異なる未来を生きることになったのだ。

今日、ロシア側のカレリア地方では、交通事故、アルコール依存症、喫煙、さらにはこうした問題が複合的に絡み合って、平均寿命が比較的短い。一方、フィンランド側のカレリア地方では、そのような原因で死亡する人は少ない。ロシア側のカレリア人のほうが、ほとんどの面で不利な立場に置かれているが、フィンランド側のカレリア人は、ロシア側のカレリア人があまり罹らない病気、慢性炎症性疾患に罹りやすい。フィンランド側では、喘息、花粉症、皮膚炎、鼻炎の罹患率がロシア側の三〜一〇倍にも及んだ（その状況は現在も続いている）。ロシア側のカレリア地方では、花粉症やピーナッツアレルギーなど存在しない[14]。それに対し、フィンランド側のカレリア地方では、世界の縮図のごとく、慢性炎症性疾患がさらにいっそう増加している。戦後、フィンランド側のカレリア地方に暮らす人々は、世代を経るごとにますます炎症性疾患に罹りやすくなっているが、国境を挟んだロシア側のカレリア地方に暮らすその親族に、そのような傾向は全くない。

ハーテラとフォン・ヘルツェンは、それまでの一〇年の歳月の大半を、国境を挟んだ双方のカレリア人の生活を比較する研究、「カレリア・プロジェクト」に費やしてきた。丹念な聞き取り調査と、特定のアレルゲンに対するＩｇＥ抗体の量を測定する血液検査に基づき、この二つの集団間には本当にアレルギー疾患の有病率に差があることが証明されたのだ。さらに重要なことに、二人は、フィンランド側のカレリア地方に見られる疾患は、環境微生物への曝露不足が原因だと考えるようになっていた。

ロシア側のカレリア人たちは、五〇〜一〇〇年前の先祖たちとほとんど同じような生活を送っている。全室空調や全室暖房のない小さな田舎家に住み、毎日、牛などの家畜に触れ、野菜や果物のほとんどを家庭菜園で育てている。飲み水は、自宅敷地内の井戸から汲み上げた水か、近くにあるラドガ湖の地表水だ。その地域一帯は今でもほとんど森林に覆われていて、生物学的多様性に富んでいる。

フィンランド側のカレリア人たちは、それとは全く異なる環境で生活している。はるかに開発の進んだ町や都市で、生物の多様性が格段に乏しい環境下で暮らしている。フィンランド側のカレリア人は、ロシア側のカレリア人よりもずっと長い時間を、外部からしっかりと遮断された家の中で過ごしている。生物への曝露の度合いは、国際宇宙ステーションでの曝露度合いに近く、古い歴史をもつ原生林の小道を歩くときの曝露度合いにはほど遠い。

ハーテラとフォン・ヘルツエンおよびその学生たちは、フィンランド側のカレリア地方で育つ子どもたちの日常生活には、植物由来の微生物が欠如しているらしいことを示したものの、まだすべてのピースをつなぎ合わせることができずにいた。そこに、今度はハンスキも加わって、全体像を組み立てていった。つまり、屋外の生物（チョウ、植物、その他諸々）の多様性が失われたことによって、屋内の生物多様性も失われ、それがもとで免疫系に支障をきたして、好酸球が異常に増加し、その結果として慢性炎症性疾患が増加したと考えたのである。リーナ・フォン・ヘルツェンを筆頭著者とする論文の中で、彼らはこの考え方を「生物多様性仮説」[15]と呼び、協力してその検証に取りかかった。

仮説検証方法として理想的なのは、子どもたちが屋内や裏庭で曝露する生物多様性の程度を実験的に変え、その後数十年間にわたって、その子どもたちを追跡調査することだった。理論的にはそれも可能だったかもしれないが、莫大な費用がかかり、調査期間も長期に及んでしまう。もう一つのアプローチ法として、ロシア側とフィンランド側のカレリア人の生活実態や曝露度合いを比較するという方法もあったが、当時の状況ではそれは無理だった。そこで、ハンスキ、ハーテラ、およびフォン・ヘルツェンは第三のアプローチ法をとることにした。フィンランド側のある区域（ハーテラとフォン・ヘルツェンが二〇〇三年以来、研究対象にしてきた地域）だけで調査を行なうことにしたのだ。この区域内で、生物多様性の低い家に住んでいる一四歳から一八歳の子どもたちは、免疫系がアレルギーや喘息を発症しやすい状態になっているかどうかを検証する、という方法だ。

調査対象に選んだ区域は、一〇〇キロメートル四方のエリアだった。区域内には、小さな町が一つと、大小さまざまの村、そして辺鄙（へんぴ）な場所にぽつんと建つ家が何軒か含まれていた。ハーテラとフォン・ヘルツェンは、その区域内からランダムに家を選び出した。選ばれた家々に住む家族はほぼすべて、何年間も引っ越しをしていなかったので、そこに住んでいる十代の子どもたちは、生まれてからずっと現在の家で暮らしていた（他の地域ではめったにないことだ）。もっと多様な地域を対象に選ぶべきだとか、もっと多数の地域を調査すべきだとか、そういった批判もあるかもしれない。批判しようと思えばいろいろできよう。しかし、生態学者のダニエル・ジャンゼンがよく引き合いに出すように[16]、ライト兄弟は雷雨のさなかに飛び立ったりはしなかった。ハンスキ、ハーテラ、フォン・ヘルツェンは、外的要因をできるだけコントロールでき、しかも手元にあるデータを足がかりにできる地域で調査を始めるという方法を選んだのだ。

調査チームは、子どもたちの一人一人のアレルギーの度合いを調べた。続いて、子どもたちの自宅の裏庭の生物多様性、および、子どもたちの皮膚の生物多様性の程度を測定した。裏庭の生物多様性が低いと、皮膚の生物多様性が低くなり、ひいてはアレルギーを起こしやすくなるだろうと予測した。

裏庭に生えている外来植物、在来植物、希少在来植物の種類を数えて、それを裏庭の生物多様性の指標とした。どの植物にもたいてい、それぞれに特有の細菌や真菌、さらには特有の昆虫が棲みついている。したがって、植物を調べることで、子どもたちが遭遇しているその他の生物の種類数がおおよそつかめると考えたのだ。また、植物には、他の生物に比べて測定しやすいという利点もあった。なぜなら、植物は（微生物とは違って）目に見えるし、（チョウや鳥などとは違って）動かずに定着しているからである[17]。皮膚細菌の生物多様性は、子どもたちの利き腕の前腕中央部で測定した。細菌の種類は、ローリーの家々で調査したときと同じ方法で数えた。最後に、子どもたちの血液中のIgE抗体の量を測定して、アレルギー反応の強さを判定した。一般に、IgE抗体の量が多いほどアレルギー反応が強い。IgE抗体の量が多かった子どもたちについては、ネコ、イヌ、ヨモギといった特定のアレルゲンに対するIgE抗体の量も検査した。

調査は単純明快で、各々が特定の仕事を受け持った。ハーテラはアレルギー検査のための採血を担当し、フォン・ヘルツェンは細菌群集を調べるための皮膚サンプルの採取を担当、ハンスキはさまざまな植物の採取と調査を担当した。結果の分析は全員で協力して行なった。大きな一歩となる可能性を秘めた刺激的な研究だったが、いくつかの意味で、途方もない企てでもあった。

データに目を通すハンスキと仲間たちは、興奮しながらも不安だった。子どもたちの自宅の植物の多様性は本当に大きな影響力をもっているのだろうか？　できる限り多数の外部要因を制御したが、人間の健康状態の差を予測するのはとても難しい。特にハンスキにはつらかった。人を研究するのは、糞虫やチョウを研究するよりもはるかに難しいことをたちまち思い知った。実験ができればいいのに。データに何のパターンも見出せなければ、調査した意味が全くなくなる。そうなれば、もっと多数の子どもや多数の国々を、もっと長期間にわたって調査することが必要になるだろう。

しかし、実際に得られた結果は、ハンスキ、ハーテラ、フォン・ヘルツェンにとって驚くほど明快なものだった。裏庭の希少在来植物が多様性に富む家に住んでいる子どもたちは、皮膚にさまざまな細菌種が付いていた。皮膚の細菌の多様性、そのなかでも特に、土壌由来の細菌が多様性に富んでいる傾向が見られた。このような細菌はおそらく、裏庭にいるとき、あるいは屋内での活動中や就寝中に窓やドアから入って来て、皮膚に付着したのだろう。そしてさらに、裏庭の希少在来植物の数が多く、皮膚細菌の多様性に富む子どもたちは、アレルギーのリスクも低かった。どのアレルギーについてもである。[18] 実験を行なったわけではない。ただ単に相関関係が認められたにすぎないが、その相関関係は、彼らの仮説と完全に一致するものだった。

特に、ガンマプロテオバクテリア〔ガンマプロテオバクテリア綱の細菌〕は、植物の多様性が高い場合ほど、多様性に富んでおり、アレルギーをあまりもたない子どもから頻繁に見つかった。すでに四〇年以上前に、ヒトの皮膚に棲むこのグループの細菌数は、季節によって変動することが明らかにされていた。[19] ミーガン・トームスがチンパンジーの巣から採取したサンプルでもやはり、ガンマプロテオバクテリアの数は季節によって変動した。ハンスキ、ハーテラ、フォン・ヘルツェンは、ガンマプロテオバクテリアがやはり時間を置いて変動することを発見した。しかも、ネコ、イヌ、ウマ、シラカンバ花粉、チモシー牧草、ヨモギなど、何に対するアレルギーかは関係なく、いずれの場合も、より多種類のガンマプロテオバクテリア、特にアシネトバクター〔アシネトバクター属の細菌〕が身体に棲みついている人ほど、アレルギーをもっている確率が低かった。

その後の研究で、ハンスキとハーテラは別の研究者グループと共に、アシネトバクターがより多く皮膚に棲みついている（フィンランドの）人ほど、免疫系が平和維持に関わる物質をより多く産生する傾向があることを明らかにした。[20] マウスの皮膚にアシネトバクターを付着させてみる実験でもやはり、これと同じ平和維持の物質が産生された。[21]

細菌の多様性、とりわけアシネトバクターの存在がアレルギーの抑制に役立っているという説をさらに検証すべく、ロシア側とフィンランド側のカレリア地方に暮らす子どもたちの皮膚の細菌を比較することになった。ハーテラは、そのための調査を別個に実施した。裏庭の生物多様性は、フィンランド側よりもロシア側のカレリア地方のほうが高いと推測されたが、その通りだった。そして皮膚の生物多様性も、フィンランド側よりもロシア側のカレリア地方のほうが高いと推測されたが、その通りだった。最後に、皮膚に棲むアシネトバクターの数は、フィンランド側よりもロシア側のカレリア地方に暮らす子どものほうが多いと推測されたが、やはりその通りだった。[22]

ハンスキ、ハーテラ、フォン・ヘルツェンの研究結果からわかるのは、多種多様な在来植物に曝露することによって、皮膚のガンマプロテオバクテリア（および、肺や腸内にいる同様の効果をもたらす細菌）が増加し、それがひいては、免疫系の平和維持の経路を刺激して炎症反応を抑制するということだ。[23] 人類は、数千万年の間、努力などしなくてもこのような細菌にさらされてきた。野生植物はもちろんのこと、食用植物にもさまざまなガンマプロテオバクテリアが棲みついている。こうした細菌は、種子、果実、樹幹と相利共生の関係にある。人類はそれらを肺に吸い込み、口から摂取し、その中を歩いていた。ところがその後、屋内で暮らすようになると、ガンマプロテオバクテリアが周囲から姿を消してしまう。これらの細菌は、冷蔵されている食用植物にはほとんど付いていないようだ。また、食用植物を調理加工すると消えてしまう。国際宇宙ステーション（ＩＳＳ）には全くいなかったし、私たちが調査した都会の集合住宅でもほとんど見つからなかった。

もしかすると、庭の植物だけに限らず、室内に鉢植え植物を置いたり、新鮮な果実や野菜を食べたりしても、多様なガンマプロテオバクテリアの恩恵にあずかれるのかもしれない。[24]ガンマプロテオバクテリアの役割を明らかにするには、裏庭に植える植物をいろいろと変えたり、さまざまな植物を室内に置いたり、新鮮な果実や野菜（殺菌済みのものとそうでないもの）を食べさせたりして、そのような違いが長年の間に免疫機能に変化を及ぼすかどうかを調査する必要があるだろう。スノウが井戸のレバーを取り外した時とちょうど正反対のことをやって、再び生物多様性が流れ込むようにするのだ。やろうと思えばできることだが、まだ誰もやったことがない。[25]しかし、ある研究はもう一歩のところまで来ている。それは、アマン派とフッター派の子どもたちの調査、および、マウスでの実験から得られた知見に基づく研究である。

アマン派（アーミッシュ）もフッター派も、十八世紀から十九世紀にかけてアメリカ合衆国に移住してきた集団である。両派は同じような遺伝的背景をもっており、特に、喘息への罹りやすさに影響することが知られている遺伝子を共通してもっている。文化的な面でも、両派は比較的類似した生活を送っている。どちらもドイツ風の農産物を食べ、大家族で暮らし、予防接種を受け、生の牛乳を飲み、それ以外の面でも驚くほどよく似た生活を送っている。どちらの集団も、テレビは観ないし、その他の電化製品も一切使わない。どちらの集団も、動物をペットとして飼うことを良しとしない。家畜はすべて使役動物である。どちらの集団でも、集団外の者と結婚することは、自集団を離れることを意味している。

一見したところ、両派の間には、遺伝子にも、生活様式や生活体験にも違いがなさそうに見える。生物学的にみた場合、アマン派とフッター派の最も重要な違いは、フッター派が工業型農業へと舵を切ったことである。フッター派はトラクターを運転し、殺虫剤を使用し、比較的少ない種類の穀物を栽培している。それに対して、アマン派は、労役には馬を使って、従来どおりの農業を営んでいる。アマン派の子どもたちは、農地、家畜、土壌との直接的、肉体的なつながりが、フッター派の子どもたちよりも強いのだ。また、アマン派の住居の玄関は、納屋の戸から五メートルほどのところにあるのに対し、フッター派の住居と農場はたいてい非常に離れた距離にある。

そして果たせるかな、こうした違いからハンスキ、ハーテラ、フォン・ヘルツェンが予測しそうなとおり、アマン派は喘息の発症頻度が低いのだ。一方、フッター派は、アメリカ合衆国内のほとんどどの地域よりも、喘息の発症頻度が高い。フッター派の子どもたちの二三パーセントが喘息を患っている。そして、裏庭の野生植物種が少ないフィンランドの子どもたちと同様に、フッター派の子どもたちの血液中には、各種アレルゲンに対するＩｇＥ抗体が高濃度で存在している。免疫学的な違いは、このようなＩｇＥ抗体の差だけにとどまらない。

最近、シカゴ大学とアリゾナ大学の科学者と臨床医が率いる大規模な科学チームが、アマン派とフッター派の子どもたちの免疫系を比較する研究を行なった。シカゴ大学のチームが、アマン派とフッター派の子どもたちの血液サンプルを詳細に調べたところ、細菌の細胞壁由来の成分を与えても、アマン派の子どもたちの血液からは、警告を発する物質、サイトカインがわずかしか産生されないことが明らかになった。さらに、アマン派の子どもたちの血液は、白血球の種類や数に特徴があった。炎症と最も関連の強い白血球、好酸球が少なかったのだ。また、好中球も、わかりやすく言うと、無差別攻撃を仕掛けてこない種類のものが多かった。最後に、アマン派の子どもたちは、免疫抑制に関わる単球（また別の白血球）の種類が豊富だった。要するに、フッター派の子どもたちの血液は暴れん坊だったのに対し、アマン派の子どもたちの血液はのんびり屋だったのである。

シカゴ大学とアリゾナ大学のチームは、アマン派のハウスダストとその微生物が免疫系に及ぼす効果を明らかにするために、実験的に、炎症性疾患を患っている個体にそのハウスダストを投与してみようと考えた。ヒトに対してこんな実験は倫理的に不可能だが、マウスを使う実験ならばできる。そこで交配によって、アレルギー性喘息によく似た慢性炎症性疾患をもつさまざまなマウスを作り出した。これらのマウスは、鶏卵タンパク質に曝露すると喘息発作を起こしてしまう。鶏卵タンパク質は彼らの敵なのだ。

研究チームは、この喘息を起こすマウスに、三通りの実験を行なった。一つ目のグループには、一か月間にわたり、二、三日に一回の頻度で、鶏卵タンパク質を鼻にスプレーした。二つ目のグループには、同じ期間、同じ頻度で、鶏卵タンパク質とフッター派の寝室のハウスダストを鼻にスプレーした。三つ目のグループには、鶏卵タンパク質とアマン派の寝室のハウスダストをスプレーした（のちに明らかになったことだが、このアマン派のハウスダストには、フッター派のハウスダストよりも多種類の細菌が含まれており、生物多様性が高い傾向にあった）。

鶏卵タンパク質だけを投与されたマウスは、喘息に似たアレルギー反応を起こした。それは当然と言えよう。鶏卵タンパク質とフッター派のハウスダストを投与されたマウスは、鶏卵タンパク質だけを投与されたマウスよりもひどいアレルギー反応を起こした。では、鶏卵タンパク質とアマン派のハウスダストを投与されたマウスはどうだったか？　アマン派のハウスダストは、マウスが鶏卵にアレルギー反応を起こすのを、ほぼ完全に防いだ。生物多様性に富んだアマン派のハウスダストのおかげで、マウスはアレルギーを免れただけでなく、難敵である鶏卵タンパク質を一日おきに投与された場合でさえ、ほとんどダメージを受けずに済んだのである。[26]

フィンランドの研究チームは、フィンランド農村部の納屋のホコリ（都市化の進んだヘルシンキの家屋のホコリではない）を用いた実験で、マウスに同様の効果を証明することに成功した。[27]喘息持ちの人は、アマン派の寝室やフィンランドの裏庭を（許可もなく）うろついてホコリを吸い込んでくるとよい、などと勧めるつもりはないが、もっと多種多様な生物を、もっと多くの野生生物を吸い込む必要があると言ってよいだろう。

アマン派のハウスダストに含まれている特殊なものとは、ハンスキらが予測したとおり、（皮膚ではなく）肺の平和維持経路を作動させるガンマプロテオバクテリアだったのかもしれない。しかし、そうではなかったとしても、つまり、肺や腸で重要な役割を果たしているのが、たとえばフィルミクテス門やバクテロイデス門といった別のグループの細菌や、何か特殊な真菌であったとしても、この研究者たちの成果は重要だ。その成果は、細かな部分のみならず、問題の全体像についてより広い知見を与えてくれる。つまり、植物だけでなく動物その他も含めた多様な生物への曝露度合いが低下するにつれて、ガンマプロテオバクテリアなど、善玉菌に曝露する確率も低下していく、ということを教えてくれている。

確率論的に考えてみればいい。健康を保つには一定の種類数の細菌に曝露する必要があると考えよう。もしそうならば（そして、その細菌がどこにいるかほとんどわからない場合には）、より多くの植物や動物や土壌に触れるほど、そうした重要な細菌を受け取れる確率が高くなる。逆に、曝露する生物の種類が少ないほど、善玉菌、つまり自然免疫系を適切に刺激して、好酸球の増加を抑えてくれる細菌を受け取れる確率は低くなる。しかし、確率はあくまでも確率であって、どれほど多種多様な生物に曝露しても、必要な細菌を得られないこともある。アマン派の子どものなかにも、ロシア側のカレリア地方に住む子どものなかにも、やはりアレルギーを起こす子どもは何人かいる。ただ、その確率が低いというだけにすぎない。

もちろん、必要な細菌はどれなのかを正確に突きとめて、それらに確実にさらされるようにし、その状態を維持することができれば、はるかに満足のいく結果が得られるだろう。だが、それはまだ先のことだ。慢性炎症性疾患を理解するうえで、私たちはまだ、瘴気説の段階からほんの一歩前に踏み出したにすぎない。さらにもう一歩踏み出すには、しばらく時間がかかるかもしれない。

たとえば糞便移植を考えてみよう。腸内生態系が病原細菌のクロストリジウム・ディフィシルに侵されている場合に、最も有効な治療法は糞便移植である。糞便移植療法では、まず、患者に大量の抗生物質を投与する。そのあと、患者の腸内生態系を回復させるために、健康な人の糞便と糞便微生物を患者に移植するのである。これは効き目がある。糞便移植のおかげで多数の命が救われている。糞便を移植することで、クロストリジウム・ディフィシルの繁殖を防げるほどまでに、腸内生態系が回復するのである。医者にとって糞便移植は、他に打つ手がない患者を治療するための大きな救いになっている。微生物学者たちも、未来を予感させる革新的な治療法だとこれを讃えている。しかしそれは同時に、腸内環境に不可欠な微生物はどの種なのかわかっていないので、次善の策として、すべてを回復させて腸を再起動し、自然状態に戻しているのだ、と認めることでもある。

科学者は、予測を立ててそれを検証するのが大好きだ。科学の最も予測可能な特徴の一つが、その社会政治的傾向である。私の予測では、今後一〇年間に、慢性炎症性疾患を治す手段としてさまざまな薬や治療法が提示されるだろう。欠落因子として重要なのは、条虫、鉤虫、その他の寄生虫への曝露だと唱え続ける科学者もいるだろうし、いや、欠落しているのは、ガンマプロテオバクテリアへの曝露だと指摘する者もいるだろう。それがある一種類の細菌だとしても、研究室ごとに異なる種を取り上げるだろうし、そのような細菌が食物中に不足していると主張する者もいれば、飲料水中に不足していると唱える者も出てくるだろう。そうこうするうちに、誰かが、こうした疾患への罹りやすさを決めていると思われる一連のヒト遺伝子を発見するだろう。さらに、遺伝的背景に基づき、人によって曝露する必要のある微生物が異なることが明らかになるだろう。しかし、そのような研究を進めていくうちに、遺伝学者たちは、これまで研究の対象はほとんど白人の男子大学生だったが、多様な集団に関心を向けると話はますます複雑になるということに（かなり後になって）気づくだろう。結局、人間が健康維持のために保持すべき（あるいは、少なくとも曝露すべき）微生物は、居住している地域によって、さらにはその文化によっても異なることが明らかになるだろう。完全に規範的なモデルはおそらく、このように一人一人がどうすべきかを提案していくなかで生まれてくるのだろう。成功は請け合えないが、そのモデルを探し当てるための努力を続けていく必要がある。スノウがコレラの伝播様式を解明する際には、そのモデルが役に立った。コレラ菌の正体が明らかになったのち、給水系でその有無を検査して、飲んでも安全かどうかを確認する際に、そのモデルはますます役に立った。

完全に解明されるのを待つあいだ、現状の問題点を率直に認めつつ、完全ではないにせよ、間違いなくより良い代替アプローチを選択しよう。現状とは、私たち人間が、以前とは全く異なる種類の、しかも、以前よりずっと少数の生物種にしかさらされていないということだ。そうなってしまったのは、身の回りの世界の生物多様性を低下させたからであり、また、ほとんどの時間を屋内空間（多様性をますます低下させていると思われる空間）で過ごすようになったからである。その結果として、クローン病、喘息、アレルギー疾患、多発性硬化症といった疾患の発生頻度が格段に高まっている。

そんな今、私たちが子どもたちにしてやれることは何なのだろう？　それは、さまざまな微生物と触れ合う機会を与え、それによって、必要とされる微生物にさらされる確率を高めてやることだ。「数撃ちゃ当たる」作戦で、生態学の宝くじをどんどん買い続けよう。

家の外にもっと多種多様な植物を植えて、その植物と触れ合おう。その世話をし、それを観察し、その上で昼寝をしよう。室内にさまざまな植物を置いても同じような効果が得られるかもしれない。ガーデニングをして、土いじりを楽しもう。あるいは、アマン派にならって、裏口の近くで牛を飼ってみてもいい。益をもたらしこそすれ、決して害にはならない。

その一方で、人間にとって不可欠な生物種が地球上から消えることのないように、目を光らせている必要がある。二〇〇九年にハーテラが述べたように「チョウを大切に」しよう。つまり、どの種が不可欠なのかよくわからないうちは、周囲の多種多様な生物をすべてひっくるめて守っていく必要がある。チョウを守ろう、私たち自身のために。チョウを守ろう。野生のチョウの多様性が保たれている地域では、微生物の多様性も維持され、ひいては、人間にとって不可欠ながらまだ研究されていない生物種の多様性も維持されるからである。チョウを守ろう、イルッカ・ハンスキに敬意を表して。二〇一六年五月十日、ハンスキはチョウに想いを寄せながらこの世を去った。大自然の営みに心を惹かれながらこの世を去った。一匹のチョウの羽ばたきが天候を変化させることはなくても、チョウが絶滅してしまえば、あるいは、チョウや多くの細菌の拠り所である植物が絶滅してしまえば、人間もまた病んでくるであろうことを気にかけながらこの世を去った。人間が健やかに暮らすためには、生物多様性が欠かせない。裏庭にも、家屋にも、生物多様性が欠かせない。そして、調査から見えてきたように、もしかするとシャワーヘッドにもそれが欠かせないのかもしれない。

第5章 生物の流れを浴びる

水域には、これまで考えられてきた以上に多くの微小動物、アニマルクルがいると結論を下さざるを得ない。

——アントーニ・ファン・レーウェンフック

必要があろうとなかろうと、私が入浴するのは月に一回です。

——女王エリザベス一世

ワインの中には知恵がある。ビールの中には自由がある。水の中にはバクテリアがいる。

——ダムフリース（スコットランド南部の町）のパブの壁掛け

一六五四年、レンブラントはアムステルダムで、水浴する女性を描いた。その女性は、品のよい赤いローブを岩にかけ、ナイトガウンの裾（すそ）を濡れないように膝上までたくし上げながら水の中へと入っていく。夜の情景を描いた画面は暗いが、水に浸かっている女性の肌はぼうっと明るく輝いている。古代ローマやギリシャの絵画を彷彿とさせる作品だ。

レンブラントの絵画に描かれた、この小川に足を踏み入れる女性は、ある世界から別の世界に足を踏み入れようとしている。美術史家たちは、この行為を何かのメタファーだと見ている[1]。しかし、私のような生物学者からすると、彼女は生態学的にみても全く別の世界に足を踏み入れつつある。水に入ることによって、突如、それまでとは全く異なる微生物、魚、その他さまざまな生物にさらされるからである。私たちは、水は清潔だと思い込み、清潔とは生物のいない状態であるかのように思っているが、実は、入浴する水も、遊泳する水も、飲用の水もすべて生物に満ちあふれている。

レンブラントの描いた小川は、アムステルダムの近くを流れる小運河のようだ。この女性はおそらく、レンブラントの愛人のヘンドリッキエ・ストッフェルスだろう。レンブラントには、どの川を描こうという意図はなかったとしても、参考にしたり、インスピレーションの源になったりしたのはやはり、彼がよく知っている場所であったろう。この水が、そのすぐそばの町、デルフトの、一〇年ほど後の水とよく似たものだったと考えるならば、その中には、レーウェンフックが描いた、自宅前の運河の微生物と同じような微生物が棲んでいた可能性が高い。

もちろん、今日あなたが身をさらす水は、レンブラントの愛人が身をさらした水とは全く異なっている可能性が高い。といっても、異なっている、というのは、生物が含まれていないという意味ではない。バスタブに浸かったり、シャワーの下に立ったりするとき、デルフトにはほとんどいなかったであろう、全く別種の生物に包まれているにすぎない。最近、私は、そのような生物について考えることが多くなった。
そもそもの始まりは、二〇一四年秋にノア・フィエールがよこしたメールだった。私が初めて屋内のホコリの調査をしたときの、コロラド大学の共同研究者ノアが、あるプロジェクトを計画しているという。シャワーヘッドの謎——それもとびっきりの謎に遭遇したというのだ。何をやることになるのかも説明せずに「一緒にやらないか？」と聞いてきた。「シャワーヘッドについてはこれまでも話題にしてきたが、きちんと調査する必要がある。大変なことになるぞ」。そのあと、どんな発見なのかをごく簡略に述べ、ある構想についてざっくりと説明し、それだけ言えば君なら察しがつくだろうと言う。「まあどっちでもいいがね」。それは「参加しなければ、君は好機を逃してずっと悔やむだろうが、その気がないなら、無理して一緒にやる必要はないさ。でもやるなら、ぐずぐずしてないで取りかかろうぜ」という意味だった。[2]
その概略は、こうだ。各戸に供給され、最終的にシャワーヘッドに流れ込む水道水は、生命に満ちあふれている。レーウェンフックは、雨水にも、自宅の井戸水にも、細菌や原生生物を見つけた。その後の研究者たちの調査でも、やはりそうだった。そして、生命に満ちあふれているという点では、水道水も雨水と何ら変わりない。たとえば、私が一年のうちの一時期だけ仕事をしているデンマークでは、水道水から小さな甲殻類が見つかる。[3]それ以外の時期はローリーで暮らしているが、そのローリーの水道水には、かなりの頻度でデルフチア・アシドボランスという細菌が含まれている。[4]デルフチアは、レーウェンフックゆかりの地、デルフトの土壌から初めて分離された細菌で、水中の微量の金を凝集・沈澱させる能力をもっている。デルフチアはまた、独特の遺伝子のおかげで、マウスウオッシュ（または、マウスウオッシュですすいだばかりの口）の中でも増殖できる。このようなことはすべて、ずっと以前から知られており、なかなか興味深いにもかかわらず、ニュースにもならなければ、ノアの関心を引くこともなかった。ノアの好奇心をそそったのは、水が水道管内を流れるとき、特にシャワーヘッドの配管内を通るときに、厚いバイオフィルム（微生物膜）が形成されるということだった。バイオフィルムとは、「ぬめり」と言うのを避けるために、科学者たちが使っている聞こえのいい言葉だ。

バイオフィルムを構成しているのは、敵対的環境（たとえば、絶えず自分を押し流そうとする流水など）から身を守るという、共通目的のために協力し合う一種または複数種の細菌たちだ。細菌たちは、自らの分泌物でバイオフィルムの基盤を形成する。[5] 要するに、細菌たちは互いに協力し合って、水道管内に頑丈な共同住宅を――分解されにくい複雑な炭水化物からなる共同住宅を――自分たちの排泄物で作り上げるのである。

ノアは、このシャワーヘッドのバイオフィルム内で生息している細菌を調査しようと考えた。このような細菌は、水道水中の養分で増殖し、水圧が高まった拍子にバイオフィルムから遊離して霧状になり、毛髪や身体に降りかかったり、鼻や口の中に入って来たりする。[6] 彼がこうした細菌を調査しようと考えたのは、単に興味深い現象だからではない。一部地域に限られるとはいえ、それが原因で病気になる人々が増えているらしいからだった。

人々を病気にするバイオフィルム内の細菌とは、抗酸菌（マイコバクテリウム属細菌）である。抗酸菌は、コレラ菌のような、ほとんどの水中病原体とは性質を異にしている。どういうことかと言うと、水道水中で見つかる抗酸菌の通常の棲み処は、人間の身体ではない。水道管それ自体が棲み処なのである。こうした水道管好みの抗酸菌は、ふだんは病原体ではない。(細菌自身からすれば)不本意にも人間の肺に入り込んでしまったときにだけ、問題を引き起こすのだ。この点、抗酸菌をはじめ、人間が屋内につくった新たな棲み処に由来する病原体(レジオネラ属細菌など)は、病原体について考えるときに通常遭遇する問題とは全く別種の問題、つまり、家や街をどう設計するのかという問題を象徴している。

シャワーヘッドの抗酸菌(マイコバクテリウム)はふつう「NTM」と呼ばれている。「NT」は「非結核性(nontuberculous)」の、「M」は「マイコバクテリウム属(mycobacteria)」の略である。ということはつまり、もうお察しかと思うが、それ以外のマイコバクテリウムは、結核性の細菌、すなわち、結核菌(マイコバクテリウム・チュベルクロシス)とその近縁種だということだ。私たちが、史上最悪のモンスターと聞いて想像するのは、たとえばヴァイキングのサガに出てくるような、腕が何本もあって臭い息を吐いてくる獣を相手に、盾と長剣で戦う場面だ。しかし、その昔は、まさにこの結核菌こそが真の悪魔だった。目に見えないその悪魔の「姿」は、それがもたらすおぞましい死そのものであった。

結核菌は、ヒトの結核の原因となる細菌である。一六〇〇年から一八〇〇年までの間に、ヨーロッパや北アメリカでは、成人の五人に一人が結核で死亡した。[7] 結核菌は、はるか昔から、ヒトや、絶滅したその近縁種や祖先種と関係があったようだ。その結核菌が危険な病原菌へと進化したのは、現生人類がアフリカの外に出て行ったころ(初期の住居跡がはっきり残っており、他者に向かって咳をするようになったのとほぼ同じころ）だった。ヒトに結核菌が蔓延していった。ヒトがヤギやウシを飼うようになると、そうした家畜にも結核菌がうつり、やがて、全く異なる動物の体内でその独自の免疫系と対峙した結核菌は、ヤギの体内ではヤギ型結核菌に、ウシの体内ではウシ型結核菌に進化した。ヒトからネズミにうつった結核菌は、ネズミの免疫系を巧みに利用する形に進化していった。ヒトからアザラシにうつった結核菌は、また別の形に進化した。その型が、アザラシと共に、遅くとも西暦七〇〇年までに南北アメリカ大陸に伝わり、そこでアメリカ先住民に感染し（それから、またさらに特殊な型に進化した）ようだ[8]。

いずれの場合も、結核菌は、独自の特質を急速に進化させることで、それぞれ新たな宿主の間での生存と分布拡大を有利にしていった。アザラシの免疫系や体はヒトと同じではないので、特別な仕掛けが必要になる。ネズミ、ヤギ、ウシの免疫系や体もやはりヒトと同じではない。結核菌の個々の系統がそれぞれ、このような仕掛けを進化させていった。ヒト型結核菌でさえ、さまざまなヒト宿主集団に適応したようである（一方で、比較的若い層の致死率も高いがゆえに、そのようなヒト集団でも結核菌に対抗できる遺伝子が広まることになった）。結核菌は、どこを取っても、ダーウィンフィンチ類の種間に見られるくちばしの形状の違いに劣らぬほど明快な、進化メカニズムの象徴的モデルなのである。

一九四〇年代に初めて開発された抗生物質のおかげで、人類は結核菌との闘いに勝利することができたが、今日では、多数の結核菌株がほとんどの抗生物質に耐性をもつようになっている。人類の輝かしい武器、かつて銀色に輝いていた医学の弾丸が、今では木刀と化してしまったようだ。（予想にたがわず）耐性株が拡散しつつあるのだ。このような状況はすべて、抗酸菌の系統は警戒監視に万全を期すべき細菌である、ということを示唆している。シャワーヘッドで見つかる非結核性抗酸菌が、結核菌の場合と同じように、人間を食いものにしようと環境に適応していくのを防ぐ手立てはない。ひょっとすると非結核性抗酸菌が、水道システムの中でもっと増殖しやすいように、さらにまずいことに、人体の中でもっと増殖しやすいように変化していくかもしれないのである。

これまでのところ、非結核性抗酸菌による感染症リスクが高いのは、免疫不全の人、肺の構造に異常がある人、嚢胞性線維症（のうほうせいせんいしょう）の人に限られている。非結核性抗酸菌は、このような人々に肺炎のような症状を引き起こすほか、皮膚や眼でも感染症を起こす。由々しきことに、非結核性抗酸菌症に対するリスクが全米各地で高まりつつあるが、その発生頻度や増加傾向は地域によって異なる。多発している地域もあれば、そうでもない地域もある。たとえばカリフォルニア州やフロリダ州などでは多発している。一方、ミシガン州などでは発症例が少ない。このような違いは、それぞれの地域にいる抗酸菌の量や種類の違いによる可能性もある。たとえば、フロリダ州にいる抗酸菌は、オハイオ州にいる抗酸菌とは同種ではなさそうなので、その違いが重要な意味をもつのかもしれない[9]。また、感染症を引き起こす抗酸菌はたいてい、シャワーヘッドで見つかる抗酸菌と種や株が同じで、土壌その他の自然環境に生息するものとは異なる[10]。

抗酸菌について今述べたような事情から考えると、これからやろうとしているシャワーヘッド調査でノアが何を目論んでいるのか、ぬめりにどう切り込むつもりか、だいたい推測することができた。それができたのは、初めてローリーの四〇世帯を調査して以来、この数年間に、ノアと私は何度も一緒に調査法を開発してきたからだ。そして、とにかく「シャワーヘッドの謎」という言葉に参った。私はノアのメールに返信し、一文か二文で、世界中のシャワーヘッドのサンプリングに協力することを約束した。[11] こうして始まったのが、おそらく史上最大規模のシャワーおよびシャワーヘッドの実態調査だった。その土台にあるのは信頼だ。ノアがそれほど意気込んでいるのなら、すばらしく興味深いことに違いない——私は十中八九そう信じている。[12]

科学における信頼関係について語られるのを、私はいまだかつて聞いたことがないが、信頼には日々の研究活動を左右するほどの力がある。現代の科学は社会的要素が非常に強く、研究者が信頼している社会集団内でこそ、信頼を寄せ合う同僚たちの間でこそ、よりスピーディーに研究が進展していく。あらゆることが迅速にスタートする。一方、どんな科学者にもたいてい、信頼できない同僚や、信頼関係がまだ築けていない同僚がいる。そういう者同士が一緒にやっても、決断に手間取るし、真夜中にいきなり途方もない計画を持ちかけられたりすると、二の足を踏んでしまう。私はノアに全幅の信頼を寄せているので、途方もない計画でもすぐ話に乗ってしまうのだ。私たちはこれまで六つの大規模プロジェクトで一緒に仕事をしてきた（甲虫の溜まり場、臍の微生物、四〇世帯の家屋の微生物、一〇〇〇世帯の家屋の微生物、世界の法科学、それともう一つ）。共同研究のテーマはいとも簡単に決まる（このリストを見てわかるように、ときに風変わりなものもあるが）。

それに先立つ二〇一四年、私はデンマーク人の同僚と共に、デンマークの学校の生徒たちに頼

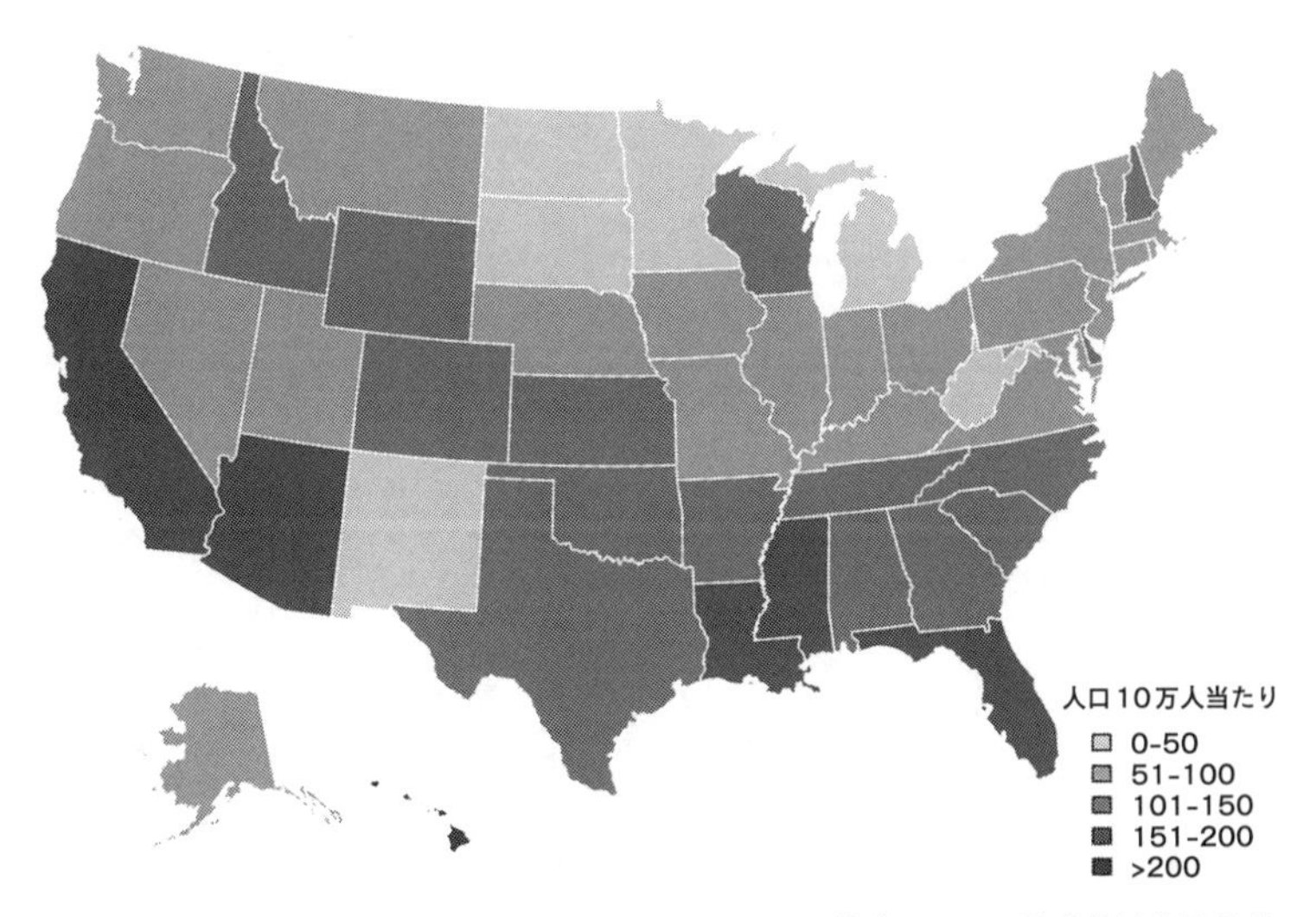

図5.1 アメリカ合衆国の65歳以上の成人サンプルから算出された、肺非結核性抗酸菌症の1997年から2007年までの期間有病率を示すマップ。ハワイ州、フロリダ州、ルイジアナ州などは、人口当たりの抗酸菌症の発生頻度が非常に高い。抗酸菌の謎を解く重要な手がかりとなるのは、スノウがコレラ患者を地図上にプロットしたように、非結核性抗酸菌（NTM）症の分布と抗酸菌の分布をマッピングすることだ。（J. Adjemian, K. N. Olivier, A. E. Seitz, S. M. Holland, and D. R. Prevots, "Prevalence of Nontuberculous Mycobacterial Lung Disease in U.S. Medicare Beneficiaries," *American Journal of Respiratory and Critical Care Medicine* 185［2012］: 881–886よりデータを入手）

んで学校の水道の蛇口や噴水型蛇口から出て来る生物をサンプリングしてもらう、というプロジェクトのデータ収集を終えたところだった。それゆえ、シャワーヘッドという特殊ケースを検討するに当たってはまだ学ぶべきことがあったが、水道水中の生物については多少なりとも知識の蓄積があった。アメリカ合衆国をはじめ、世界各地の水道水について行なわれた同様の研究の結果と同じく、デンマークの水道水からも数千種類の細菌が見つかった。これまでに、こうした研究で水道水から発見された生物種には、細菌、アメーバ、線虫、さらには微小な甲殻類なども含まれる。水道水は生物多様性には富んでいるものの、バイオマス、すなわち生物量は少ないのがふつうだ。水道水には（細菌にとってさえ）餌になりそうなものがあまり含まれていない。栄養的にみると、水道水は液体砂漠のような場所なので、生存できる生物種は多くても、増殖できるものは皆無なのだ。ところが、シャワーヘッドのバイオフィルムとなると事情が違ってくる。

シャワーヘッドを通るのはたいてい温かい湯なので、細菌が繁殖しやすい。しかも、次に使用するまでの間、何時間も水が溜まったままの状態になっていることが多い（したがって、細菌が干上がることもない）。このような条件のもと、細菌その他の微生物がシャワーヘッドの配管内面にバイオフィルムを作って定着してしまえば、必要な環境が整うことになる。海綿のごとく、流れていくものをそこに何でも取り込むことができる。そして、流量が増せば増すほど、獲得できる量も増えていく。水一滴に含まれる利用可能な資源量は大したことないが、シャワーヘッドを通過していく膨大な水道水中に含まれる利用可能な資源を累積すると、桁外れな量になる。その結果、シャワーヘッド内のバイオマスは、水道水そのもののバイオマスの二倍以上になるのだ。

さらに重要なことだが、水道水中のバイオマスは数千種から成るのに対し、シャワーヘッド内のバイオマスは、それよりもはるかに少ない数百もしくは数十種で構成されている。[13]

これらの生物種は、それぞれが役割をもつ、比較的安定した生態系を形成するようになる。バイオフィルム内では、レーウェンフックの言葉を借りると「水を貫く槍」のごとく、捕食性細菌が泳いでいるのすら見ることができる。今この瞬間にも、お宅のシャワーヘッドの内部では、こうした微小な「槍」が他の細菌をつかんでその側面に穴を開け、それを消化する物質を放出しているのだ。シャワーヘッドのバイオフィルムはさらに、その「槍」を食う原生生物や、その原生生物を食う線虫、さらには、独自の生活を営む真菌類も保持している。シャワーを浴びるとき、このような食物網を形成する種々の生物があなたの身体に降りかかってくる。毎日、食事の最中に（あなたの食事ではなく、彼らの食事）、あちこちにはじき飛ばされ、剝がされて、呆然となった生物たちがあなたの身体に降り注ぐのである。

平均的なアメリカの家庭のシャワーヘッドに形成されているバイオフィルムは、厚さが〇・五ミリメートルほどもあり、そこに含まれている個体は何兆個にも及ぶ。どうにも不思議なのは、こうしたシャワーヘッドに、抗酸菌がごまんといることもあれば、全くいないこともある、という点だった。私たちがこのプロジェクトを始めたとき、なぜこのような違いが生じるのかを説明できる者は誰もいなかった。

シャワーヘッドのように、実態がほとんどわかっていない生態系について検討する際に、まずどこから手を付けるべきか。私が直感で選ぶことはほとんどいつも同じだ。私の直感には、どの科学者の場合もそうだが、それまでの科学的修練や、自分の得意なこと、好むことが反映されている。私がいつもまず最初に知ろうとするのは、さまざまな特性（個体数、多様性、影響など）をもつ生物の地域ごとの分布である。シャワーヘッドの場合、私がまず知りたかったのは、さまざまなシャワーヘッドにどれだけの種がいるか、それが最も多様性に富むのはどの地域か、そして、抗酸菌の種類や個体数は地域ごとにどう違うかということだった。私からすれば、こうしたバリエーションのパターンが把握できない限り、次の段階に進んでもあまり意味がない。なぜなら、何を説明する必要があるのかが本当には理解されていないからだ（しかし、こうした実態調査など、科学でも何でもないと思っている科学者もいる。たぶん、私たち科学者もシャワーヘッドと同じくらい千差万別だということなのだろう）。

というわけで、私たちはまず、世界各地の人々に頼んで自宅のシャワーヘッドを綿棒でこすってもらい、そのぬめりのサンプルを送り返してもらうことにした。そのあと、うちの研究室のスタッフが、そのサンプルを採取した人についてのデータをまとめる。サンプルのほうは、ノアの研究室に送られ、そこで彼の実験助手かポスドク研究員がＤＮＡの塩基配列を解読し、それぞれのサンプル中に存在する細菌や原生生物の大まかなリストをつくる（それには、抗酸菌のほか、レジオネラ症の原因菌であるレジオネラ・ニューモフィラなど、問題となりうる細菌が含まれる）。つづいて、ノアの学生の一人、マット・ゲーベルトが、ｈｓｐ65遺伝子（抗酸菌属の種ごとに異なることが知られている）の情報を解読することで、サンプル中に存在する抗酸菌属の種を明らかにする。そのあと、サンプルは他の共同研究者たちのもとに送られ、それぞれが異なる角度から検討を加えていく。たとえば、ゲノムの全塩基配列を解読するために、シャワーヘッドから採取された微生物を培養したりする。そのようにして出来上がったものが、世界中のシャワーヘッドに生息している生物種の全目録となるわけだ。しかし、その前にやらなくてはならないのが、自宅のシャワーヘッドから採取したサンプルを送ってくれるように、人々に呼びかけることだった。

私たちはソーシャルネットワークを利用して、このプロジェクトに参加してくれる人を世界中から募った。ツイッターに投稿したり、ブログで呼びかけたり、友人や共同研究者に連絡を取ったり。そしてもう一度、ツイッターに投稿した。大勢の人々が興味を示して参加の申し込みをしてくれた。そこで、さっそくキットを送る準備に取りかかったのだが、その準備が整わないうちに、手順書（プロトコル）を読んだ人々から、プロジェクトに関する問い合わせが届き始めた。

プロジェクト参加予定の数千人と連絡を取り合うと、ある事柄について理解不足だったり、手順書が明確でなかったりした点がたちまち見えてくる。数千人が同時に、それまであまり注意を払っていなかったことに注意を向け始めるからだ。このような参加型プロジェクトの始動時には、うっかり見落としていたことに気づかされるが、場合によっては全く予想外の展開になることもある。

シャワーヘッドのプロジェクトの場合、私たちがシャワーヘッドそれ自体の地域特性を十分に理解していなかったことがたちまち明らかになった。最初に調査したアメリカのシャワーヘッドでは、シャワーヘッドのてっぺんのねじを外して、ぬめりを見つけ（なければ見当をつけて）、それを拭うことができた。ヨーロッパでもやはり同じようにしようと考えていた。ところが、私たちは、よく使われているシャワーヘッドの型が、国によって異なることを認識していなかったのだ。ドイツのシャワーがどうなっているか全くわかっちゃいない、と言いたげな不機嫌なメールがドイツ人たちから届き始めた。ドイツの浴室では、シャワーヘッドはフレキシブルホースに固定されて、外せない状態になっている（ちなみに、メールが来たのはドイツ人たちからだけだったが、その後、ヨーロッパのほとんどの国の浴室もドイツと同じであることが判明した）。固定されているので、手順書に書かれている方法ではサンプリングできない。ドイツ人たちは、そんなふうに書いてよこしたのである。

複数のメールが私のもとに届いた。うちの研究室の面々にも届いた。私たちがすぐには回答できずにいると、学部事務補佐員のスーザン・マルシャルクのもとにも届いた。そして、彼女が迅速に対応できずにいると（そもそも、彼女に問い合わせるのは筋違いなのだが）、プロジェクトには直接関係のない人たちにもメールが送られてきた。学部長のもとにも。そして、ディーンレット（学長付き係員）のもとにも。[14] メール差出人の苛立ちはとどまるところを知らなかった。それに応えて私たちは、ヨーロッパのシャワーヘッドに合わせて手順書を書き改めた。そしてほどなく、アメリカ合衆国とヨーロッパのシャワーヘッドの違いは、ホース部分だけではないという事実に気づくことになる。

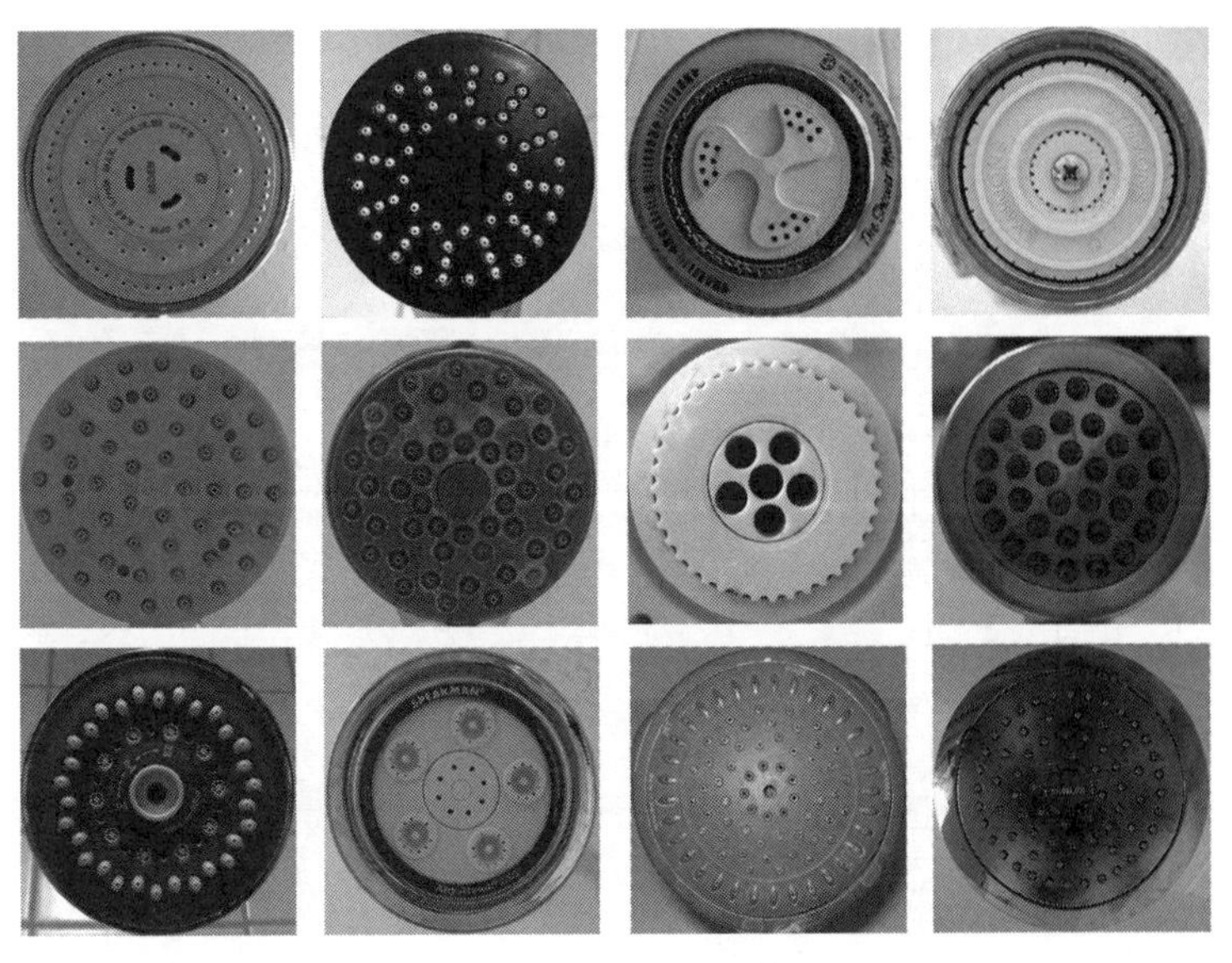

図5.2 多種多様なシャワーヘッド。このような（他にもいろいろある）シャワーヘッドから微小な生物を採取した。シャワーヘッドの穴からは、穴の大小にかかわらず、さまざまなものが噴き出してくる。（写真 Tom Magliery. flickr.com/mag3737）

シャワーというものは、人類の歴史から考えるとごく最近になって現れた装置であり、初めてシャワーを浴び始めたころには誰も予想していなかったような、複雑な影響を私たちの身体に及ぼす。哺乳類の歴史を歩み始めてからほぼずっと、人類の祖先はシャワーを浴びることも、風呂に入ることもなかった。おそらくそれほど頻繁に泳ぐこともなかっただろう。不器用ながら、自分で自分の身体を掃除していたのかもしれない。ネコは舌で体中を舐（な）めてきれいにする。イヌも、ネコほどではないにせよ、同じようなことをする。しかし、人類の祖先がそんなことをできたかどうか、ちょっと考えてみるだけで（自分で自分の背中を舐めてみよう）、もうずっと以前からヒトにはそんなことは無理だったとわかる。

ヒト以外の霊長類の多くは、互いにグルーミング（毛づくろい）しあうが、グルーミングでつまみ取るのはだいたい、ノミなどの（ノミ以外のこともある）目で見える細々した物だ。同様に、哺乳類のなかには、土や泥の中でころげ回る動物もいるが、[15]これもやはり、微生物やにおいを抑えようとするのではなく、ノミのような寄生動物を追い払おうとする行動らしい。温泉に浸かるニホンザルもいるが、それは体を温めるためだ。[16]サバンナに暮らすチンパンジーは、ときおり水に入ることがあるが、非常に暑いときだけに限られており、たぶん体を冷やすためだと思われる。熱帯雨林に暮らすチンパンジーは、体を水に浸すようなことはしない。[17]要するに、野生哺乳類を見る限り、太古の昔に人類の祖先が頻繁に水浴びしていた可能性は低いのである。

さらに時代を下って、身体の清潔を保つための入浴が行なわれるようになったのは、人類史上かなり最近のことであり、しかもその実態は、一般に考えられている以上に、文化や時代によって千差万別だった。歴史というものは、必ずしも進歩の物語ではない。少なくとも、私たちが想像するような──過去の社会から現在に向けて生活様式が着実に変化してきたという──進歩の物語ではない。入浴はそのことを証明する人類の文化の一つである。[18]メソポタミア人はあまり入浴をしなかった。古代エジプト人もそうだった。インダス文明が栄えた都市の中央には「大浴場」があったが、それがどのような用途のものだったのかは定かでない。毎日入浴するための場所だったのかもしれない。あるいは、神聖な沐浴儀式のようなことをする場所だったのかもしれない。[19] しかし、牛を殺してその肉を食する場所だった可能性もある。だから考古学は厄介なのだ。

西洋の文化で初めて、入浴を好んで受け入れたのはギリシャ人だった。ギリシャ人の入浴文化が、ローマ人の手によってさらなる発展を遂げた。どうやら、これこそが、今日もなお続いている入浴好きのグレコローマン文化、つまり、入浴が単に衛生的というだけでなく、ある意味でうるわしい行為、ともすると神聖な行為とさえ見なされる文化なのである。私たちは古代ローマの大浴場を見て、自宅の浴室を思い浮かべる。ローマ人と私たちは同類なのだ（といっても、ローマ人たちは裸の皇帝がダチョウと闘う剣闘試合を見物したが、私たちはその代わりに、サッカーの試合を観戦する）。[20]

清潔な生活こそ、良き生活。それは古典期アテネ以来、西洋文化がめざしてきた生活であって、私たちと彼らをつなぐものでもある。入浴し、身体を清潔に保つ生活こそが、良き生活。毎朝、潜在意識が唱えるこの呪文で目を覚まし、それを唱えながらシャワーヘッドの下に立つのである。

しかし、古代ギリシャ人もローマ人も、裸で湯に浸かってたむろするのを好む入浴文化を築いたが、その水自体は、澄んでいて清潔というにはほど遠かった可能性がある。現在のイギリス、ウェールズ地方の町、ニューポートの北部にあるカーリオン遺跡の古代ローマ公衆浴場を発掘したところ、ニワトリの骨や、ブタの足、ポークリブ〔骨付きのブタ肉〕、マトンチョップ〔骨付きのヒツジ肉〕で詰まってしまった排水管が発見された。これらは「プールサイド」でつまむ「軽食」だった。ちなみに、古代ローマでは一般に入浴は健康に良いとされ、一部の病気の治療法として入浴が推奨されたりもしたが、傷のある者は入浴しないようにと注意を受けた。水が汚染されていて、病気がうつるおそれがあったからだ。[21] ローマ時代の風呂の水は、病気予防に役立つよりもむしろ、病気を引き起こす可能性のほうが高かったのである。[22]

風呂の水質はどうであったにせよ、古代ローマの人々は、それ以降の人々よりも、はるかに頻繁に入浴していた。その後、西ローマ帝国とその都のローマを陥落させ、この丘を支配した西ゴート族は、輝くベルトバックルを身に着け、口ひげを生やした人々で、入浴をあまり好まなかった。ローマ陥落後、社会全体として読み書きは廃れ、給排水管を含めたインフラ整備は行なわれなくなり、入浴も廃れていった。そして、この傾向は後々までずっと続いた。地域によって、あるいは全般的に、そうではない時期もわずかにあったものの、西暦三五〇年頃の西ローマ帝国の末期から十九世紀中頃に至るまで、つまり一五〇〇年近くにわたって、このような傾向がずっと続いたのである。[23]

そのあいだ、ヨーロッパ人はほとんど入浴しなかっただけでなく、多くの人々が入浴の仕方まで忘れてしまった。古代ローマ人は独自の浴用石鹸（せっけん）を作っていたが、多くの地域では石鹸作りに欠かせない生活の知恵も忘れられ、いきおい石鹸が使われることもほとんどなくなった。一七九一年に、フランスの化学者、ニコラ・ルブランが、ソーダ灰（無水炭酸水素ナトリウム）を安く製造する方法を発明し、このソーダ灰と油脂を混ぜて固形石鹸が作られるようになった。しかし、こうした汚れのよく落ちる石鹸はまだ贅沢品だった。石鹸を使うにせよ、使わないにせよ、入浴するのはせいぜい月に一回程度で、それ以下のことも珍しくなかった。しかも、入浴しないのは庶民だけとは限らなかった。ヨーロッパの王や女王たちも、年に一度の入浴について語っている。[24]

西ローマ帝国の滅亡はこうしたさまざまな影響をもたらし、その一部はルネサンス以降も長らく続いた。ルネサンスで文芸や科学は復興したが、入浴文化が蘇えることはなかったのだ。レンブラントの描いた、あのくるぶしまで水に浸かっている美しい女性でさえ、それほど頻繁には入浴していなかったはずだ。また、水に浸かって足と手を洗っても、それ以外の部分まで洗うことは好まず、あれ以上深くは足を踏み入れなかったかもしれない。そもそも、彼女が浸かっている川は、おまるの中身を捨てる川と同じだった可能性が高いとすれば、その水で洗った部分よりも、洗っていない部分のほうが清潔だったと言えなくもない。生態学者に任せておくと、見るからにロマンチックなシーンから、ロマンチックな要素がどんどん剝ぎ取られていく。

それにしても、入浴をめぐる長い歴史をたどってきて疑問に思うのは、入浴の習慣をわざわざ復活させた人々がいたのはなぜなのか、ということだ。ごく最近まで、ほとんどの人々には入浴の習慣がなかった。人々はみな、脇の下のコリネバクテリウム属の細菌のような、皮膚で繁殖する細菌が放つ悪臭を漂わせていたことだろう。都市部では、人々の脇の下から常に漂ってくる臭気もひどかったが、身体のそれ以外の部分から立ち上ってくる悪臭もたいへんなものだった。それがいつも鼻をつき、衣服をこまめに洗濯していない場合には、特にひどく鼻を刺激したはずだ。現代的な観点からすると、機会さえあれば、人々は風呂に入るなり、じょうろで水浴びするなりしただろうと想像したくなる。しかし、そうはしなかった。レーウェンフックもしなかったし、レンブラントもしなかった。

その後、十九世紀に入って、一部の人々が再び頻繁に入浴するようになった。このような変化は、オランダでもどこでも容易に認められるが、オランダについては詳しく研究されている。なぜ入浴の習慣が復活したのか——その答えは、衛生観念とはほとんど関係がなく、むしろ、富の蓄積やインフラ整備と密接に関係している。

十九世紀初め、オランダの諸都市で使われていた水のほとんどは、運河の水か、溜めた雨水、あるいはごくまれに井戸の水だった。その頃にはもう、都会の地表水、さらには多くの村々の運河の水でさえ、人間の排泄物や産業廃棄物で汚染されていた。浅い井戸の場合には、このような汚染物質の影響を受けることが多く（その後、ロンドンのソーホー地区でコレラが発生したときもそうだった）、その水は飲むことができないほど臭かった（ロンドンでもそれは同じだった）。雨水を溜めていたのは裕福な人々だけであり、そうやって溜めても、なかなか日々の生活用水を賄いきれなかった。

ついに、オランダのいくつかの都市が給水システムの大転換を図り、域外の湖や地下水系から汲み上げた水を都市中心部に送るようになった。その先鞭をつけた二都市が、アムステルダムとロッテルダムだった。アムステルダムには自前の地下水源がほとんどなく、それゆえ、居住者の生活用水を確保するため、そして港から来る船を停泊させておくために、どうしてもポンプで水を引いてくる必要があった。一方、ロッテルダムは、自前の地下水源は十分にあったのだが、満潮時には、運河の水圧が足りず、街から糞便を押し流せなくなるという問題を抱えていた。そんなわけで、ロッテルダムは、飲料水その他の生活用水としてよりも、糞便を海に向けてどっと押し流すために、ポンプで水を引いてくる必要があった。

水道管を通して水が都市に供給され始めると、水は商品になった。金持ちは、金を払って、配水管を敷地内まで直接敷設(ふせつ)することで、この商品を手に入れた。中流階級は、金を払って、バケツに何杯もの水を手に入れた。こうなると、水そのものや、水を使ってできることすべてが富の象徴となるまでに、それほど時間はかからなかった。トイレの悪臭を水でさっと流せるのは名誉なことだった。身体がにおわないよう頻繁に洗えるのは名誉なことだった。裕福な人々はまず、自宅に水洗便所を設置し、それからしばらくして浴槽をしつらえた。世の中がひとたびこうした方向に走りだすと、その趨勢(すうせい)に歯止めがかかることはなかった。それはヨーロッパ中の都市に広まっていった。そこでは、水洗便所を使うのは裕福な人、入浴するのは裕福な人、そして、めったに風呂に入れないのは貧乏人である証拠、清潔な水が手に入らない証拠だった。[25] やがて、「清潔になる」ための新たな手段としてシャワーが発明された。

それから何年かして、この清潔観念が、病気の細菌説と結びつき、さらに、病気のもとになる微生物があるのなら、すべての微生物を遠ざけたいという欲求と結びつくことになる。それ以来、清潔でありたいという欲求と、清潔になるために費やされる金銭の額は、年を追うごとに増している。身体を清潔にしたいという欲求は、自分の身体は不潔だと思い込ませることに熱心な巨大企業によって煽られている。ごしごし洗って、スプレーを買い、熱心にシャワーを浴びる。そして身体にクリームを塗りつける。もっと新たな方法で、もっと別の製品を使って身体を清潔にするだけでは飽き足らず、その身体にフローラルな香り、フルーティな香り、あるいはジャコウの香りを漂わせようと多額の金銭が投入されるのである。

ほとんど議論の対象となっていないのが、私たちの身体や水それ自体が「清潔」であるとはどういうことか、という点である。十九世紀後半のオランダやロンドンでは、「清潔」であるとは、すなわち、水がいやなにおいを発しないこと、そして、その水や石鹸を使って身体を洗ったときに、その身体もいやなにおいを発しないこと、であった。ひとたび、コレラ菌のような病原体が病気を引き起こすという事実が明らかになると、「清潔」であるとは、水の中にこうした病原体がいないこと（少なくとも、めったに見つからないこと）を意味するようになった。その後、「清潔」であるとは、特定の毒素が危険な濃度に達していないことをも意味するようになる。

これまで「清潔」という言葉が意味してこなかったこと、そして、これからも決して意味することがないのは、無菌である、ということだ。シャワーから降り注ぐ水にも、バスタブから立ちのぼる湯気にも、コップや密閉ボトルから飲む水にもみな、生物がごまんといる。[26] 屋内の生物にありがちなことだが、ある家の蛇口と、別の家の蛇口から出て来る水の違いは、生物がいるか否かではなく、生物種の構成、つまり、どんな種がいるか、その種がどんなことをするか、なのだ。この生物種の構成は、その水がそもそもどこから来るかで決まる。

水とその中の生物がどのようにやって来るかという話には、単純な部分もあれば、非常に複雑な部分もある。単純なのは、屋内配管の部分だ。配水管は屋内に入ると二系統に分かれる。一方の系統は給湯器に入り、そこで水が温められたのち、再び、もう一方の温められていない水の配管と並行して走る。一対の配管はその後、それぞれ再分枝して、蛇口およびシャワーヘッドへと伸びていく。

複雑な部分というのは、家に届けられる前の水の来歴と関係している。水がやって来る道筋は、居住している地域によって大きく異なる。世界の多くの地域では、敷地内の帯水層まで掘った井戸、または、帯水層を水源とする都市用水のいずれかから水が供給されている。「帯水層」とは、地下水を蓄えている岩石の空間を意味する言葉である(「地下水」とは単に、地下に存在する水という意味[27])。

帯水層の地下水のおおもとは雨水だ。森の樹木に、芝生の草に、畑の作物に雨が降り注ぐ。何時間、何日、何年と経つうちに(その地域の地質にもよるが)、その雨水が少しずつ地中へとしみ込んでいく。地中深くにしみ込むにつれて、水の浸透速度はだんだんと遅くなっていく。非常に深くまで来ると、その速度は極めて遅くなるので、深層帯水層の水はひょっとしたら、数百年あるいは数千年前に地表に降り注いだ雨水かもしれない。つまり、深井戸を掘るときには、太古の天然水(未処理水)を利用することになるのだ。この天然水を汲み上げて、そのまま家庭に引いてくる。もしくは、その水を水処理施設(浄水場)に集める。多くの地域では、そのような浄水場で、水から大きな異物(小枝や泥など)を取り除いたあと、それ以上の処理はほとんど加えずに、地下を走る水道管を通して各家庭に送られる。

飲んでも安全な水というのは、病原体が含まれておらず(またはごく低濃度であり)、なおかつ、毒素の濃度が人体に害を及ぼさないほど低濃度の水だ(その濃度は毒素の種類によって異なる）。地下深くにあって年数を経ている帯水層ほど、その水には病原体が含まれていない可能性が高く、したがって、生物学的観点からみて飲んでも安全だ。

世界中の地下水の多くは、何の処理も施さずに飲んでも安全だが、それは長い年月と地質条件、そして生物多様性のおかげである。地質条件が水の安全性に影響を与えるというのは、ある種の土壌や岩石が地表水からの病原体の拡散を食い止めてくれるからだ。地下水中に存在する多種多様な生物も、病原体を殺すのに役立っている。実際に、地下水中に存在する生物の種類が多様であればあるほど、病原体は生き延びにくくなる。病原体が細菌である場合、その病原菌は栄養、エネルギー、および空間の獲得競争に勝たねばならない。その病原菌は、地下水中の他の細菌が産生する抗生物質を克服して生き延びねばならない。その病原菌は、捕食性細菌（ブデロビブリオ属細菌など）に食われるのを避けなければならないし、原生生物に食われるのも避けなければならない。（レーウェンフックが水の中に見つけたような）繊毛虫だけで、一日に、その周囲にいる細菌の八パーセントまでを食べてしまう。襟鞭毛虫はさらに活発で、一日に、その周囲にいる細菌の五〇パーセントまでを食べてしまう。さらに、その病原菌は、細菌を攻撃する特殊なウイルス、バクテリオファージに感染するのを避けなければならない。[28]

このような生態系の食物連鎖の頂点に位置する生物は何かというと、洞窟動物と同様に色素や眼が退化して触覚と嗅覚で生きている、端脚類や等脚類のような小さな節足動物であることが多い。そのなかには、何百万年も隔離されたままあまり変化していない、いわゆる生きた化石や、他のどこにもいない固有種も含まれている。このような動物は、地下水が生物多様性に富んでいて、それぞれの種がその役割を果たしている場合でないとなかなか存在しない。このような動物の存在は、水の健全性の指標であると考えられている。[29]

地下水生態系の生物は、なじみが薄くてあまり知られておらず、また、研究するにしても、(長い棒やドリルやネットを携えた科学者が)非常に離れた距離から調査することになる。しかし、地球上の全細菌のバイオマス(生物量)の四〇パーセントは、地下水中に存在すると推定されている。四〇パーセントである!

場所によって、地下水生態系が、広大な地下水系のネットワークにつながっているところもある。他所とは連絡のない地下の孤島になっているところもある。ある特定の地下水にどんな生物が存在するかは、その地下水がどこにあるか、どれほど年数を経ているか、そして他の地下水系につながっているか否かに大きく左右される。海洋島〔大洋上にあって、過去に大陸と地続きになったことがない島〕にはそれぞれ独自の珍しい生物種がいるのと同じように、地下水系にもそれぞれ、他では見られない独特の生物種がいるようだ。ネブラスカの深層水とアイスランドの深層水は同じではない。それは一つには、それぞれの水源である二つの帯水層に生息している生物が、数百万年にわたって別々の道筋を経て進化してきたからなのだ。

何らかの殺生物剤(バイオサイド)で処理されていない地下水を飲むなんて、と思うかもしれない。けれども、私たちの多くはそういう水を飲んでいる。ほとんどの井戸水は殺生物剤が全く使われていないし、デンマーク、ベルギー、オーストリア、ドイツの都市用水の多くも同様だ。たとえば、ウィーンの水は、カルスト帯水層からそのまま処理せずに流れてくる。ミュンヘンの水は、近くの渓谷の多孔質の帯水層から汲み上げられ、そのまま水道管を通って蛇口から出て来る。このように、そこに生息する生き物と長い年月による自然の濾過作用が、人間に莫大な恩恵を与えてくれているのである。

重要なのは、自然がその機能を発揮できるだけの大きな空間を確保する必要があるということ。つまり、自然の流域を保護する必要があるということだ。時間もかかる。また、病原体や毒素による地下水汚染を防ぐことも必要だ。ところが残念なことに、多くの地域では、自然がその機能を果たせるだけの場所が確保されていなかったり、地下水が汚染されていたり、場合によっては、地下水だけでは大規模な人口集団の需要を到底賄いきれなかったりする。そうなると、人間の知恵や才覚に頼って、貯水池や、河川や、その他の飲んでも安全な水源から水を入手するほかなくなってくる。人間の知恵や才覚は役には立つが、自然の力の代替手段としては少々お粗末であることがわかっている。

人間の手で処理する場合に大きく依存するのが、殺生物剤である。二十世紀に入ると、一部地域の浄水場では、病原菌を制御する目的で、塩素やクロラミン〔アンモニアに含まれる水素原子が塩素原子で置き換わった物質〕を用いて水の殺菌処理を行なうようになった。帯水層が汚染されてしまった地域では、これはやむをえない措置だった。また、帯水層だけでは増大する人口の水需要を賄いきれないため、地下深くの太古の水ではなく、地表を流れる河川（ロンドンのテムズ川など）や湖沼や貯水池の水を引いてこなくてはならない多くの地域でも、これはやむをえない措置だった。

図 5.3 ドイツの一部地域の地下水に生息している端脚類、ニファラグス・バユバリクス。この標本は、ドイツのノイヘルベルクで採集・撮影されたもの。この生物がコップに流れ込んできたら、それは、その水道水の源である帯水層が健全で生物多様性に富んでいるという喜ばしい知らせなのだ。(Günter Teichmann, Institude of Groundwater Ecology, Helmholtz Center Munich, Germany)

アメリカ合衆国では現在、すべての都市用水が、浄水場で殺生物剤を用いて処理されている。[30] さらに、アメリカ合衆国の上水道管は、大陸ヨーロッパやその他の地域に比べて老朽化しているため、水漏れや水の滞留が起こりやすい。[31] 自然の帯水層内では、年数を経ている水ほど良質だが、水道管内ではその逆だ。水道管内で水が停滞すると、病原体の増殖を促してしまうおそれがある。そのような水質悪化に対処するために、アメリカ合衆国の水道水はたいてい、浄水場から送り出される際に、ヨーロッパの同様の施設で使用される量よりも多量の殺生物剤を用いて処理される。使用される殺生物剤は、塩素の場合もあれば、クロラミンの場合もある。この二剤を合わせて使用することもある。

浄水場では技術的に高度な処理が可能だが、そのやり方は至ってシンプルであり、ほとんどどこでも、まず一連の濾過（砂濾過、活性炭、膜濾過）によって生物を取り除き、場合によってはオゾンも使用したのち、殺生物剤で微生物を殺すという方法がとられている。[32]しかし、殺生物剤で殺菌処理をしてもなお、浄水場から送り出される水は無菌ではない。むしろそれは、最も感受性の高い生物種が死滅して、頑強な生物種が生き残り、さらには、感受性種の死体や、感受性種の食べようとしていた餌がまだ残っている水なのである。

生態学者がこの一〇〇年間に学んだことがあるとしたら、それは、生物種を死滅させても、その栄養源が残されていたら、もっと頑強な生物種が、単に生き残るのみならず、競争相手の死滅によって生じた空白の中で増殖していく、ということだ。生態学で「競争からの解放」と呼ばれるものを享受するのである。頑強な生物種は競争から解放され、多くの場合には、寄生や捕食からも解放される。水道システムの場合には、塩素やクロラミンに抵抗性をもつ種、または、ごくわずかにでも抵抗性がまさる種が増殖してくることが予想される。ちなみに、抗酸菌は塩素やクロラミンに高度な抵抗性を示す傾向がある。

ノアと私が、他の共同研究者たちと共に、シャワーヘッド調査のデータを検討するにあたっては、天然（未処理）の地下水、アメリカ合衆国の処理済みの水道水、ヨーロッパの処理済みの水道水の違いに留意した。医学研究者たちは、井戸水のほうが抗酸菌が高頻度で見つかるだろう、なぜなら、水質制御や浄水処理がなされておらず、自然の環境変動の影響を受けやすいのだから、と予測していた。しかし、生態学者であるノアや私や、チームのその他の面々は、全く逆の可能性も考えずにはいられなかった。つまり、抗酸菌はむしろ水道水の区域のシャワーヘッドに多いのではないか、とりわけ、塩素やクロラミンを用いた浄水処理を行なっている施設や国々の水、特にアメリカ合衆国の水道水に多いのではないか、と。抗酸菌は、塩素やクロラミンに対して比較的強い抵抗性をもっている。水道水はおそらく、ほとんどの生物種を死滅させるのに十分な量の殺生物剤で処理されるはずだが、抗酸菌は生き残ってしまうだろう。このような考え方を支持する先行研究もあった。シャワーヘッド内部の細菌に関するある研究で、デンバーで使われていたシャワーヘッドを漂白剤で除菌したところ、抗酸菌属の一種が三倍に増えたことがすでに指摘されていた[33]。それは逸話にすぎなかったが、興味を引くものだった。

データを精査するにあたり、私たちは、シャワーヘッドのサンプルから検出される抗酸菌はせいぜい六種類程度だろうと予想していた。そしてそれらは、さまざまな医学的研究で培養されている種だろうと考えていた。ところがその予想に反して、サンプルからは数十種類もの抗酸菌が検出され、しかも、そのうちのかなりの数が科学界の新顔のようだった。

シャワーヘッドにどんな種がいるかは、ある程度まで、地域によって決まるようだった。ヨーロッパと北アメリカでは、優位な種が異なっていた（シャワーヘッドのタイプの違いだけがその理由ではなかった）。しかし同じアメリカ合衆国の中でも、ミシガン州にいる種は、オハイオ州にいる種とは異なっており、さらにフロリダ州やハワイ州にいる種とも異なっていた。このような違いは、取水している帯水層の差によるのかもしれないし、水源が地下水か地表水かで異なるのかもしれないし、あるいは気候や太古の地質の何らかの側面が影響を及ぼしているのかもしれなかった。

シャワーヘッドにいる抗酸菌属の種の違いを説明するのは難しかったが、シャワーヘッドに抗酸菌が大量にいることは予想していたとおりだった。私たちは、参加者それぞれの家庭の水道水の残留塩素を測定した。アメリカ合衆国で、都市用水を使っている家庭の水道水の塩素濃度は、井戸水を使っている家庭の一五倍だった。これほどの差があれば影響が出るのは当然だと思いながらも、それほど大きな影響は予想していなかった。ところが実際に調べてみると、影響は甚大だった。アメリカ合衆国の都市用水に含まれる抗酸菌の数は、井戸水の二倍に及んだのである。都市用水を利用している家庭のシャワーヘッドの中には、何らかの種の抗酸菌が、細菌類の九〇パーセントを占めているものもあった。それに対し、井戸水を利用している家庭のシャワーヘッドの多くからは、抗酸菌は検出されなかった。井戸水を利用している家庭のバイオフィルムには、抗酸菌ではなく、それ以外の極めて多種多様な細菌が棲みついている傾向がみられた。

ヨーロッパでもやはり、アメリカ合衆国と同様に、井戸水を利用している家庭のシャワーヘッドは抗酸菌の数が少なかった。しかしヨーロッパでは、都市用水を利用している家庭のシャワーヘッドでも抗酸菌の数が少なかった（アメリカ合衆国の都市用水家庭の半分）。ヨーロッパの多くの都市用水は、殺生物剤を全く使用していないことを考えると、これは当然かもしれない。私たちのサンプルでは、ヨーロッパの水道水の残留塩素濃度は、アメリカ合衆国の水道水の一一分の一だった。

私たちがこれらの調査結果について検討を重ねていると、スイス連邦水科学技術研究所のケイトリン・プロクターが、私たちの調査結果とぴったり一致する新たな研究成果を発表した。プロクターらは、世界各地の七六世帯のシャワーヘッドにつながるホースのバイオフィルムを比較した。その結果、水を消毒していない都市（デンマーク、ドイツ、南アフリカ、スペイン、スイスなど）のサンプルのほうがバイオフィルムが分厚い（つまり、ぬめりが多い）が、水を消毒している都市（ラトヴィア、ポルトガル、セルビア、イギリス、アメリカ合衆国）のサンプルのほうが、多様性が低くて、抗酸菌が優位を占める傾向が強いことが明らかになったのだ。

これまでのところ、私たちの調査結果はケイトリン・プロクターの調査結果と一致している。そしてそれは、殺生物剤を使用する浄水場が多数の生物種を死滅させ、それによって、抗酸菌が増殖しやすい状況をつくり出している、と考えた場合に予測される事態とぴったり一致するのである。だとすると、人間の最も高度な水処理技術が、天然地下水（少なくとも安全と見なされている天然地下水）に含まれている微生物よりも、人間の健康によくない微生物に満ちた水道システムをつくり出していることになる。

抗酸菌数が家によって異なる理由は、完全には説明できていない。しかし全体として見ると、塩素やクロラミンの使用が、シャワーヘッドの抗酸菌数を増やし、ひいては抗酸菌感染症の発生頻度を高めているのではないかと推測される。私たちの分析では、ある州のシャワーヘッドから検出された高病原性の抗酸菌種・菌株の平均菌体数から、その州の抗酸菌感染症の発生頻度を、言い換えると図5・1に示したパターンを高い確率で予測することができた。しかし、この話はすでに意外な展開を迎えている。その一つがクリストファー・ラウリーの研究である。

ラウリーは二〇年前から、抗酸菌属の一種、マイコバクテリウム・ヴァッカエの研究を続けている。彼とその同僚たちは、この抗酸菌に曝露すると、マウスやヒトの脳内で神経伝達物質セロトニンの分泌が高まることを発見した。セロトニンの分泌が高まると、幸福感が増してストレスが軽減される傾向がある。実際にラウリーは、少なくともマウスにおいては、マイコバクテリウム・ヴァッカエを接種した個体はストレス耐性が強くなることを明らかにした。ラウリーは、同僚のステファン・リーバーとドイツで行なった共同研究で、平均的な大きさの雄マウスにマイコバクテリウム・ヴァッカエを接種することによってこれを検証したのだ。

彼は、それらのマウスと、マイコバクテリウム・ヴァッカエを接種していない平均的な大きさの雄のマウス（対照群）とを、攻撃的で巨大な雄マウスのいるケージに入れた。その後、平均的な大きさの雄マウスの血液中のストレス関連物質を計測した。対照群のマウスはおもらしして、か細い鳴き声をあげながら鉋屑（かんなくず）に潜り込んでいき、ストレス関連物質もすべて高濃度だった。一方、マイコバクテリウム・ヴァッカエを接種した雄マウスは、全くストレスを受けていなかった。

戦場では心的外傷となるようなストレスを受けることが避けられない。そこで、戦地に赴く前の兵士にマイコバクテリウム・ヴァッカエを接種して、ＰＴＳＤ（心的外傷後ストレス障害）のリスクを低減させられないかという議論が目下かわされている。やや突飛な話のようにも聞こえるが、ラウリーのこの研究は当初からすでに、専門家仲間から非常に重要な研究と目されてきた。たとえば、二〇一六年には、脳・行動研究基金（ＢＢＲＦ）がこの研究を、同基金から助成を受けている研究者たち（五〇〇〇人）の実績のトップテンに位置づけている。[34]

　ラウリーは、抗酸菌属の種の多くが、マイコバクテリウム・ヴァッカエで認められたのと同様の効果をもっているのではないかと考えている。それを確かめるには一種ずつ試験するしかなく、ラウリーは今まさにそれをやっているところだ。私たちがシャワーヘッドで採取した抗酸菌を培養し、マイコバクテリウム・ヴァッカエのような作用をもつ種が他にないかどうかを調べているのである。もしそうした種が見つかれば、シャワーヘッドから降り注ぐ抗酸菌の一部は、ストレス軽減に役立っていることになるのかもしれない。

　シャワーヘッドは、家の中にある最も単純な生態系の一つだ。平均的なシャワーヘッドの内部に棲みついている生物は、数十種か、多くても数百種どまりで、数千種まではいかない。それでもやはり、どれが良い微生物で、どれが悪い微生物かを選り分けるのはあまりに複雑すぎて難しい――そのことをラウリーの研究は気づかせてくれる。抗酸菌にも菌株によって、体調を損なうものや、気分を良くするものがあるのかもしれない。どっちがどっちなのか、ある程度自信をもって見分けられるようになるまで、参加者の方々は（おそらく読者のみなさんも）私たちの研究結果に納得できないだろう。私たちとしても不本意だ。しかし、科学にはこういうことが付きものだ。科学者は喜びと好奇心から研究に勤しんでいると思われている。確かにそういう面もあるが、もどかしさを感じながら研究に向かうときもある。シャワーヘッドのような身近なものでさえ、答えが出ていないことにひどくもどかしさを感じ、今何が起きているのか誰もわかっていないと思うと、夜が更けても眠れず、ラボに戻って研究を続けるはめになることもある。

それはともかく、自宅のシャワーヘッドにはどう対処すればいいのだろうか？　まだよくわかっていないが、私が考えていることをお話ししよう。一年ほどしたら、私が正しかったどうか確かめてほしい。

抗酸菌属のなかには有益な種もあるが、ふつうの種は、少なくとも若干の問題を引き起こし、特に免疫に欠陥のある人には問題になると考えられる。水の中の生物をすべて死滅させようとして、抗酸菌の競争相手を殺せば殺すほど、このような厄介な抗酸菌がますます増えてくると考えられる。私たちの研究で、樹脂製のシャワーヘッドは金属製のシャワーヘッドよりも抗酸菌が少ない傾向にあることが明らかになった。他の細菌は樹脂を代謝することができ、それによって抗酸菌に打ち勝つのだとすれば、それは当然と言えるかもしれない（ケイトリン・プロクターも、シャワーヘッドのホースで同様のパターンを発見している）。そして最後に、入浴用の水として最も健康に良いのは、甲殻類をはじめ、多種多様な生物が生息している帯水層の地下水であると考えられる。こうした帯水層にいる甲殻類は、水の汚染指標ではない。水の健康指標なのだ。そして重要なのは、こうした帯水層がその機能を発揮するには、時間、空間、そして生物多様性が欠かせないという点である。また、帯水層が汚染されることがあってはならない。

大都市では、今述べたような教訓を活かすのはなかなか難しいのではないだろうか。となると当然、私たちはこれから先、水道システム内の全生物を死滅させようと試みるだろう。それが裏目に出て、本当はあまり身体には浴びたくない（抗酸菌やレジオネラのような）厄介な種にとって有利な環境を図らずもつくり出してしまったりするだろう。

しかしその一方で、天然の帯水層をもっと詳しく研究するようになり、水道システム内の毒素や病原体の増加を防止する上で、それがどれだけ有効かということに気づくだろう。それがわかってくれれば、そのような天然の帯水層を再現しようと試みるに違いない。不得手ながらも、どうすれば、今よりもうまくやれるかを少しずつ理解していくだろう。そして、その成功の鍵は、（たいていそうなのだが）生物多様性を重んじることなのだと――つまり、自然が人間よりもはるかに効果的にやってくれている仕事を重んじることなのだと――判明するだろう。

シャワーヘッドを頻繁に買い替えるのがいいかどうかについてはまだよくわかっていない。けれども、本書を読んだあなたは、ともかくも家に帰ってシャワーヘッドを取り替えるのではないだろうか。

第6章　黒カビの謎

暗闇に潜む怪物がいなければ、海はどうなるでしょうか？
――ヴェルナー・ヘルツォーク

一般的に言って私たち人間は、繁栄している生き物を嫌う傾向がある。もちろん、食べられるのであれば話は別だが。現在、地球上の広い範囲を人間が支配しているので、繁栄している生物種はほぼ例外なく、人間を食い物にして繁栄している。彼らは人間の身体や、人間の食物、そして、家屋など人間が作った物を食う。

人類が初めて家を建てたとき以来、生物たちがちびちびとかじって、それを土に戻してきた。三匹の子ブタの物語で、子ブタたちを狙って家を壊したのはオオカミだった。現実の世界で家を壊す生物は、オオカミよりもはるかに小さいが、オオカミに劣らず危険である。どんな生物が家屋の脅威となるかは、その家が、どんな場所に、どんな素材で建てられているかによって異なる。石造りの家は数千年間持ちこたえられる。だからこそ、文明の黎明期に建てられた建築物の一部が、今もなお残っているのである。泥の家もやはり、乾燥した環境に置かれている限りは、長期間持ちこたえられる。しかし、ほとんどの家は木造であり、木材を食べることのできる生物は少なくない。当然ながら、シロアリは木を食べることができる。腸内に棲みついている特殊な細菌に、木を消化してもらっているからだ。しかし、破壊作用をもたらす生物の筆頭格は、カビなどの真菌である。

乾燥している家では、カビはあまり目立たない。ところが、壁や床に水がかかると、カビの繁殖を許してしまうことになる。カビは、湿度の高いところに忍び寄っては、そこに食い込んでいくのだ。もし、その音が聞こえたら——その菌糸が古木の細胞に次々と穴を開けて押し入っていく音が聞こえたら——恐ろしくて耐えがたいだろう。カビは、菌糸を使って栄養を吸収し、菌糸を使って這っていく。カビは、付着している場所から別の場所へと菌糸を伸ばしていくので、事実上、あちらこちらに移動することが可能だ。スローモーションで這っていくのである。

カビにとって、家屋の壁は栄養分の宝庫だ。十分な水分と時間がありさえすれば、カビは、木造家屋の建材のほぼすべてを食い尽くすことができる。木材もカビの栄養になる。屋根葺き材もカビの栄養になる（カビはまた、ホコリの中にあるわずかな栄養分を求めて細菌と競い合う）。何百年もかければ、カビが放出する物質で、煉瓦や石を分解することだって可能だ。成長するにつれて、カビのやることなすことすべてが大掛かりになっていく。木材や紙を劣化させるスピードが上がっていく。産生される胞子の量も、毒素の量も、そのほか何もかもが増していく。大量に増殖したカビが、丸太を土に戻すように、家を一軒、土に戻してしまうこともある。

しかし、そんなことになるずっと前に、別の問題を引き起こすおそれもある。うっかり食べてしまうと危険なカビもある。アレルギーや喘息の引き金となるカビもある。そして問題となるのが、スタキボトリス・チャルタルムという有毒な黒カビの存在だ。この黒カビが家の中で大量増殖してしまうことがある。そうなるとたいてい、自腹を切ってその処置をするはめになるようだ。

家の中のカビについて理解する上で、この目立つ黒カビはどうしてもはずせない。私たちの家に、いつスタキボトリス・チャルタルムが生えてもおかしくない状況なのだ。家の中にこの黒カビを見つけたら、ほとんどの住まいのプロは、カビ取り業者に連絡するようにアドバイスする。やって来た業者は、家の中の目に見えるスタキボトリス・チャルタルムを片っ端から始末していく。書物類はごしごし徹底的に拭き（廃棄することもある）、衣類はカビ取り処置を施すか、さもなければ、やはり処分してしまう。これは、世間で繰り返し演じられているドラマなのである。細かな筋立てや主役はそのたびごとに変わるが、憎っくき敵は毎回同じ。そこで一体何が起きているのか、皆目見当がつかない点も毎回同じだ。

私はこれまで何年間もカビについて読んだり、考えたりしてきたのだが、ビアギッテ・アンデルセンに会うまで、スタキボトリス・チャルタルムにはどうも腑に落ちない点があった。ビアギッテは住まいのカビの専門家だ。住宅建材を食うのはどんな生物か、そもそもどうやって家に入り込むのか、という二点を研究している。大方の人が忌み嫌うこのような生物が、彼女にとっては魅力に富む存在なのだ。ビアギッテはスタキボトリス・チャルタルムの研究に多くの時間を費やしている。

ビアギッテにメールで面会を申し入れたところ、彼女のいるデンマーク工科大学にどうぞ来てくださいと言ってくれた。そこで私は、滞在中のコペンハーゲン中心部から自転車に乗って出かけた。その日は、デンマークにしては比較的すばらしい天気。つまり、工科大学に着いて自転車を降りたときには、雨で全身ぐっしょりだった。濡れた服を着たままで、私はカビが生えてきそうな気分だった。今日のテーマはカビ（真菌）である。散々ではあったが、カビの話をする雰囲気としては完璧だった。

ビアギッテの研究室は、実際的な問題を高度な装置を用いて解決するテクニカルサイエンス棟の二階にある。この棟の中で、ビアギッテは変わり者だ。真菌を愛し、真菌の研究に身を捧げている。研究用に真菌を培養し、それを顕微鏡下で慎重かつ丹念に同定し、その写真を撮り、そして、デンマークのありふれた真菌や珍しい真菌を載せた自作の手引書に加えていく。仕事を終えたあと、今度は趣味として、無報酬でほとんど同じことをする。真菌は美しい、それぞれが独特の美しさをもっていると彼女は思っている。

真菌を培養して同定するのに不可欠なスキルと情熱をもっている人材が、年を追うごとに減ってきているらしい。もちろん、彼女はその両方を備えている。以前は、情熱を共有する同僚が大勢いた。「信じないでしょうけれど、こんなカビを育てているのよ」と言い合える仲間がすぐ近くに大勢いた。しかし、真菌に情熱を注ぐビアギッテの同僚たちはみな退職してしまった。そして、ビアギッテの大学では、他の多くの大学と同様に、生物を――この場合は真菌を――実際に培養し、同定し、目録を作成する能力のある生物学者が新たに雇われることはほとんどない。

「ザ・サイエンティスト」誌のある記事は、野生生物の命名、分類、飼育・栽培の専門知識をもつ科学者は絶滅しつつあるのか、とまで問いかけた（結論はイエスだった）[1]。そのような仕事は必要不可欠だ。真菌の種の圧倒的大多数はまだ命名されていないのだから。しかし、生物種とその基本的な生理生態を一つ一つ記載していく仕事は、華やかな魅力に欠けるため、雇用委員会やファンディング・エージェンシー〔研究資金を配分する機関〕からなかなか評価してもらえない。ビアギッテは現在、この棟内で真菌の同定に長けた最後の一人、デンマーク内でも数少ない一人となってしまい、廊下の端で孤立している。

ビアギッテを訪問したとき、ノア・フィエールと私と共同研究者たちはすでに、一般市民の協力を得て、一〇〇〇世帯を超える家々のドア枠のホコリを採集していた。そのホコリから、DNAの塩基配列を解読することによって、各サンプルに含まれている細菌種を突きとめた。その後、真菌についても同様の分析を行なって、家の中や家自体に恐ろしいほど多種多様な真菌を発見した。なんと四万種もの真菌を発見したのである[2]。種数としては細菌よりも少なかったが、細菌を凌ぐほどの驚きだった。すでに命名されている北アメリカの真菌（カビやキノコ）は二万五〇〇〇種にも満たない。私たちは、北アメリカの屋内外で見つかってすでに命名されている種よりも多い、さまざまな真菌（少なくともそのDNA）を家の中で発見したのである。家の中で見つかった数万種の真菌は、どうやらまだ命名されていないようだ。この名無しの真菌の存在は、家の中だけに限らず、もっと広い範囲にわたる私たちの無知を物語っていた。

すでに命名済みの真菌について言えば、それぞれが独特の物語をもっていた。真菌のライフサイクルは、他の生物種に依存していることが多いので、その真菌の存在は、それが依存している生物の存在をも示していた。ブドウの病原体なので、どこかにブドウ園があることを教えてくれる真菌もあった。特定のハチの種の病原体なので、どこかにそのハチがいることを教えてくれる真菌もあった。また、特定の種のアリの脳を支配して、その行動を操ることができる真菌もあった。[3] ノースカロライナ州東部では、セイヨウショウロ属の真菌を発見した。これは樹木の根と相利共生を営む真菌で、あちこちに撒き散らしてもらうためにトリュフを作る。トリュフとは、雄ブタが雌ブタを惹きつけるために出すフェロモンに似た成分を含む菌糸である。このトリュフの香りに惹かれた雌ブタは、それを掘り出して食べ、もしうまくいけば、トリュフがまだコロニーを形成していない若木に近い、森のどこか別の場所に糞として排泄してくれる。

家の中の細菌について言うと、環境由来細菌のほとんどを（人間に悪影響が及ぶほどまで）閉め出しておきながら、かえって、シャワーヘッドのような極限環境に耐えられる細菌や、人間の食物や老廃物に棲みつく細菌に取り囲まれるようになった、というのが最近の状況だ。真菌と細菌はどちらも、他の多くの小さな生物と共に「微生物」として一括りにされる傾向があるので、真菌でもやはりそうなのでは、と思うかもしれない。しかし実を言うと、真菌は、細菌よりもはるかに動物に近い生物なのだ。動物と近縁なので、真菌を駆除しようとすると難しい問題にぶつかる。真菌の細胞を殺す薬剤はだいたいヒトの細胞も殺してしまうのである。また、細菌の場合と違って、病原体か相利共生かを問わず、人体に棲みついている真菌はほとんどいない。人間の身体は、真菌にとっては温かすぎるのだ（温血であること自体、真菌を寄せつけないための手段として進化したとも言われている）[4]。というわけで、家の中の真菌の話は、細菌の話とは全く違っていても不思議はなかった。実際、全く違っていた。

家の中の真菌の多くは、ただ単に屋外から漂ってきた種のようだ。家の中の真菌は、家の外で見つかる真菌ととてもよく似ている。家の中で見つかる真菌が地域によって異なるのは、何よりもまず、家の外の真菌が異なっているからなのだ[5]。屋外真菌が屋内真菌に及ぼす影響が非常に大きいので、綿棒に付いている真菌の種類だけをもとに、それがアメリカ合衆国のどこで採取されたホコリかを五〇〜一〇〇キロの範囲内で特定することができる[6]。綿棒で家を拭って、その綿棒を送ってくだされば、どこにお住まいかを言い当ててご覧にいれよう（ただしその際には、数百ドルも送っていただきたい。なかなか値の張る隠し芸なのだ）。これら何万種もの真菌について、自分がさらされる真菌の種類を変えたいと思ったら、一番良い方法は——というか、おそらく唯一の方法は——引っ越すことだ。

屋外から漂ってきた真菌種のほかに、屋内に特化していると思われる真菌種、屋外よりも屋内に多い真菌種も見つかった。しかし、このような種はあまりにいろいろで、どの種に注目すべきか判断がつきかねた。つまり、人間と共にあちこち移動し、人間のいるところで繁殖する力に最も長けているのはどの種なのか、よくわからなかった。

そこで見識を深めるために、私は再び、国際宇宙ステーション（ＩＳＳ）とロシアの宇宙ステーション、ミールにヒントを求めることにした。宇宙ステーションで見つかった真菌はみな、間違いなくステーションという屋内で生きている種である。窓やハッチから入って来たものであるはずがない。真菌が宇宙ステーション外部の環境で極めて長く生存できたとしてもである。[7]

一番よくわかっているのが、ミールにいた真菌だ。一九八六年の初回の打ち上げ以降、ミールでは何度もサンプリングが行なわれたからである。真菌検査のために、五〇〇の空気サンプルが採取された。さらに、船内のあちこちの表面から六〇〇のサンプルが採取された。これらのサンプルはその後、ミールの船内で、または地球に帰還したのちに培養された。サンプルの培養は網羅的なものではなかったが[8]、それでも結果は明らかで、ミールは真菌のジャングルだった。一〇〇種を超えるさまざまな真菌の宝庫だった。ミールから採取された一〇〇〇を超えるサンプルの、ごく一部を除くすべてから真菌が発見されたのである。[9]

これらの真菌も生きていて代謝を行なっていた。ある宇宙飛行士が、ミールは腐ったリンゴのようなにおいがすると言ったのも当然なのだ（腐ったリンゴ臭のほうがＩＳＳの体臭よりはましだと思うが）。また、ミールは一時、地球と連絡がとれなくなったことがある。通信装置が故障してしまったのだ。のちに明らかになったところによると、電線を覆っていた絶縁体が真菌に食われて、電線がショートしていたのだった。[10]

つまり、真菌は、宇宙に地歩を固めて生殖を営み、何世代にもわたって生き延びるという点において、ヒトよりもはるかに成功しているのである。というわけで、今後の火星移民構想に向けて教訓を述べておきたい。人類が火星にコロニーを建設して定住し、子孫を残せるようになった頃には、もうとっくに真菌がそれをやっているだろう。

当初、ＩＳＳは、無菌状態ではないにせよ、少なくともミールに比べれば真菌が少ないと言われていた。確かに、ミールには真菌が棲みついてしまっていたが、ミールは粘着テープと夢で貼り合わされていると評されていたので、まあそれも当然だったろう。しかし時が経つにつれて、ＩＳＳでもさまざまな生物が繁殖し、真菌も増えていった。二〇〇四年には、三八種の真菌がＩＳＳ内で広く繁殖していることが明らかになった。これら三八種のほとんどは、以前にミールで見つかった種の一部だったが、それはまた、私たちが家の中で見つけた種の一部でもあった。

宇宙船で見つかる真菌の多くは、スペースシャトルや宇宙ステーションの素材である金属や樹脂を劣化させる能力をもつので、それらを研究している生物学者から「テクノファイル」と呼ばれている。[11]「テクノファイル」などと言うと、私にはシンセサイザーを演奏するボーイズバンドの名前のように聞こえるが、そうではない。テクノロジーを好(ファイル)む真菌、それを食ってしまうほどテクノロジー好きの真菌、という意味なのだ。[12]ＩＳＳ自体を餌にしていることがすでに証明されているものには、ペニシリウム・グランディコラ（パンに生えるカビの仲間）、アスペルギルス属の真菌（日本酒の醸造に用いられるコウジカビの仲間）、クラドスポリウム属の真菌などがある。といっても、乗船している真菌のすべてがテクノファイルというわけではない。また、ＩＳＳではなくミールでは、ビール醸造用酵母、サッカロマイセス・セレビシエが見つかった（たぶん、宇宙ではロシア人たちのほうが楽しく過ごしていたということだろう[13]）。研究者たちはロドトルラ属の真菌も発見した。これは、地球上で、タイルの目地やシャワーの壁によく生えるピンク色のカビ、ごくまれに歯ブラシや人体にも棲みつくカビである。[14] そんなわけで、宇宙飛行士たちに混じって生きていたのは、まぎれもなく、屋内環境で活発に増殖する真菌種なのだった。[15]

私たちは、宇宙ステーションにいた真菌の全種類を、家の中で発見した。それどころか、宇宙ステーションにいた真菌種は、サンプリングを行なった事実上すべての家にいた。どの種が最も多いかは、家によって違っていた。世帯人数の多い家は、人体や食品由来の真菌が多い傾向が見られた。[16] 冷暖房の方法も、棲みついている真菌の種類に影響を及ぼしていた。特に、エアコンを用いている家には、クラドスポリウム属やペニシリウム属の真菌が多く見られる傾向があった。(アレルギーを起こす人もいる) これらの真菌は、エアコン内部で繁殖し、エアコンのスイッチを入れると、家やオフィス中に撒き散らされる。[17] 部屋やクルマのエアコンをつけたときに、変なにおいがすることがあるが、それはこれらの真菌が発散している悪臭なのだ。[18]

私たちは今後数十年かけて、屋内環境真菌に関するデータの謎を解いていくことになるのだろうが、急いで検討すべき謎が一つあった。それは、宇宙ステーション内には不在で、私たちの屋内調査のサンプルにもほとんどいなかった真菌、スタキボトリス・チャルタルムに関する謎だ。スタキボトリス・チャルタルムは重大な問題として浮上しているのに、私たちのサンプルには出てこなかった。宇宙ステーションにスタキボトリス・チャルタルムがいないのは、その栄養源がないからかもしれない。私の知る限り、ＩＳＳには木材もなければ、セルロースさえない[19](この真菌には、何らかの樹脂を劣化させる能力があると考えられないわけではないが)。しかしそれは、私たちの屋内調査でこの真菌がほとんど検出されなかったことの説明にはならない。[20]

私はこの謎についてビアギッテに尋ねた。私たちの調査で検出されなかったのはなぜなのかと。ＩＳＳのことは口には出さなかった。口には出さなかったものの、私の頭の中にはＩＳＳのことがあったので、話しているうちに、何となくそれも漂ってきた。ビアギッテは驚きもせずに「その胞子は重くて、カビの粘っこい頭に付いているんです。どうして見つかります?」と返してきた。つまり、ホコリと一緒に漂わないものが、ホコリの中から見つかるはずがないというわけだ。それから、念を押すように「見つかると思っていたんですか?」ビアギッテはずばり言う。なるほど、確かにありえないことだ。「でも、空中を漂っていないとしたら、なぜそれが家の中に入って来るんでしょう」と尋ねてみた。どうやって家の中に入って来るのか？　なぜ宇宙ステーションには入り込めなかったのか（その他の多数の真菌種は問題なく入り込んだらしいのに）？

「私たちの研究に興味をもってもらえるんじゃないかしら」とビアギッテ。

引き出しをかき回して出してきてくれたクッキーやナッツを一緒につまみながら（その一つ一つに、私たちが共に吸っている空気から、目に見えないさまざまな真菌がいつの間にか降りかかっている）、ビアギッテが自分の研究について語ってくれるのを聞いた。その研究は、乾式壁（ドライウォール）〔左官仕上げなどをする湿式壁に対し、石膏ボードや壁紙などを使用した壁〕、壁紙（クロス）、木材、コンクリートといった、現代の家屋の建築材料に焦点を当てたものだった。ビアギッテは、家の中の空気には全く関心がない。興味があるのは空気ではなく、煉瓦（れんが）、擬石、材木といった住宅建材であり、そのなかでも特に乾式壁に関心を寄せている。

ビアギッテの研究から、家の建築材料にはそれぞれ独特の種類の真菌がいるらしいことが明らかになった。宇宙ステーションについても、その建築材料を詳しく調査すれば、同様のことが判明するかもしれない。ビアギッテの調査では、屋内のコンクリートから、屋外の土壌にいるのと同じ種類の真菌が発見された。そのいくつかは、史上初めて科学者による研究がなされた真菌種でもあった。[21]これらの真菌が、科学者たちの研究対象となったのは、手近にあったから。科学者たちの家に棲みついていて手近にあったからだ。たとえば、彼女の調査で見つかったケカビは、ロバート・フックが『ミクログラフィア』（レーウェンフックの興味を刺激したと思われる書物）に描いている。彼女の調査ではアオカビも見つかった。アオカビ（ペニシリウム属真菌）は、アレクサンダー・フレミングが偶然、自分の研究室（どうということはない普通の建物）で見つけて、そこから抗生物質を発見するに至ったカビである。アオカビはこの抗生物質を使って、栄養源を競い合う細菌の細胞壁を脆弱化させるので、その細菌は増殖しようとすると破裂してしまう。私たち人間は、その抗生物質を利用して結核菌などの病原細菌を撃退し、自分たちが生き延びようとするのである。

このようなケカビやアオカビといった真菌は、宇宙ステーションにまで乗り込んだ真菌でもある。[22]コンクリートの床にも、宇宙ステーションにもいるということは、これらの真菌とうまく共存していく方法を見つける必要があるということだろう。彼らはＮＡＳＡの検問をかいくぐったわけで、宇宙にまでついて来られたのなら、おそらくそれ以外のどこにだってくっついて来るだろう。[23]彼らは、人類の先祖が暮らしていた洞窟の壁に生えていたのと同じ真菌かもしれない。だとすれば、その洞窟から出て、人類と共にありとあらゆる場所を旅したであろう。これらは、十分な時間さえあれば煉瓦を食いちぎり、石までも蝕んでいく真菌類の一部だ。家屋の床でもやはり、ゆっくりとコンクリートを侵食しながら、あるいは（菌糸の指でしがみついて）コンクリートを棲み処としながら、実は、気づかないほど小さな垢やコンクリート表面の接着剤などを食べているのかもしれない。[24] これらの真菌は、記念建造物を何百年間も保存したい人々にとっては困りものだが、家の地下室にいる分には、真菌は時間さえあればほとんど何でも食い尽くす、という証拠になる程度ですむ。

木材にもやはり真菌が棲みついていた。私たちは、家屋の多くを木材で作り、そこで長期間暮らす。しかし木材は生分解性である。木材は、セルロースとリグニンからできている。セルロースは紙の主成分。リグニンは屋根を支えてくれる頑丈な物質だ。セルロースを分解できる微生物は数多くいるが、リグニンを分解できるのは、真菌と、ごく一部の細菌だけに限られる。[25] ビアギッテが住宅の木材に見つけた真菌のなかには、少なくともセルロースを、場合によってはリグニンをも分解できる酵素を産生する種が含まれていた。[26] これらがツーバイフォー材や、柱や梁に使われる角材で見つかるのは当然で、むしろ、長いことカビを生やさずにおけるほうが驚きだ。家屋を棲み処にして木材を劣化させる真菌種の多くは、単純に屋外から吹き込んで来るものなので、その顔ぶれは、その家屋に使われている木材の種類と、近隣にある森林のタイプで決まる。また、木材を腐朽させるセルプラ・ラクリマンスのような真菌は、人間と共に船で世界中に運ばれたことが知られている。[27] 人間が繰り返し繰り返し、彼らの餌でできた家を建てたので、一緒にくっついて来たのだ。彼らは喜んでついて来る。

事態がますます面白くなってきたのは、ビアギッテが乾式壁や壁紙、そして紙で覆った（加えて塗装した）石膏ボードについて調べたときだった。これらが湿気を帯びると、カビがわんさか生えてきた。[28]さらに重要なことに、そのなかに、あの有毒な黒カビ、スタキボトリス・チャルタルムが二五パーセントの確率で含まれていたのだ。しかし、湿気を帯びた家でスタキボトリス・チャルタルムが発生する割合はこれの比ではない。結局、ビアギッテはそれぞれの家から少量のサンプルを採取することにした。湿気を帯びた乾式壁では、スタキボトリス・チャルタルムの発生は珍しくない。乾式壁が湿るとこのカビが生えてくるのは、もう当たり前すぎることだった。どうやら乾式壁や壁紙の中に含まれている水とセルロースの混合物は、スタキボトリス・チャルタルムにとって申し分のない生息環境らしい。これは発見、大きな発見だった。しかし、スタキボトリス・チャルタルムがそもそもどうやって乾式壁に入り込むのか、ビアギッテはまだ説明できずにいた。

スタキボトリス・チャルタルムが空中を漂って来ることはない。一般に知られている限り、シロアリその他の屋内昆虫の表面や体内にもいない。となると、衣類に付いて家の中に入って来るのかもしれない。カリフォルニア大学バークレー校の屋内真菌の専門家、レイチェル・アダムズは、どれほど多くの真菌が衣類に付いて入って来るかを、身近な体験から学んだ。それまで万全の注意を払って屋内真菌の調査をしてきたレイチェルだったが、大学の会議室で検出された真菌の一つは、最近キノコ関係の催しでホコリタケをいじった研究室の仲間が、意図せずに持ち込んだものであることに気づいたのだ。[29] 真菌は研究室の仲間にも乗っかってくる。しかし、ビアギッテは衣類にはまるで関心がなかった。彼女は建築資材が怪しいとにらんでいた。

もし、最初から乾式壁にカビがいたらどうなるだろうか？ もし、乾式壁の製造の過程でカビが入り込み、静止期に入った状態で、乾式壁が湿り気を帯びてくるまでそこに居座り続けたらどうなるだろうか？ これこそまさに、ビアギッテが確かめようとしたことだった。もしその通りであれば、数十億ドル規模の乾式壁業界を敵に回しかねない過激な考えではある。調べていくと、そのような考えを抱いたのは彼女が初めてではないことがわかってきたという。過去の論文でもその可能性がほのめかされていたが、その論文は検証がなされていなかった。[30] 彼女はそれをやろうとした。

アメリカ合衆国では、研究者にはある程度、研究の自由が保障されてはいるものの、しだいに絶対的なものではなくなってきているようだ。その背後には少なからず、企業の巨大な権力がある。研究者たちは、危険な考え、つまり政府や企業にとって不都合な考えを発表しないというわけではない。しかし、アメリカの多くの研究者たちが、ハリウッド映画をよく観て、有力財界人の経済的インセンティブと対立するような研究をしたらどういうはめに陥るか、慎重に考えたほうがいいと思うようになっている。[31] 挑戦的な研究をするとき、ビアギッテら、デンマークの研究者たちの心にも、同じような不安がよぎっても不思議はない。しかし、私がこうしたリスクについて尋ねても、ビアギッテの口からは、そういう不安は——（ともかくも乾式壁に関しては）現状を維持することで巨額の利益を得ている企業が製造する乾式壁に潜んでいるカビの研究などしたらまずいことになるという不安は――ほとんど聞かれなかった。とにかく彼女は、そこに一体何がいるのかを知りたかった。感情は絡んでおらず、あるのは好奇心のみ。だから調査を行なったのだ。

ビアギッテはまず、デンマークの四軒のホームセンターから新品の乾式壁材を、合わせて一三枚購入した。そして、その一三枚のなかから、二つのブランドを選び、さらに、各ブランドから三種類のタイプ（耐火性、耐水性、通常タイプ）を選んだ。次に、それぞれのシートから複数枚の円盤を切り抜き、それらをエタノールに（念のため、別のプロトコルでは漂白剤やロダロン〔デンマークの消毒液〕に）浸して表面を殺菌した。そのうえで、サンプル内部に何らかの真菌が潜んでいれば増殖するように、表面を殺菌したサンプルを七〇日間、滅菌水に浸した。乾燥した新品の乾式壁材の中で何かが生きている可能性は低そうだった。望み薄であるうえに、ひたすら骨の折れる実験――真菌がいないかどうか、円盤を一枚一枚調べていくという面倒で単調な作業――を来る日も来る日も丹念に繰り返した。

ついにある日、何かが生えてきたのを見つけた。その後、それはさらに増えていった。ビアギッテは、新品の乾式壁材の内部に、ネオサルトリア・ヒラツカエと呼ばれる真菌が潜んでいるのを発見したのだ。この真菌は最近、複雑な要素が絡み合うパーキンソン病の原因の一つと考えられている。パーキンソン病の単独の要因である可能性は低いが、それでもやはり、この真菌の存在は吉報とは言えない。ネオサルトリア・ヒラツカエは、乾式壁材のタイプ、購入した店舗、製造した会社に関係なく、どの乾式壁材からも見つかった。ビアギッテはさらに、アレルギーや日和見感染症を引き起こす真菌、ケトミウム・グロボスムも発見した。[32] この真菌は乾式壁材の八五パーセントに存在していた。さらに、サンプルの半数に、黒くて強力なスタキボトリス・チャルタルムがいた。[33] この真菌は、ひとたび増殖を始めると、乾式壁材の円盤をすっかり覆い、円盤は真っ黒になった。見つかったのはこれだけではない。それ以外にも八種類の真菌が乾式壁材の内部で増殖のチャンスを待っていることが明らかになった。

いよいよ、ビアギッテが乾式壁の製造企業に対して本当に恐れを抱いていないのかどうか、実際に試されるときが来た。彼女はその研究結果を――家の中に入り込む真菌種や居住者の健康上のリスクに対し、乾式壁業界が何かしら関連していることをうかがわせる研究結果を――公表するのだろうか? スタキボトリス・チャルタルムは、しばしば健康上の問題が取り沙汰されている。ネオサルトリア・ヒラツカエはヒトの病原体になりうる。この真菌は、湿り気を帯びた乾式壁でたまに見つかるが、なかなか気づきにくい。乾式壁の色と同じ、白くて小さな子実体をつくるからだ。

ビアギッテの実験の結果、どの店舗から購入したかに関係なく、すべてのサンプルから真菌が姿を現したのだから、乾式壁材メーカーに関係があることは明らかだった。もちろん、彼女はその研究を公表するつもりだった。「そしたらどうするでしょうね? 私の仕事を取り上げてしまうのかな? そうしたら誰が真菌の同定をするのかしらね?」

そんなわけで、住宅の乾式壁の真菌は、新品の乾式壁にプレインストールされて来るのだということは、もう疑いのない事実として知られている。ビアギッテは現在、このような乾式壁内部の真菌を、新築住宅に送られる前に死滅させる方法を見つける研究を行なっている。すでにインストールされてしまった乾式壁内の真菌を死滅させる簡単な方法はなかなかありそうもない。施工済みの乾式壁内部の真菌を殺す処置を行なえば、乾式壁を破壊し、居住者に有害な影響を及ぼすおそれがある。一方で、真菌は湿り気をじっと待っており、その忍耐力は絶大だ。

真菌がいかにして乾式壁に入り込むのかはよくわかっていないが、資源回収された厚紙が乾式壁材の生産用に保管されているとき、真菌増殖の温床になってしまう可能性がある。その後、厚紙が破砕されて乾式壁材に投入されるとき、真菌は胞子のかたちでその行程を生き延びる。ビアギッテはたぶん、何らかの方法で厚紙を滅菌処理できると考えているのだろう。しかし、まだ実現はしていない。というわけで、ビアギッテの考えが正しいとすれば、現在、家に届けられる乾式壁材にはまだ真菌がインストールされたままだ。それでも大丈夫、とビアギッテは言う。乾式壁を湿らせなければいいだけだ、と。

スタキボトリス・チャルタルムなど、胞子を大量に生ずる真菌がいかにして家に入り込むのかがわかっても、屋内の真菌について解明すべきことはまだまだ残されている。ビアギッテは、このような真菌の屋内への侵入経路は突きとめたようだが、その原産地や自然生息地はどこか、どこで進化したのかということまでは突きとめていない。スタキボトリス属に最も近縁の真菌は、熱帯原産のミロテシウム属の真菌のようだが、ミロテシウム属については、熱帯地域の家屋に生えるのか否かも含めて、ほとんど何もわかっていない。まだ命名されていないミロテシウム属やスタキボトリス属の類縁種が数多く存在するのではないかと推測される。

農村環境では積み草の中にスタキボトリス・チャルタルムが発見されているが、これは、この真菌の生理生態よりもむしろ、どこを調べたかによるものと思われる。スタキボトリス・チャルタルムの故郷は土壌ではないかとも言われているが、これも非常に漠然としていてあまり意味がない。さらに、自然界において、スタキボトリス・チャルタルムを拡散させるのは何か、何がそれをあちこちに運んでいくのかという疑問も生じる。甲虫やアリかもしれないが、これは憶測にすぎない。何らかの昆虫がスタキボトリス・チャルタルムの胞子を運搬するのかどうかを調べる研究は全くなされていないのだ。

また、スタキボトリス・チャルタルムが家屋と関わりをもつようになったのはいつからか、ということもわかっていない（世界各地の伝統的家屋や古代遺跡の住居跡にどんな真菌がいるかがわかればいいのだが、それもやはりまだ全く研究されていない）。そして、家の中の真菌は人間にとってどれほどの危険なのか、という問題も残されている。結局のところ、私たちはこうした屋内真菌対策に数十億ドルを費やしている。家を解体するはめにもなっている。もとは健康だった人々が、スタキボトリス・チャルタルムへの曝露が原因だとされる病気に罹り、それを治そうと必死になっているが、なかなか快方に向かわない。何とも言えない状況が続いているのだ。

スタキボトリス・チャルタルムを家屋に植え付け、その家に住む家族への影響を調査するといった実験は、当然ながら、誰もやったことがない。また、家を購入してからそれを湿らせて、スタキボトリス・チャルタルムが増殖するかどうか（どんな場合に増殖するのか）、さらに、体調に異変が生じるかどうかを調べてみた者もいない。しかし、この真菌が人間の健康を害する道筋は二つあると考えられる。まず一つは、真菌毒素で害する道筋、もう一つは、アレルギーや喘息を引き起こしたり、悪化させたりする道筋だ。

まずは、毒素から。スタキボトリス・チャルタルムは、多くの真菌と同様に、大環状トリコテセン類やアトラノン類と呼ばれる恐ろしい化合物を産生することが知られている。さらに、スタキボトリス・チャルタルムには、溶血素タンパク質を産生する能力もある。ヒツジ、ウマ、ウサギがこれらの化合物、特に溶血素タンパク質を食べてしまうと、白血球減少症が起きてくる。ヒトの乳幼児の場合には、この溶血素タンパク質が肺出血を引き起こすおそれもあると考えられている。スタキボトリスの胞子を鼻に吹き込まれたマウスはダメージを被るが、その程度は、吹き込まれたスタキボトリスの菌株によって異なる。多量の毒素を産生する菌株を吹き込まれたマウスは、「肺胞内、細気管支および間質に、血液成分の滲出(しんしゅつ)を伴う重度の炎症」を起こした。わかりやすく言うと、肺が炎症を起こして出血し始めたのだ。[34]

しかし、スタキボトリスに毒素産生能があるからといって、必ずしも家の中で毒素を産生しているとは限らない。最近、ビアギッテらは、ホコリの中のスタキボトリス・チャルタルムの毒素を検出する新たな方法を開発した。そして、その方法を利用して、デンマークのある幼稚園の室内に存在するスタキボトリスの量が多いほど、その部屋のホコリの中に存在するその毒素の量も多いことを明らかにした。広く一般に同じことが言えるのかどうかはまだわかっていないが、どうもそう言えそうだ。[35] もちろん、病気を発症するには大量の真菌を口に入れる(または、あのマウスのように吸い込む)必要があるわけだが、スタキボトリスが大量に増殖して毒素を産生している家に住んでいる乳幼児が、大量の真菌を摂取してしまい、実験用マウスや家畜のように病気を発症するおそれがないとは言えない。しかしこれまでのところ、そのようなケースは記録されていない。

ネオサルトリア・ヒラツカエは、スタキボトリス・チャルタルム以上に、毒素による深刻な健康被害をもたらす可能性が高いのだが、研究はこちらのほうがずっと遅れている（発生頻度が低いわけではないが、はるかに目につきにくいのだ）。

このような一筋縄ではいかない複雑さゆえに、スタキボトリスとその影響に関する知見で世界をリードするビアギッテでさえ、屋内真菌の産生する毒素の健康影響について尋ねられるとつらいものがあると打ち明ける。「あまりにも複雑でなかなか証明できない」のだと言う。

しかし、スタキボトリス毒素のせいで発症することはごく稀だとしても、この真菌はもっと別のかたちで人間に悪影響を及ぼす可能性がある。スタキボトリスを吸い込んでしまうと、アレルギーを引き起こすおそれがあるのだ。血液検査で、スタキボトリス・チャルタルムに対するアレルギー反応が認められる人の割合は比較的高い。そのなかには、屋外でこの真菌に曝露した人もいるかもしれないが、それ以外はほぼ間違いなく、湿気のある家の乾式壁に生えたスタキボトリスが原因だろう。これはスタキボトリス・チャルタルムだけに限ったことではない。家が湿気を帯びると増えてくる真菌をはじめ、他の多くの真菌が、アレルギーや喘息発作の引き金になってしまうのだ。[36]

こうした現状について、生物多様性仮説を唱道するハンスキ、ハーテラ、フォン・ヘルツェンならば、多様性に富んだ環境由来細菌への曝露が不足しているせいで、免疫系がアレルギー反応を起こしやすくなっているのだと主張するだろう。おそらくその通りなのだと私は思う。家の中に真菌やその他の生物（チャバネゴキブリやチリダニなど）が大量にいると、それがアレルギーの誘因にはなる。しかし、さまざまな細菌に十分さらされている限り、実際にアレルギーを引き起こすことはないのではないかと私は考えている。

生物多様性仮説が正しいとすれば、アレルギーの発症は大量の屋内真菌の存在と相関関係があるという単純な話ではなく、さまざまな不確定要素が絡み合ってくることが予測されよう。実際に、真菌の多い家、アレルゲン性の強い真菌の多い家に住んでいる人ほど、アレルギーや喘息を起こしやすいことを示した研究もあるが、それよりもはるかに多数の研究が、それらに何の関連もないことを明らかにしている[37]。

そもそもどういう理由で、いかなる場合にこうした疾患が発症するのかを解明することよりもむしろ、起きてしまった喘息やアレルギー症状を軽減することのほうが簡単かもしれない。どうやらそのようだ。ケース・ウエスタン・リザーブ大学のキャロリン・ケルチマール率いるチームは、喘息の症状があり、なおかつ屋内にカビが発生している家に住んでいる子ども六二人を見つけ出した。キャロリンは次に、子どもとその家族を、二つの群のいずれかにランダムに振り分けた。半数の子どもの家族（対照群）は、喘息への対処法の指導だけを受けた。残る半数の子どもの家族（改善群）は、同じ指導を受けたうえに、研究チームが家庭を訪問し、湿った木材や乾式壁材を撤去して乾燥した新しい建材に取り替え、水漏れを直すと共に、エアコンに改善を加えた。

介入後、改善群の家の空気中の真菌濃度は半分に減少した。対照群の家の真菌濃度に変化はなかった。さらに重要なことには、積極的に改善を施した家に住んでいる子どもたちは、喘息の症状が出る日数が、対照群よりも少なくなったのだ。このような効果は研究中も、研究を終えたあとも続いた。改善群の子ども二九人中一人だけが、研究終了後に喘息の症状を悪化させた。対照群では、子ども三三人中一一人に喘息症状の悪化が見られた。シンプルな対処法が功を奏したのだ！[38] これは小規模な研究で、一都市だけで行なわれたものだが、前向きの方向性が示されたという点で希望をもたらすものだ。

今のところ言えるのは、住まいに湿気がこもりがちなら、それを改善し、乾燥させる方法を見つけ出す必要があるということだ。家を新築するのであれば、特に湿気がこもりやすい場所は乾式壁を避けたほうがいい。すでにスタキボトリス・チャルタルムが壁材に入り込んでいないかどうか、確認する手立てがないからだ。そして、もし、屋内真菌の生理生態の研究に協力する機会があったら、ぜひ参加してほしい。

そうしている間にも、ISSの真菌は繁殖を続けており、そんな状況を見るにつけ、屋内真菌にどう対処しようとも、細菌の場合と同じく、根絶に至ることなどありそうもないと思えてくる。この点については、NASAの科学者も、ロシア人も、そしてビアギッテも同意見だろう。

私たちが家の中で見つけた数万種の真菌にもそれぞれ、スタキボトリス・チャルタルムに勝るとも劣らぬ複雑な物語があるが、研究はまだまだこれからだ。あなたは今、このようなほとんど知られていない真菌を吸いながら生きているのだ。そのうちの数千種は全くなじみがなく、まだ名前すら付けられてない。もしかしたら、あなたがその命名者になれるかもしれない。身の回りの数千種がまだ無名と聞いて、まさかと思うのは当然だが、それが事実なのである。ある意味でこれは、私たち人間の地球全般に対する広範囲な無知を映し出しているとも言えよう。私たちは、この惑星の探索に乗り出したばかりなのだ。大多数の生物にはまだ名前が付いていない。細菌について言えば、上っ面をなでるレベルにさえ至っていない。真菌に関しては、たぶんその三分の一ほどはすでに命名済みだが、その次の段階、つまり、それぞれの真菌種の生理生態を詳らか(つまび)にしていく段階にはまだほど遠い。昆虫については、もしかしたらすでに半分程度まで終えているかもしれない。けれども私は、家の中にはまだ何か独特の影響力をもつ種が潜んでいるのではないかと思っている。

屋内の生物種について言うと、私たちは、人間に危害を及ぼすとわかっている種の研究に傾きがちで、それ以外の種の研究には携わる者がいない。基礎生物学者がそれをやってくれてもいいのだが、もし選択肢を与えられたら、ほとんどの基礎生物学者は家を出て森の小径に向かい、(コスタリカのフィールドステーションのような)遠く離れた地域の探索をするだろう。私たちは、身近にいて無害の生物を視野から遮ってしまう遮眼革(ブリンカー)を装着しているのだ。最近、自宅の地下室に何が棲んでいるかを人々に尋ねてみて、それが紛れもない事実であることが明らかになった。

第7章 遠視眼の生態学者

人間と共に暮らしている動物の数は非常に多く……

——ヘロドトス

ささやかな風が船を動かす。小さなハチが蜜を集める。小さなアリがパン屑を運ぶ。

——パピルス・インシンガー（エジプトの古代文書）に記されている二五の教えの一節

おびただしいハエの群れがファラオの家とその家臣の家に入って来た。エジプトの全土にわたり、地はハエの群れによって荒れ果てた。

——旧約聖書 出エジプト記八章二十四節

私たちは、家の中にいる細菌や真菌を見落とし、その影響を理解しそこねてきた。それは一つには、彼らが小さいからである。しかし、動物となると、話はまた違ってくる。家の中にいる動物はもっと大きいにもかかわらず、生態学者や進化生物学者たちがこうした動物に注意を払わずにきたのには何かわけがあると私は考えるようになった。生態学者は職業柄、遠視眼なのだ。つまり、身近にいる動物よりも、遠く離れた地域にいる動物のほうがはっきりと見えるのである。遠目が利くというと、何だか良さそうに聞こえるが、目の前のものを見落としてしまうのではそうとも言えない。

たとえば、ニューヨーク市では、科学者たちが、市の周辺の森に生息する動物のサンプルを数多く収集しているが、市内の動物のサンプルはそれよりもはるかに少ない。家の中の動物となるとさらに少なくなる。これは単なる偶然ではない。生態学者である私たちは、「自然」界の生物を研究するように訓練されており、「自然」とは、人間不在を意味すると信じるようになっているのだ。

このような先入観は、非常に重要な動物分布調査にまで入り込んでいる。たとえば、北アメリカで最大規模の体系的鳥類調査である「鳥類繁殖分布調査」には、都市化が極端に進んだアメリカ合衆国の一部地域は含まれていない。筆者らが生活している場所は、除外されているのである。その結果、生態学者たちは、北アメリカの希少鳥類の生息地は正確に把握しているが、大量にいるイエスズメ、ハト、カラスについてはデータがない。同じことが昆虫についても言えるが、その実態は鳥類の比ではない。カマドウマの調査を行なうようになって、私はそれを痛感した。

ヒトは、はるか昔から、カマドウマと共に生活している。

人類の遠い祖先たちは、洞窟で暮らしていたころ、当然ながら、やはりそこで暮らしている他の動物たちと遭遇した。洞窟内で見つかる骨や、洞窟の壁に付けられた爪跡のみならず、洞窟壁画に描かれている動物を見ても、そのようなことがうかがえる。洞窟内には、体が大きくて危険な動物もいた。暗く、じめじめしたトンネルの中を、残り火がうっすら灯(とも)った棒きれだけであたりを照らしながら、奥へ奥へと進んでいく場面を想像してほしい。そんなとき、ふと獣臭がしたと思った次の瞬間に、ホラアナグマがぬっと姿を現したとしたらどうだろう。ホラアナグマ(ウルサス・スペラエウス)は、現生種で最大のグリズリーと同じくらい巨大だった可能性がある。運が味方してくれたときには、人類の祖先がホラアナグマを仕留めた。運にそっぽを向かれたときには、ホラアナグマに殺された(1)。

しかし、人類の祖先たちは、ホラアナグマだけでなく、もっと小さな生物たちにも遭遇した。そのなかにはおそらく、トコジラミやシラミも含まれていたことだろう。そして間違いなく、カマドウマも含まれていた。そのことを、ある線刻画が教えてくれる。

その線刻画が刻まれた洞窟を発見したのは、三人の少年だった。一九一二年、ベグエン家の三兄弟、マックス、ジャック、ルイは、フレンチ・ピレネー〔ピレネー山脈のフランス側〕の領地内に小川が地下に潜っていく場所があることを耳にする。近所のフランソア・キャメルに、流れを伝って地下に下ってみてはどうかと持ちかけられて、三人は探検に出かけていった。次から次へと地下室が見つかったが、とうとう鍾乳石(しょうにゅうせき)に行く手を遮られてしまう。そこには当然ながら、幻想的な世界が広がっていたが、行き止まりとあっては引き返すほかない。と、そのとき、少年の一人が、部屋の上部の鍾乳石に小さな穴を見つけた。子どもの身体ならやっと通れるほどの幅だった。マックスら三兄弟は、身体を穴に押し込むようにして前進を続けた。奥まで行き着くと、今度は、一二メートルほどもある狭い岩の裂け目をよじ登った。すると登りきったところに、もう一つの部屋があった。その部屋は、というか空間は、ホラアナグマの骨で埋め尽くされていた。骨のなかには、粘土で作られた見事なバイソンの像二体も混じっていた。

それから二年後、少年たちはその洞窟でさらに思いがけないものに遭遇する。一九一四年、丘の反対側の斜面に裂け目を見つけて、かがんで入って行ったところ、延長八〇〇メートルにも及ぶ洞窟を発見したのだ。その洞窟を探検し、それから、傍らの狭いトンネルを這うようにして抜けて行くと、そこにもう一つ部屋があった。少年たちはその部屋で、洞窟壁画の最高傑作の一つと対面することになる。枝角をもつ半人半獣の呪術師の絵である。その部屋の別の壁面では、ライオンの線刻画の下の粘土に、まるで奉納品のごとく、歯や炭や骨が差し込まれていた。

この洞窟は、少年たちに敬意を表して「トロワ・フレール」(三人兄弟)と名付けられることになるが、この洞窟で見つかった骨の一片には、ユニークな線刻が施されていた。トログロフィルス属のカマドウマである。[2] このようなものが描かれているのは、人類の祖先たち(少なくとも人類の祖先の一人)がこうした動物に関心を向けたことの証である。

その後一万年にわたって、多くの人類がカマドウマと接触するようになる。[3] 家の地下室や貯蔵室に、洞窟と似た環境、つまり、ある種のカマドウマが必要とする条件を満たす環境が再現されたのだ。とすると、農耕を営むようになる以前から、人類はカマドウマとちょくちょく顔を合わせてきたことになる。カマドウマと人類の付き合いの歴史は古く、しかも、カマドウマはとんで

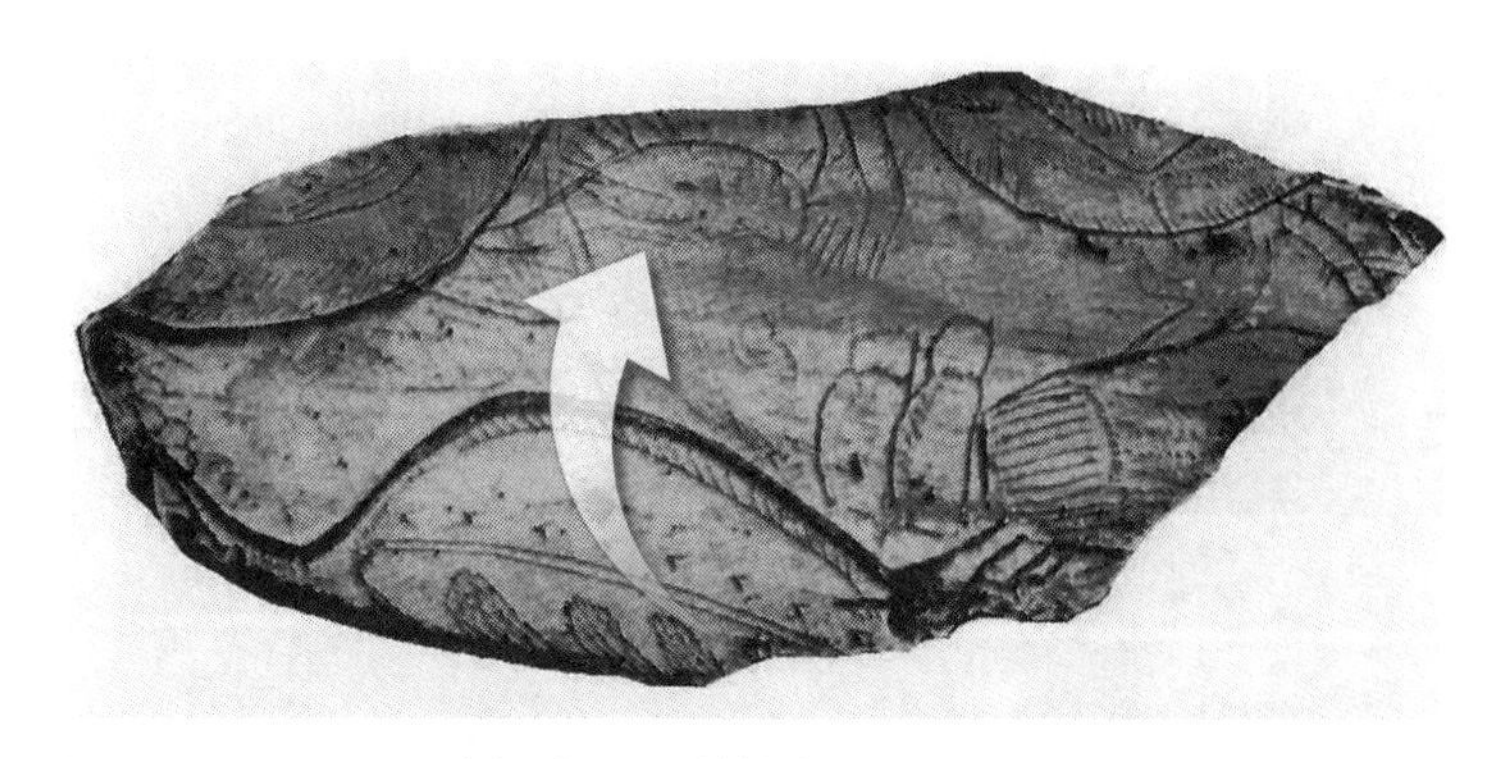

図 7.1　バイソンの骨の破片に刻まれた線刻画には、トログロフィルス属のカマドウマがはっきりと描かれている。この線刻画は、ピレネー山脈中央部にあるトロワ・フレール洞窟で発見されたもので、昆虫が描かれた数少ないヨーロッパ洞窟絵画の一つ。（アルデマーロ・ロメロ著『洞窟生物の生理生態——暗闇の中の生物』（*Cave Biology: Life in Darkness*）に掲載されている、エイミー・アワイ＝バーバーによる原図を一部改変）

もなく大量にいるはずなのに、あまり研究されてこなかったのだ。私は、カマドウマについて研究するうちに、カマドウマはある現象——身の回りの生物は、特にそれが丸見えの場所にいる場合には、簡単に見落とされてしまうという現象——を象徴するもののように思えてきた。

私がカマドウマに興味をもつようになったのは、学部生時代にスー・ハベルの著書『虫たちの謎めく生態——女性ナチュラリストによる新昆虫学』[4]（早川書房）を読んでからのことだ。本格的な科学教育は受けていないライターのハベルは、テラリウムでカマドウマを飼っていた。そして、ありあまるほどの好奇心と忍耐力で観察を続け、カマドウマの生理生態について次々と新たな発見をしたのである。その発見のいくつかは、私の頭からずっと離れなかったが、何よりも記憶に残ったのは、何年にもわたって彼女がカマドウマを調べ続けても、まだわからないことが山ほどある、ということだ。たとえば、カマドウマは何を食べているのか、といった非常に基本的なこともまだわかっていない。

うちのラボのメンバーと私は、ハベルがやり残した課題を拾い上げ、実に単純な調査から始めることにした。カマドウマの個体数調査である。さまざまなプロジェクトを通じてすでに数千人の参加者とコネクションがあったので、その人たちに対し、自宅の地下室や貯蔵室にカマドウマがいるかどうかを尋ねた。一年半のうちに二二六九件の回答が寄せられたので、地下室にカマドウマが生息している家々を地図上にプロットしていった。すると、全く意外な結果となった。出来上がった地図は、カマドウマの分布に関するそれまでの認識を覆すものだったのである。

北アメリカ原産のカマドウマの多くは、八四種を擁するコイトフィルス属に属している（これまでのところは八四種だが、おそらく今後もっと発見されるだろう）。ある時期に、北アメリカ各地に西洋風の住宅が普及したとき、コイトフィルス属のカマドウマの集団が入って来たのだ。

野生状態では、ほとんどの種のカマドウマが、洞窟内や、森の中の薄暗い場所（落ち葉の下など）に棲んでいる。跳びはねては、何かにぶち当たり、ぎりぎりの生活を送っている。カマドウマは長い触覚で、におい、寒さ、湿度を感じることができる。暗闇での生活に適応して、カマドウマの眼は非常に小さく、スー・ハベルが述べているように、まるで小さなボタンのようだ。野生状態では、洞窟に流れ込んだり、林床（りんしょう）に落ちてきたりする栄養価の低い食物のかけらや、朽ちたもの、朽ちて時間が経ったものを食べていると思われている（本当のところはわかっていないが）。もしそうだとしたら、カマドウマは食物網の中で、とりわけ洞窟内の食物網の中で、重要な役割を果たしていることになる。なぜなら、他のほとんどの生物が食べないもの、たとえば、固すぎて他の生物が分解できない炭素化合物などを栄養にして生きることができ、その後、他の生物の餌になってくれるからである。[5] 家の中にいるカマドウマもおそらく同じように、地下室内の食べられないものを、クモやネズミの餌に変える役割を果たしているのだろう。

北アメリカ大陸に生息するカマドウマの種がすべて、家の中に入って来たわけではない（依然として洞窟にしか棲んでおらず、絶滅危惧種になりそうな種もある）が、少なくとも六種は家の中に入って来た。この屋内にいることがわかっているカマドウマ六種の分布は、二十世紀初めにミシガン大学のセオドア・ハンティントン・ハベルが調査している。ハベルは、その弟子のテッド・コーンと共に、カマドウマに注目した数少ない人間の一人で、このぴょんぴょん跳びはねる虫についての本を書いた。『コイトフィルス属カマドウマの再検討』（*The Monographic Revision of the Genus Ceuthophilus*）と題する五〇〇ページあまりの専門書である。カマドウマの進化、地理学、自然史について書かれた本なのだが、何やら旧約聖書を読んでいるような気がしてくる。どこに誰が住んでいて、誰が誰をもうけたといった系譜が記されているからだ。カマドウマに惚れ込んでいる者以外には、とりたてて楽しい読み物ではないが、私たちの研究にとっては極めて重要なものだった。ハベルの著書では、極寒の地は別として、北アメリカ大陸全域の屋外でも屋内でもカマドウマが見つかるとされていた。だいたいどの地域でも、少なくともたまには、いずれかの種のカマドウマが見つかっていた。

ということは、私たちが屋内のカマドウマの分布を地図上にプロットしたならば、地域ごとに

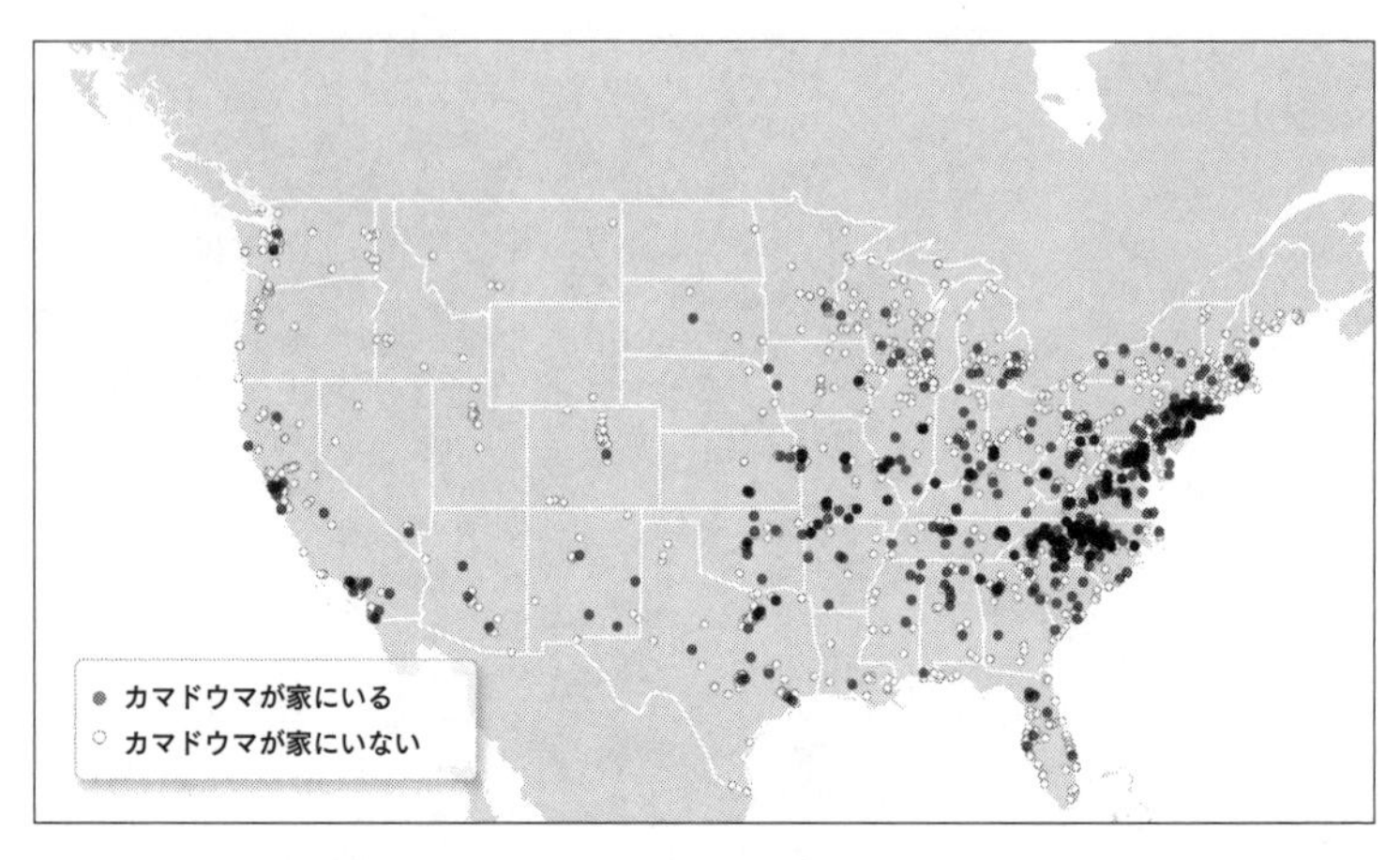

図7.2 メールでの質問に対し、自宅にカマドウマがいるか、いないかを報告してくれた世帯のマップ。(MJ Epps, H. L. Menninger, N. LaSala, and R. R. Dunn, "Too Big to Be Noticed: Cryptic Invasion of Asian Camel Crickets in North American Houses," *PeerJ* [2014]: e523のデータをもとに、ローレン・M. ニコルズが作成)

多少の違いはあっても、だいたい北アメリカ全域でカマドウマが見られるはずだった。ところが、結果はそうはならなかったのだ(図7・2を参照)。北アメリカ東部の地下室にはカマドウマがごく普通にいたが、北アメリカ北西部のほとんどの地域には、稀にしか、あるいは全くいないようだった。何かおかしい。

理由として一つ考えられるのは、調査に参加してくれた一般市民は、自宅を調べるのがあまりうまくないのではないかということだった。もしかしたら、ゴキブリをカマドウマと間違えたのかもしれないし、逆に、カマドウマをゴキブリと間違えたのかもしれない。あるいは、北西部の人々は怖くてよく見なかったのかもしれないし、地域によっては地下室が少なくて、カマドウマの棲めるところがないのかもしれない。

そのような事情がすべて組み合わさっている可能性もある。しかし、実際にはそのいずれでもないことが判明したのだった。

ちょうどこのころ、ポスドク研究員として、MJエップスがうちのラボにやって来た。MJことメリー・ジェーン（おそらく母親に叱られるとき以外、フルネームで呼ばれたことはないのではないかと思う）は、飛び抜けた才能をもっている博物学者兼生態学者だ。MJは甲虫のことをよく知っている。真菌のこともよく知っている。森のこともよく知っている。[6] カマドウマの謎の解明は、彼女が手始めに取りかかるのに最適のプロジェクトのように思われた。そこで私は彼女に、カマドウマの分布に何が起きているのか、突きとめてもらえないかと頼んだのだ。MJは、その当時、パブリック・エンゲージメント（公衆関与）を円滑に進めるための仕事をしていたリー・シエルと協力して、夜中に地下室で跳ねて音を立てている「カマドウマ」の写真を撮ってくれるように人々に依頼した。

二〇一二年一月から一三年十月までの間に、一六四軒の家から写真が送られてきた。粘着トラップ上で数十匹のカマドウマが死んでいるところを写した写真も何枚かあった。判別できないものが写っている写真も何枚かあった。しかし、八八パーセントの写真には全く同じものが写っていたのだ。意表を突かれた。全くの予想外だった。そこに写っていたのは、ディエストラメナ・アジナモーラという巨大な日本のカマドウマ、アメリカ合衆国にいることは知られていたものの、屋内にいることは全く知られていなかった種だった。ようやく、私たちのカマドウマの分布地図があのようになった理由がわかってきた。これまで認識していた在来種カマドウマの生息地と一致しなかったのは、そもそも、在来種の分布地図ではなかったからなのだ。私たちが作成したのは、外来種の分布地図であって、古い地図が作成されて以降に入って来た種であるがゆえに、古い地図とは分布が一致しなかったのである。

博物館の昆虫類コレクションで見られるものや、昔の報告書や論文をもとに推測すると、日本のカマドウマは少なくとも一〇〇年前にはアジアから渡って来ていたようだ。温帯域にある日本や中国の多数の種がアメリカ合衆国に持ち込まれた。これらの種は「日本の」と呼ばれる傾向があるが、それは一つには、中国よりも日本のほうがおおむね研究が進んでいるからである。原産地はどこで、いつごろ、どのようにして北アメリカ大陸に来たのかを解明するには、こうしたカマドウマの遺伝的性質を調べればよいわけで、いずれ調べることになるだろう。しかし、まだそこまでには至っていないので、北アメリカ全域へと広がった移動の詳細を再現するのは難しい。

アメリカ合衆国に入って来てからかなりの期間、これらのカマドウマが温室から出ることはなかったようだ（ときおり納屋にもいたらしいが）。しかしその後、家の中へと移動した。家に入ってきたカマドウマは、大勢の人々に目撃されただろうし、そのなかには何千人もの科学者がいたことだろう。ところが、目につく場所にいながら、屋内への侵入は見過ごされてしまった。日本のカマドウマが屋内に移り棲むことができた理由はよくわかっていない。おそらく、冷涼で乾燥した屋内環境下で繁殖できる新たな性質を進化させたのだろう。もしかしたら、単に地下室から地下室へと時間をかけて国中に広まっていったのかもしれない。

写っていたのは、このディエストラメナ・アジナモーラという種だけではなかった。写真をも

図7.3　ボストンのある地下室にいるカマドウマ、ディエストラメナ・アジナモーラ。（写真撮影はピオトル・ナスクレキ）

っとよく注意して見ると、やはり日本原産と思われる、同じくディエストラメナ属の種、マダラカマドウマ（D・ジャポニカ）もいることがわかった。

屋内で最もよく見かけるカマドウマの正体がわかると、MJはどれだけの数がいるのかを突きとめようと考えた。そして、当時高校生だったネイサン・ラサラの協力を得て、ローリーのわが家の近隣一〇世帯に生息しているカマドウマの個体群調査を行なった。ネイサンの仕事は、カマドウマがいることがわかっている家々から少しずつ離して、トラップ（大学生がビアポンに使うようなプラスチックカップ）を仕掛けることだった〔ビアポンは、テーブルの両端に置かれた水やビールの入ったカップに、テーブルの両端からピンポン玉を投げ入れあうゲーム〕。そうすれば、カマドウマが家々からどれほど遠くまで広がっているかを推定できると考えたのだ。私たちは祈った――どうか大学生がカップを持ち去ったりしませんように、と。そして、なぜか全員の頭に同じ不安がよぎった――大学生がカップに小便したりしませんように。

カップを放置しておく作戦となると、重要なのは、カマドウマをおびき寄せる方法だった。私はまるで見当がつかなかったのだが、MJは違った。長くつ下のピッピよろしく、にっこりと笑って、（スウェーデン語のアクセントではなく、アパラチア地方のアクセントで）こう言ったのだ。「カマドウマは糖蜜で簡単に捕まります。みんな知ってますよ！」「みんな」とは誰のことなのか、いずれにせよ私は含まれていなかった。けれども、MJの言うとおりだった。糖蜜入りのトラップを仕掛けると、狙いどおり、カマドウマが捕獲された。その数は、家々から遠ざかるほど少なくなっていった。

ネイサンとMJは、これらの結果と、カマドウマがいる家の比率の推定値に基づいて、北アメリカ東部に生息していると思われるアジア原産の巨大なカマドウマ（ディエストラメナ・アジナモーラ）の総数を推定した（このカマドウマの分布が全体の典型であることが前提だが、今のところ、どうやらそのようだ）。その総数は、内輪に見積もっても、なんと七億匹。一〇億匹近い親指大の動物が、人知れず、私たちの家に棲んでいたのである。

それにしても大変なことになった。一種のみならず二種ものかなり大きな昆虫が、私たちの目の前に移り棲んできていたのだ。この事実は、圧倒的大多数を占めるもっとずっと小さな生物種の動静を探知する私たちの能力について、何を物語っているのだろう？　確かなことは言えないが、そのような生物種をもやはり見逃している可能性をほのめかしているのではないだろうか。

MJはさっそくカマドウマに関する科学論文の執筆に取りかかった。その発見は私たちにとって重大事件だった。私たちはこれまで何年間も（おそらくは何十年間も）、まるで気づかぬまま、全く調査されたことのないかなり大きな生物と一緒に暮らしていたのである。ベグエン兄弟のような気分だった。発見した驚きの洞窟は、家の地下室だったが。そして、ベグエン兄弟と同じく、私たちも探索を続けた。


一〇億匹近い親指大の日本のカマドウマが家の中に棲んでいたにもかかわらず、誰もその存在を知らずにいたことがわかり、私は啞然となった。なぜそんなことが起きたのかは容易に見当がついた。もし、あなたが科学者ではなくて、自宅でこの虫を見つけたら、科学者なら何だか知っているはずだと思うだろう。もし、あなたが昆虫学者ではない科学者で、自宅でこの虫を見つけたら、昆虫学者なら何なのか知っているはずだと思うだろう。もし、あなたが昆虫学者で、自宅でこの虫を見つけたら、その専門家なら何なのか知っているはずだと思うだろう。ところが、カマドウマの専門家は地球上に二人しかおらず、二人とも、日本のカマドウマのいる家には住んでいないのだ。

このような現象、つまり、他の誰かが知っているはずだと思い込んでしまう現象は、他のどこよりも、家の中のほうが起こりやすいのではないだろうか。なぜなら、家という場所は他のどこよりも、誰かが知っているはずだ、すべてがほぼ管理されているはずだと思いがちな場所だからだ――私はそんなふうに考え始めた。もしそうだとすれば、家という場所は、新たな発見の可能性がいまだ残されているだけでなく、大勢の人々に知らぬ間に影響を及ぼすがゆえに重要な意味をもつ発見ができる、絶好の場所かもしれない。

このような現象を、私は「遠視眼生態学者症候群」と呼んでいるが、問題はそれをどうやって検証するかだった。博物館のコレクションを調べて、そのコレクションの標本の採集地はどこかを見るという手もある。実際に調べてみた。その結果わかったのは、昆虫学者たちは確かに、人々の生活の場ではあまり標本を採集していないということだった。そして、生活の場で昆虫を収集するにしても、特定の種だけに関心が向けられる傾向がある。たとえば、過去二〇年間のマンハッタン島のコレクションのほぼすべてがセントラルパークで採集されたものであり、そのほとんどが、ミツバチ、アリマキ、ツチダニをはじめとする一握りの生物種に限られている。しかし、これはそもそも、マンハッタンの人口密集地域には虫がほとんどいないからなのかもしれない。

ある晩、私は、友人のミシェル・トラウトワインとその夫、アリ・リットの家でこの見解を披露した。夕食を共にしながら三人で長々と語り合った。ミシェルもアリも私の親友だ。ミシェルはハエの進化の研究の世界的権威でもある。ちょうどその頃、私たちの研究でカマドウマの謎が解き明かされ始めたところだった。そんなこともあり、ローリーであれニューヨークであれ、家の中にいる節足動物を徹底的に採集したら何が見つかるか、ミシェルも私も気になりだした。そこで、ワイングラスを片手に、窓枠を次々とチェックして歩き、どんな虫がいるか調べてみたのだ。すると、クモが数種類と、チョウバエが何種類か、さらに甲虫が二種類ほど見つかった。私もミシェルも、そのなかのどれ一つとして知らなかったが、他の誰かが知っているだろうと安易に思い込んでいた。どうやら私たちも遠視眼生態学者症候群にかかっていたらしい！　その虫が何なのか、調べてみてはどうか。さらに多数の家々のサンプリングを行なって、見過ごされているものをチェックしてみてはどうか。やってみたら相当の数になるのでは。ひょっとすると数百種に及ぶかもしれない。

夜も更けてきて、虫たちにすっかり刺激された私たちは、世界の極限と新たな研究プロジェクトの可能性に思いを致した。折しも、ミシェルはノースカロライナ自然科学博物館で独自の研究プログラムを始めるところだった。屋内の節足動物をサンプリングして、何がいるのか突きとめようではないか。私たちは虫たちに乾杯し、この世界について語り合うために、ディナーテーブルにいる連れ合いたちのもとに戻った。

飲んでいるときにすばらしいアイディアだと思えたことが、朝になってもそうだとは限らない。翌日、名案だという思いに変わりはなかったものの、いろいろと問題が持ち上がった。まず、どの昆虫学者に話を持ちかけても、反応はいまいちで興味がなさそうだった。協力を取り付けようとした大学院生たちは、辺境の森林の研究をしたがっており、誘いには乗ってくれそうもなかった。ある友人に電話したところ、生き物をたくさん見つけたいなら、熱帯雨林で丸太を一本見つけてきて、それをばらしてみればいいと言われた。「窓枠やキッチンで時間を浪費するなよ、またボリビアに行こうぜ！」

　ミシェルと二人で盛り上がっているときは、間違っているのはみんなのほうだと思っていた。ところが場面が変わると、どちらが正しいのかわからなくなってきた。もしかしたら、カマドウマはあくまでも珍しい例外だったのかもしれない。それでもやはり、ここで止めるつもりはなかった。

　このプロジェクトを実行する上で重要なのは、見つけた生物種を同定することだった。私はアリ類の同定ならできた。ミシェルはハエの専門家（現在、カリフォルニア科学アカデミーのハエ類担当の学芸員）なので、一部のハエ類の同定ならできた。それ以外のものが見つかったら、誰かに同定を依頼することになる。そういうものが果たしてどれくらいいるのだろうか？　しかし、どうしても同定困難なものが見つかった場合に備えて、マシュー・ベルトーネの支援を取り付けた。マシューは、昆虫学者のなかの昆虫学者である。昆虫の同定に稀有な才能をもっており、自分のペースでゆっくりと丁寧に進められるのであれば、嬉々として同定作業に取り組んでくれる。彼は、それほどたくさんは見つからないんじゃないかと言いはしたものの、私たちの計画には同意はしてくれた。

　計画の進行と共に、その他にも独自の専門分野とスキルをもっている人々を研究チームに加えていった。ボランティアは期待できそうになかったので、チーム全員に報酬を支払って、家を一軒一軒訪ねて虫を捕獲し、その数を数えて分類し、同定してもらうことにした。これはちょっと大げさなんじゃないだろうか。考え過ぎなんじゃないだろうか。そもそもどれくらいの種が家の中から見つかる可能性があるのだろう？　夢にまでこのプロジェクトが出てきた。その夢の中で、一〇軒の家を調べて見つかったのは、ゴキブリの脚六本と、子どもが飼っていたカマキリ一匹と、シラミ一匹だけ。そのウサギほど大きなシラミを捕まえられた者はいなかった。何とも不吉で奇妙な夢だった。

チームの訪問を受けた家々には昆虫採集用具が持ち込まれた。ガラス瓶、捕虫網、記録ノート、吸引器、拡大鏡、ポータブル顕微鏡、カメラ。ここに火食い奇術師と、ムードを盛り上げるドラムさえ加われば、昆虫学のサーカス団といったところだ。[7]もし何か面白い生物の発見に成功したら、この人々と用具のパレードがその先触れになるだろう。しかし、失敗の可能性もあるわけで、そうなった場合には、単にばかばかしくて大げさなだけになってしまう。

当時、家族と共にデンマークに滞在していた私は、デンマーク自然史博物館に対して、デンマークの家々についても同様のプロジェクトを実施するように説得を試みていた。しかしそれはうまくいかなかった。何か見つかるとは誰も考えなかったのだ。

ローリーの家を留守にしていた当然の報いであろう、調査を実施する最初の家は、ローリーの私の自宅に決まった。マシュー、ミシェルを初めとするチームの面々が、わが家の玄関前の階段を登っていった。続いて、彼らはローリーの四九軒の家々にも入り、その後、世界各地の家々にも調査に出かけていった。

わが家も含めたそれぞれの家で、チームは一部屋ずつ調査を進めていった。調べるのに七時間もかかった家もある。たいていの場合、家の中には虫などいないように見えるのだが、ほとんど

図7.4 昆虫学者で、昆虫の同定の達人、マシュー・ベルトーネが家の隅々から節足動物を採集しているところ（同時に写真の撮影も行なっている）。（写真撮影はマシュー・A. ベルトーネ）

どの部屋からも生き物が見つかった。部屋の隅に隠れていることもあれば、排水管の中から見つかることもあった。チームは、本のページをめくって探すことまではしなかったが、ほとんどそれに近いことを行なった。窓台は、照明器具と同じく、虫の霊安室だった。ベッドの下や便器の後ろの空間からも（あまり嬉しくないものが）いろいろと見つかった。節足動物が見つかったら、生きていても死んでいてもすべてガラス瓶に投入していった。最初はからっぽで、透明なエタノールで満たされていたガラス瓶が、脚だの、翅だの、体だのが入って茶色くなってくると、家の主がびっくりしたような表情を浮かべて見に来た。いずれにせよ、ガラス瓶が茶色くなるのは良い兆候だった

（少なくとも私たちにはそうだったが、家主の心境はもっと複雑だったであろう）。これにラベルをつけ、何が見つかったのかを明らかにするのは、研究室に戻ってからの仕事だが、それには何か月もの時間を要することになる。チームのメンバーそれぞれが別々の部屋で採集を行ない、見つかったものすべてを確認した者はいなかったので、全体像をつかむのは難しかった。

私がデンマークからミシェルに宛てて採集調査の進捗状況を尋ねるメールを送るたびに、同定作業は時間がかかるものだし、マシューはじっくり丹念に取り組めてこそ、その能力を発揮できるのだから、と諭す返事が返ってきた。ミシェルは私に、もっと気長に構えるようにと言ってきた（なかなかそれができない私の性格をよく知りながら）。また、採取標本数は予想よりも多くなりそうだとも言ってきた（実は、標本数は一万を超えたのだが、それは当初、誰も予想していなかったことだ）。どんなに小さな試料でも、体の一部でも、残らずすべてガラス瓶から取り出して、ラベルを付け、一つ一つ個別に同定していかねばならない。このような同定作業を行なう際に、マシューは、それぞれの昆虫の体全体を調べるのではなく、その昆虫を他の種や属から区別する特徴に注目した。そのような重要な特徴は、昆虫の種類によってまちまちだった。アリ類の一部は、触覚の節数で区別される。一方、コメツキムシを正しく分類するには、ペニスの毛深さや形状を丹念に調べる必要がある。[8]

ときにはそれでも十分ではなく、マシューから、たとえばチョウバエ専門の分類学者に標本を送って、同定を依頼せねばならないこともあった。こうした分類学者たちが住んでいるのは、オハイオ州だったり、スロバキアだったり、ニュージーランドだったりしたので、標本を輸送するのにさらに時間がかかった。昆虫類は多くの場合、詳しく知っている人物が、世界に一人だけの専門家だったりする。そのような場合、マシューは標本にきちんとラベルを付け、丁寧に梱包して発送し、詳しい同定作業を依頼した。それに数週間かかることもあれば、その専門家が多忙な場合には数十年かかることもある（私たちの標本の一部は今なお同定を待っている状態だ）。多くの分類学者が、自分の死を考えるとき、箱に入ったままでとうとう同定せずに終わった大量の標本に囲まれて死ぬことに恐れを抱く[9]。

ようやく、一軒目の私の家が終了した。私の家からは一〇〇種以上の節足動物が見つかった。「以上の」と言ったのは、一部の虫は同定不能か、まだ同定できずにいるからだ。その理由は、同定できる専門家がいないため、または、残念な状態（パサパサに乾いた翅、体からちょん切れた一対の脚、複眼一個のみ、など）だったためである。それにしても一〇〇種とは！　大方の昆虫学者が予測した数の、一〇倍ないしは二〇倍の虫が見つかったのだから凄い。

それ以上に驚きだったのは、一軒目の私の家が特別ではなかったことだ。調査を実施したほとんどすべての家から、一〇〇種以上の節足動物（六〇以上の科にまたがる節足動物）が見つかった。もっと多くて、二〇〇種にまで及んだ家もあった。また、ローリーが特別だったわけでもない。その後の数年間に、サンフランシスコやスウェーデンの家々で行なわれた、ハウスダスト中のDNAに基づいて屋内の節足動物を調べるもっと大規模な（人手をかけない）調査でも、同様の多様性が明らかになったのだ[10]。ペルー、日本、オーストラリアの家々はさらに多様性に富むことが判明した。

私たちは、家の中から数千種の節足動物を見つけた。ローリーだけでも、これら節足動物の種は三〇四の科にまたがっていた。「科」は「属」よりも上位の分類単位だ（「属」は「種」よりも、「亜科」は「属」よりも、「科」は「亜科」よりも上位にくる）。たとえば、すべてのアリは、単一の科、アリ科の動物である。家の中で私たちは、アリ科と同等の階級にあたる、三〇〇を超える科の節足動物を見つけたのである。

これまで、目につくところにいる動物たちが、すっぽり丸ごと、見過ごされてきたわけだ。彼らは、顕微鏡でしか見えないほど小さいから、見過ごされてきたわけではない。丸見えでも、私たちの目をすり抜けてしまうから、見過ごされてきたのである。さあ、周囲を見回してみよう。家やアパートをどれほどしっかり閉め切っていても、節足動物があなたのすぐそばにいる。目を凝らして見てみれば、ほらそこにも。うそではない。もしよければ、読むのをいったん中断して自分で探してみてほしい。私はいつも窓台や照明器具から始めることにしている。

当然、次に知りたいのは、節足動物のどんな種が見つかったのかということだ。合計数百種に及ぶハエの仲間〔ハエ目〕が見つかったが、そのうちの相当数は、初めて発見された種である可能性が高い。イエバエ類〔イエバエ科に属する種、以下同じ〕、ミバエ類、ノミバエ類、ユスリカ類、ヌカカ類、カ類、ヒメイエバエ類、フサカ類、クロコバエ類、ミギワバエ類。そしてもちろん、キノコバエ類、チョウバエ類、ニクバエ類も見つかった。さらに、ガガンボ類、ガガンボダマシ類、ニセケバエ類も。さらに、アシナガバエ類も。フンバエ類も。もし、家の中でハエを二匹見つけたら、おそらくそれは二つの異なる種のハエだろう。そしてもし、家の中でハエを一〇匹見つけたら、五つの異なる種のハエである可能性が高い。

ハエに次いで多様性に富んでいるのがクモの仲間〔クモ目〕だった。イエグモ類〔家の中に出現するクモの総称、科は多岐にわたる〕、コモリグモ類〔コモリグモ科の種〕、イヅツグモ科の種〕、ハエトリグモ類〔ハエトリグモ科の種、獲物にとびかかる〕、獲物に毒液をかけるクモ類、さらにまだまだある。それに次ぐのが甲虫の仲間〔コウチュウ目〕で、その次に来るのが、ハチ・アリ類とその仲間〔ハチ目〕だった。ヤスデ類にもさまざまなものがいた。家の中から五つの異なる科のヤスデが見つかった。

ローリーの家々にはアリマキもたくさんいたし、アリマキの体に産卵するハチや、アリマキの体に産卵するハチの体に産卵するハチもたくさん見つかった。[11] やはり多かったのが、ゴキブリの体に産卵するハチだ。人を刺すことはできない小さなハチだが、針のような産卵管をゴキブリの卵鞘に打ち込む。こうして産み付けた卵が孵化したら、その脇にいるゴキブリの幼虫を食べて成長できるように周到に準備しておくのである。

こうしたさまざまな虫たちを調べていくと、アニー・ディラードの言う「柔らかいタンパク質がとりうる興味深い形態」が見えてくる。そして、こうした形態について考えるうちに、私は「彼らの真の姿に感銘を受け」て、私やあなたのルームメイトとして挨拶するようになった。


昆虫学者たちからは、当初、家の中ではそれほど多くの種は見つかるまいと言われていた。私

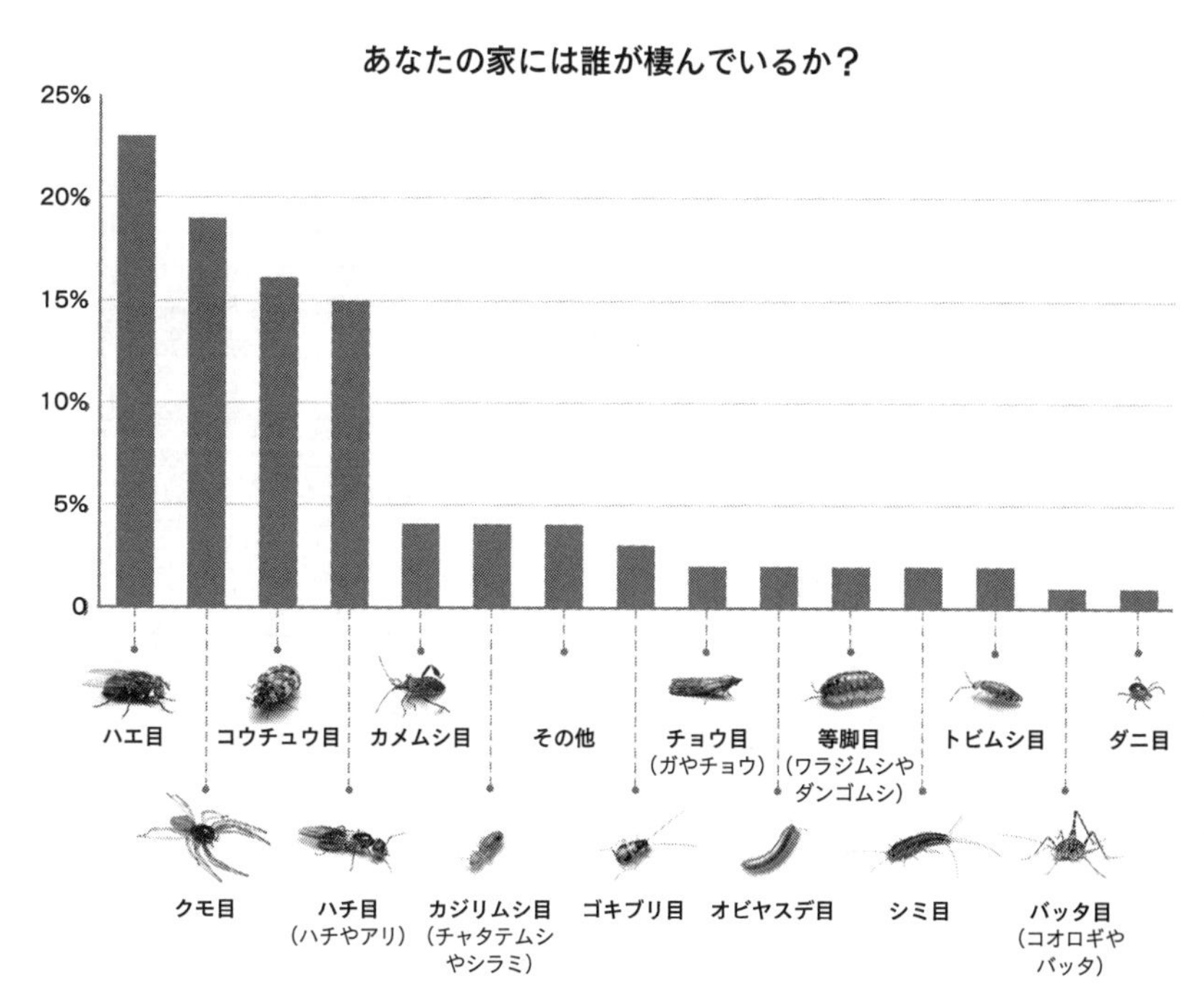

図7.5　ローリーの家々で見つかった節足動物の「目」ごとの割合（マシュー・A. ベルトーネが作成した図を一部改変）

たちの調査で数千種が見つかると、昆虫学者たちは、それらはすべて屋外から迷い込んできたにすぎないと主張した。家屋が巨大な誘蛾灯のような働きをして、本来は屋外にいるはずの生物を引き寄せてしまったにすぎないというのである。うちのチームの一人が講演したとき、仲間内のある学者はこう言った。「そういう種がそこにいることに何か意味があるのですか？　何もしていないじゃないですか」。学者というものは実に巧妙に、受動攻撃的（パッシブアグレッシブ）に相手を叩こうとする。

　肝心なのは、家をめぐる物語にいつも登場するのはどんな種なのかを、いかにして見極めるかだった。その一方法としてまず試みたのが、これら数千種のうち、屋内で、時折ではなく数週間、数か月間、数年間にわたって見つかるのはどの種なのかを調べることだった。他の地域の研究で、今回の結果と比較できるものを探したが、なかなか見つからなかった。しかしやっとのことで二件探し当てた。一つ目は、ウクライナの鶏小屋に関する研究だった。このウクライナの研究は、クモとクモの網にかかった生物に着目していた。ウクライナの鶏小屋で頻繁に見つかった七種のクモのうち、少なくとも四種はローリーの家々でも見つかった（ウクライナの調査では昆虫の同定ができる者がおらず、同定されていない）。どうやら、これらのクモは、世界中にいる屋内生息性の種だと考えてよさそうだ。

　二つ目は、考古学者のイーヴァ・パナギオタコプルが行なった研究だった。イーヴァは異色の考古学者で、大昔の家屋にいた虫たちに着目している。壁にとまるハエになりがたる人〔人の秘密に聞き耳を立てる人〕もいるが、イーヴァと同僚たちが知りたいのは、壁にとまるハエがいたかどうかだ。イーヴァはこれまで、古代のエジプト、ギリシャ、イングランド、グリーンランドの家々にいた節足動物を調査してきた。そして、ヒトと共に生息していた種の全体像や、それらの世界各地への移動状況を明らかにしてきた。といっても、そのような古代の家々にいた節足動物すべてを調査するのは不可能で、調査できるのは、良好に保存されやすい、ごく少数の科の節足動物の成虫（たとえば甲虫類）もしくは蛹（たとえばハエ類）に限られる。イーヴァが大昔の生物を覗き見る窓は、私たちが現代の生物を眺める窓よりも狭いが、それは広い空間と長い時間を見渡すことを可能にしてくれる窓なのである。

イーヴァらの研究で、世界各地の古代の家屋からよく見つかっているのは、食品に関連する生物（穀物を食べる甲虫、穀粉を食べる甲虫、穀物や穀粉に生える真菌を食べる甲虫）、排泄物に関連する生物（糞虫や死出虫）、そして日常生活のその他の側面や習慣に関連する生物である。イーヴァが古代の家屋（たとえば紀元前一三五〇年のエジプトのアマルナの家屋）で見つけた、穀物などの食品に関連する節足動物数十種のほぼすべてがローリーでも見つかった。排泄物や人体に関連する種の多くについても、やはり同じことが言えた。

詳しく研究されている生物種はそれぞれみなユニークだが、パターンはいつも同じだ。生物たちはまず、自然界から人間の家屋に移り棲んで、栄養源を見つけた。その後、何かの拍子に、人間の食べ物や建築材料、あるいは人間の体にくっついてあちこちに運ばれていった。イエバエ類、ミバエ類、ノシメマダラメイガ、カツオブシムシ類の一部、そしてゴキブリ類の一部もそうだ。聖書物語では、ノアが、ライオンやトラなど多数の動物たちを方舟に乗せた。私たちは、人の移動という現実の方舟で、多種類の昆虫の番を運んだのである。虫たちが人間と共に別の大陸へと移動するのに、それほど長い時間はかからなかった。[12] 一六五〇年時点のボストンの納屋にはすでに、ボウリングのボール、磁器、靴などと共に、一九種にも及ぶ屋内甲虫がヨーロッパから持ち込まれていた。[13]

ローリーの家々の調査結果とイーヴァらの研究結果を照らし合わせると、一〇〇種もの、ことによると三〇〇種にも及ぶ節足動物が、近東やアフリカからローリーの家々（および北アメリカ大陸のほぼ全域）へとはるばる旅をしたことが推察される。数種のカツオブシムシなど、ローリーの家屋で見つかった種の一部は、開拓者たちがやって来る前のアメリカ先住民の家屋にいた可能性がある。珍しい旅をした種もある。たとえば、ヒトノミは、モルモットを寄主にして進化したのち、なぜかヒト集団にまじってアンデス地方からはるばる近東やヨーロッパに運ばれてきたらしい。たぶん取引用の毛皮製品にくっついてきたのだろう。[14] 要するに、家の中には、大昔から棲みついていて、屋内生息のための特殊な適応進化を遂げた生物が何百種もいるのである。そして、注目されようがされまいが、民主主義や土木工事や文芸作品などよりもはるかに雄弁に人類の歴史を物語っているのである。

家の中からは、屋内生息に特化した生物が（さまざまな地域のみならず、さまざまな時代の住居からも）見つかるが、それだけでなく、本来は屋外種である生物も、家の中から何百種も見つかった。屋外種のほとんどは、盗賊アリ（ソレノプシス・モレスタ）のように、餌を求めて家に入って来たものだ。世界一小さなコオロギ、アリヅカコオロギ属の一種のように、依存しているる相手にくっついて入って来るものもある。アリヅカコオロギ属はアリの巣に寄生しているので、アリが見つかった家々の一部にはこのコオロギもいた。同様に、マシュー・ベルトーネは、シロアリがいたある家でケカゲロウの幼虫も見つけた。この希少種はシロアリの巣に寄生しているが、肛門から「気相の有毒物質」を放出して[15]一度に数匹のシロアリを気絶させ、そのシロアリを捕食してしまう。自然界では途方もないことが繰り広げられている。

家の中で見つかったその他の屋外種は、ただ迷い込んで来たものだった。たとえば、アリマキ類の多くの種や、アリマキに産卵するハチ、アリマキに産卵するハチに産卵するハチなどである。ミツバチ類、マルハナバチ類、単独性ハチ類も屋内で見つかった。これらの種は、たまたま屋内に飛び込んで来たものだが、やはり、住まいや暮らしに関わる重要なことを教えてくれる。彼らは裏庭の生物多様性の物差しであって、昆虫類の多様性を示していると同時に、昆虫類が依存している植物やその他、ありとあらゆる生物の多様性を示しているのである。つまり、このような裏庭の生物多様性が欠如しているところでは、昆虫類が家の中に飛び込んで来ることもないので、それが多様性欠如の目安になるわけだ。

家の中で見つかる節足動物について、その圧倒的大多数が何を食べているのかもわかっていない。もともとどこにいたのかもわかっていない。最近縁種は何なのかもわかっていない。あなたが自宅のキッチンで何かを見つけたとする。その際の状況は、二〇年前に私がコスタリカの熱帯雨林の葉陰で昆虫を見つけたときの状況とそれほど変わらない。コスタリカでは、葉陰に潜んでいるものはほとんど、あるいは全く研究されておらず、その生理生態について何かわかれば、科学上の新発見だと思って差し支えなかった。屋内に生息する生物種についても、やはり同じであることがしだいに明らかになっている。ただ、一つだけ異なる点がある。屋内生息性の種の場合には、あなたが自宅で見つけた種を、すでにもう、何千人もの科学者や何百万もの人々が目にしてきている可能性が高い。あまり関心を払ってこなかっただけなのだ。

最近、ある研究の結果、ロサンゼルスの都市部で三〇種のノミバエ類の新種が見つかった。[16] その研究論文の著者たちはその後も調査を続け、ロサンゼルスでさらに一二種の新種を発見した。[17] 大陸の反対側に位置するニューヨーク市も、最近、新種の宝庫であることが明らかになった。市内で新種のヒョウガエル（ラナ・カウフェルディ）が発見され、次いで、新種のハナバチ（ラシオグロッスム・ゴッサム）やムカデ（ナンナラップ・ホフマニ）が発見された。[18] さらに、新種のハエも発見された。[19] これらの研究は、屋内よりも屋外に主眼を置いているが、ポイントは私の見解と相通じる。つまり、私たちは身の回りの生物を――それが目に見えるものであっても、たぶん目に見えるからこそ――全く知らずに暮らしているということだ。私は、家の中で発見された節足動物の相当数も、やはり新種ではないかと思っているのだが、念のため、マシュー・ベルトーネだけでなく、それぞれの専門家（チョウバエ類の専門家、イシムカデ類の専門家など）に同定を依頼する必要がある。そもそもその専門家がいないという場合が少なくないのだが。

こうやって屋内の節足動物を調査してきてつくづく思うのは、家の中で生き物を見かけたら、よく調べる必要があるということだ。注意を向けよう。誰かがすでに調べ尽くしていると思い込んではいけない。写真を撮ろう。スケッチをしよう。ルーペとノートを取り出して、見たものを記録しよう。そして、何か面白いものを見つけたら、レーウェンフックならやりそうなことをやってみよう。手持ちの道具を使って、それは何なのか、何をしているのかを突きとめるのだ。そして、科学者に手紙を送ろう。自宅で見つけた生き物の正体を突きとめる道具は、以前より性能がアップしている。見つけたものを科学者に知らせる手段も、以前より進んでいる。アントーニ・ファン・レーウェンフックは、一人きりで研究していながら、ほとんど毎日のように新しい種や現象を発見していた。もし、みんなで力を合わせたら、どんなことができるか想像してほしい。家の中で、どんな生物が、他のどんな生物を食べているのかといった、最も単純なことさえわかっていないのだ。自宅の隅っこにいるクモが何を捕まえているかを記録しよう。あるいは、節足動物を捕まえてテラリウムで飼い、何を餌にしているか、どのように交尾するかを観察するのもいい（サイエンスライターのスー・ハベルもそうやって、科学者たちがいまだかつて見たことのないメクラグモの交尾の様子を記録したのだ）。

家の中の動物には新たな発見が潜んでいるというだけでなく、まさにそこにこそ新発見が潜んでいる可能性が高い。私はますますそう確信するようになった。しかし、調査を終えて、家の中で次々と新発見のあった今でさえ、私がそれを口にすると、ミシェル・トラウトワインはこう言った。「でも、発見はいたるところにあって、たまたま私たちは家の中を調べているにすぎない、そう思っていいのでは？」私にはやはりそうは思えないのだが、そのほうが大局的な見方なのだろう。いずれにせよ、身の回りの動物についてさえ非常に知識が乏しいので、まだなされていない最大の発見のいくつかは、日々寝起きしている場所に隠されているという可能性を排除することはできない。

多くの昆虫学者たちは、家の中には昆虫などほとんどいないし、いたとしてもそのほとんどは害虫だろうと推測していた。しかし、私たちが調査した家々では、実害をもたらすような昆虫、たとえば、糞口経路〔病原体を含む糞が手指を介して口へ入る経路〕で病原体を媒介するイエバエ、アレルギーを引き起こすチャバネゴキブリ、家屋をかじるシロアリ、痒みで人を悩ませるトコジラミなどは稀だった。むしろ私たちは、洞窟内のベグエン兄弟のように、足を踏み入れた部屋が謎に満ちていることを発見した。多彩極まりない小さな動物たち、太古から続く動物の歴史を美しくも崇高に体現している動物たちを発見したのである。

そうなのだ、私は、家を走り回る動物たちに審美的価値を感じている。賛同してくれなくてもいい。私に押しつける力はない。しかし、なぜそう感じるのだろう? 多くの大人たちが鬱陶しい、腹立たしいと思っている動物に対して、なぜ?

この疑問について考えるときに思い出すのは、爬虫類学者で、博物学者でもあるハリー・グリーンの著書の中の小論だ[20]。グリーンは、ヘビについてやはり同じようなことを考えていた。グリーンは、哲学者イマヌエル・カントの著作[21]をもとに、(ヘビであれ、クモであれ、その他何であれ)自然の事物に備わっている二種類の審美的価値を区別している。美しさと、崇高さである。

美しさとは、一羽のショウジョウコウカンチョウの色彩を目にしたとき、一羽のアメリカコガラの囀りを耳にしたとき、あるいは、一頭のクジラが水面に浮上するのを見たときに感じるものだ。美しいと感じるかどうかに影響するのは、私たちの感性や文化であって、知的背景ではない。先日、私は顕微鏡を覗いて、ノシメマダラメイガの翅の鱗片を見て、なんて美しいのだろうと感じた。自宅の玄関の上に張られたイエグモの網を見ても、蚊の触覚を見ても、やはりなんて美しいのだろうと感じる。

しかし、崇高さというのは、それとはどこか違う。崇高さは、個々の昆虫や鳥を観察するだけでなく、その観察したものを、より広範な知識に照らして理解してこそ感じとれるものだ。夜空に広がる星々のパターンは、視覚に訴えて美しいと感じさせるが、夜空を見上げたときに崇高さを感じるのは、宇宙の壮大さや、光の点の一つ一つが太陽ほどの星なのだという事実を認識していればこそだ。ベグエン三兄弟を最初に感動させたものは、フランスの洞窟の美しさだったが、この三兄弟、とりわけルイを、洞窟の調査にのちの人生の大半を捧げるように導いたものは、そこに人類初期のアーティストの作品が描かれているという畏敬の念であった。同じように、ノシメマダラメイガの翅はもちろん美しいが、このガはコロンブスの船団の少なくとも一隻に乗っていたガとおそらく同じ種で、古代ローマの穀物から飛び出してきたガとも同じ種で、さらに、古代エジプトにいたガとも同じ種である可能性が高いとわかると、もはや畏敬の念を禁じえなくなる。家の中にいる生物種はそれぞれ同様の物語を持ちながら、まだ解き明かされずにいるのだとわかると、やはり畏敬の念を禁じえなくなる。

未知の生物、未発見の生物は、宇宙の壮大さにも負けないくらい、胸をわくわくぞくぞくさせる。初めてコスタリカの熱帯雨林の小径をさまよったとき以来、私はずっとそう感じてきた。家の中にいる節足動物の美しさや崇高さは、他の場所にいる節足動物の美しさや崇高さに全く引けを取らず、ただもうそれだけで、彼らを気にかけ、つぶさに観察し、場合によっては保護していく十分な理由になると私は思っている。それでも、あなたはまだ納得しかねているかもしれない。こんな生き物たちがいったい、自分にとって何の利益になるのだろうかと。もしそうだとしても、それはあなた一人だけではない。

第8章　カマドウマは何の役に立つのか？

隅の蜘蛛 案じな煤は とらぬぞよ
――小林一茶

同僚やラボのメンバーと共に、カマドウマやその他、家の中の節足動物についての論文を書き始めたときには、信じられないほど気持ちが高ぶっていた。ものすごい数の生物種が見つかったので、その後何十年にもわたって、何百人もの学生たちにその研究をさせている場面を思い描いたりもした。あまりにも嬉しかったので、この発見を科学論文に書いて、それを一般大衆にも伝えれば、世間の人々もやはり沸き立ってくれるに違いないと本気で考えた。この発見に触発された何千人もの八歳児たちが、それぞれの自宅に戻って、それまで誰も研究したことのなかった生き物を調べている姿まで目に浮かんだ。

ある程度までは、それが現実となった。私は、それが今後も続いてくれることを望んでおり、子どもたちやファミリーにもっと気軽に、身の回りの生物の研究に協力してもらおうと、うちのラボでは現在、その方法をいろいろと模索している。しかし、私たちの発見に興味を示してくれる人ばかりではなかった。「では、どうすれば駆除できるのですか?」と尋ねてくる人もいたし、もっと多かったのが「それが何の役に立つのですか?」という質問だった。

ある生物が何の役に立つのか、などと聞かれると、生態学者は神経を逆なでされたような気持ちになる。それはクソみたいな愚問である。生態学者たる私たちは、ある特定の生物種には良いも悪いもなく、その本質的価値に大小はない――ただ存在しているにすぎない――と学んでいる。人間自身の信条や欲求を無視するならば、シロナガスクジラがもっている価値は、そのシロナガスクジラの中の条虫や、その条虫の中の細菌や、その細菌の中のウイルスがもっている価値を超えるものではない。そのように進化した結果として存在しているにすぎない。ケジラミ〔陰部にのみ生息するシラミ〕についても、また、ヒトヒフバエ〔幼虫がヒトの皮下組織に寄生し、二本のシュノーケルのような気門を外に出して呼吸するハエ〕についても、やはり同じことが言える。良いも悪いもなく、ただ存在しているにすぎない。

しかし、ある問いを(というより、ある問い方を)控えたからといって、興ざめな問いそのものがなくなるわけではない。この問いをただ退けてしまうのではなく、視点を変えて、「この生物は人間社会にとってどんな利用価値があるのか――それを探し当てるために、生態学や進化生物学をどう利用すればよいか?」と問い直すこともできよう。遠回しで長たらしい言い換えではあるが、そうすることで、この問いが、科学者にとって検討しやすいテーマに変わるのである。家の中で見つかるさまざまな生物種は、確かに人間にとって有益であることが判明している。

家の中にいる生物が、心身の健康という面で、人間に直接的な利益をもたらすことはすでにお話しした。しかし、多くの種は、特定の産業での働きを介して、間接的にも人間に利益をもたらしてくれる。たとえば、キッチンや製パン所で大量発生することのあるスジコナマダラメイガをやっつけるには、バチルス・チューリンゲンシスという病原細菌が有効だ。バチルス・チューリンゲンシス（BT菌）は最初、ドイツ（のチューリンゲン）のスジコナマダラメイガから見つかった。その後、作物の害虫を殺すのにこのBT菌を利用できることがわかったのだ。生きているBT菌を有機作物に噴霧すればいい。さらにその後、トウモロコシ、綿花、大豆のゲノムにBT菌の遺伝子を組み込めることがわかった。こうしてできた遺伝子組み換え作物は、自ら農薬を産生してくれる。というわけで、スジコナマダラメイガは人間の役に立ってくれた。数十億ドル規模の農業イノベーションを支える遺伝子をもっている細菌の宿主だったのだから。

家の中からは、ペニシリウム属（アオカビ属）の真菌が数十種見つかる。その中の一種から、世界で初めて抗生物質が発見され、結局、この発見によって何百万人もの命が救われたのである。また、ペニシリウム属の別の種からは、世界初のコレステロール低下薬（スタチン）が発見された。

ハツカネズミもドブネズミも、家屋を利用して増えていった屋内生息性の種だ。ハツカネズミやドブネズミはミバエと共に、ヒトで実験しなくても済むよう、代わりに身体の機能や薬の作用を調べるのに用いられている。ミバエも、ハツカネズミも、ドブネズミも、ヒトを傷つけずに医学研究を行なうことを可能にしてくれているのだから、役に立つ良い動物だ。私たちはこうした動物を研究することによって自らを理解するのである。

まだまだたくさん実例を挙げることができるが、家の中にいる動物種の利用法を考えていて、私はふと思った。ただ列挙するのではなく、もっとうまいやり方があるのではないかと。もしかしたら、ラボで飼っているさまざまな屋内生息種の利用法を、系統立てて調べていくことができるかもしれない。まずは、地下室で見つけた外来種カマドウマから考えてみることにした。カマドウマの生理生態を踏まえて、人間の役に立つどんな利用法があるかを予測してみようと考えたのだ。

カマドウマやシミといった地下室に棲んでいる生物は、洞窟内での生活に適応した特性をもったまま、私たちの家屋に入ってきた。彼らは、どうにも食べられそうにないような有機物質を餌にして生きている。たとえば、地下室にいるシミは、植物組織、砂粒、花粉、細菌、カビ胞子、動物の毛、皮膚、紙、レーヨン、綿繊維——まさに文明社会のごた混ぜ——を食べていることが知られている。地下室に棲んでいるカマドウマの餌も、たぶん同じようなものだろう。[1]

このような餌は、窒素やリンが不足しているだけでなく（それは多くの生態系でよくあることだが）、消化しやすい炭素化合物までもが不足していることが多い。植物や光合成微生物が空気中から取り込んで固定した炭素が、ほとんどの生態系の食物網の基盤になっている。ところが、洞窟や地下室には日光があまり差し込まない。ということは炭素固定がほとんどなされず、したがって、炭素化合物がほとんど見つからない（ただし、コウモリが棲んでいて糞をする場所は例外だ。洞窟では時折そういうことが起こるが、さすがに地下室でそれはなかろう）。消化しやすい炭素化合物やその他の栄養分が乏しい環境の中で、洞窟動物たちは、より少ない栄養分で賄える体を進化させてきた。洞窟での生活が、再三にわたって、眼がなく（眼を作るには多大なエネルギーを要する）、色素もなく（色素も高くつくことが多い）、そして軽量で多孔質の内骨格、または薄い外骨格をもつ動物の進化に有利に働いたのである。

カマドウマにどんな利用価値があるだろうかとあれこれ考えているうちに、あるアイディアが浮かんだ。もし、カマドウマやシミやその他の洞窟動物が、これら無用な機能をすべて削ぎ落としたうえに、何かすごい技を獲得していたとしたら、たとえば、見つけた餌から全エネルギーを残らず吸収できるような技をもっていたとしたらどうだろう？　たとえば、自前の消化酵素では処理できない食物中の化合物を、特殊な腸内細菌に分解してもらっている、ということだってありうる。

もし、カマドウマの腸内に難消化性の化合物を分解する特殊な細菌が棲んでいるとしたら、その細菌の工業的利用法が見つかるかもしれない。カマドウマの腸内から有益な細菌を見つけて実験室での培養法を開発すれば、ひょっとしたら、プラスチックなど難分解性廃棄物の処理やそのエネルギーの利用に役立てようとして、その細菌の培養に興味を示す企業が見つかるかもしれない。当てなどなかった。でもかまいはしない。

このアイディアを試すにはまず、地下室の昆虫から見つかる細菌のセンサス（個体数調査）を実施する必要があった。調査の結果、このような細菌は三つのグループに分けられることが明らかになった。

昆虫の腸内や外骨格にいる細菌のなかには、たまたまいるだけで、必ずしもその昆虫の役に立ってはいないが、それでも一緒にあちこち移動しているグループがあった。たとえば、イエバエが何かの表面にとまると、その粘っこい脚の毛は、当然、細菌まみれになる。イエバエが餌を食べると、その消化管は細菌だらけになる。こうしてたまたま乗っかった乗客はその後、そのハエがとまった場所、脚が触れた場所、糞をした場所、吐きもどした場所のすべてにばら撒かれることになる。[2] しかし私たちは、イエバエにくっついている細菌種、単に便乗しているだけの細菌種を研究するつもりはなかった。

昆虫に依存している特殊な細菌の第二のグループは、長期間にわたって宿主昆虫との親密な関係を進化させてきたグループで、その結果、多くのケースでは、昆虫なしに細菌単独ではもはや生存できなくなっている。[3] 彼らのゲノムは縮小し、宿主昆虫にとって必須な遺伝子だけに切り詰められ、ほとんど昆虫の一部のようになっている。オオアリ属のアリは、餌から摂れないビタミン類を、ブロクマンニア属細菌に依存して摂取している。[4] しかし私たちの目的を考えると、ゾウムシにせよ、ハエにせよ、アリにせよ、宿主昆虫の細胞内の細菌は魅力的ではあるものの、培養して用いることがほとんど不可能なので、工業には役立てられないだろう。

私たちは第三のグループの細菌に狙いを定めようとした。ある程度まで昆虫との共生に特化されているものの、依然として単独で（たとえば実験室のシャーレや工場の大桶の中などで）生存できる能力を維持している細菌に注目したのだ。このグループのなかでも特に、単独で難分解性の炭素化合物を分解する能力のある種だけに的を絞った。これこそが、昆虫の体内にはたくさんいるが、他の場所にはあまりいそうもない細菌、他の研究者たちが見逃してきた可能性のある細菌、分布が広すぎも狭すぎもせず、まさに研究対象として恰好の細菌であろう。

ここまできたらあとは、カマドウマの腸内にいる細菌を、難分解性物質の培地で培養すればよい。人間は、分解されにくい化学物質をいろいろと工業的に製造している。そのなかには、意図的に劣化しにくいように造られた製品（プラスチックなど）もある。こうした製品を処分しようとすると、この難分解性が仇となり、その結果、今では大量のプラスチックごみの山が海洋を漂ってしまっている。また、製品の製造過程で生じる副産物が難分解性物質の場合もある。もし、このような環境汚染物質を分解できたならば、カマドウマは大いに役立つ存在になるだろう。

生物学者として、基礎生態学（応用生態学ではない）と進化論の分野で訓練を受けてきた私には、この新たなプロジェクトの糸口を見つけるにあたって、誰かの助けが必要だった。そこで、うちの隣の建物の植物微生物学部で研究しているエイミー・グルンデンにメールを送った。エイミーが特に力を注いでいるのは、自然界で見つかる微生物を産業界の課題を解決するために利用することだ。たとえば、深海の熱水噴出孔の微生物を工業的に応用して、農薬や化学兵器に使用される有害化学物質を無毒化する研究などを行なっている。[5] エイミーに、こんな実験をしたらどうかという何かアイディアはあるかどうか尋ねたところ、こんな返事がかえってきた。「もちろんです。カマドウマ由来の細菌のどれかに黒液分解能力があるかどうか探ってみましょうよ」。私はあわてて、誰も見ていないところで「黒液」をググった。

黒液とは、製紙工場から排出される有毒な黒色の廃液である。原料の木材を、プリンターに挿入するような白い紙にした後に残るのが、この黒液だ。木材繊維を固めていたリグニンという厄介な炭素化合物が、洗剤（界面活性剤）と溶剤の混ざった液体に溶け込んいるのが、この黒液なのである（ちなみに、リグニンは、建てた家がすぐに朽ちてしまわないように防いでくれている成分でもある）。この洗剤と溶剤のせいで、黒液は、苛性（かせい）ソーダと同様に強いアルカリ性（pHおよそ12）を示す。黒液は有毒なので、アメリカ合衆国では環境中に放出することが法的に禁じられており、したがって製紙工場はこれを焼却処理しているため、製紙工場は卵が腐ったような悪臭が発生する。エイミーは、黒液を分解する細菌が見つかれば、役に立ってくれるのではないかと考えたのだ。

私たちはさっそく探索に乗り出した。当時、エイミーの研究室の大学院生だったステファニー・マシューズ（その後、ポスドク研究員として私たちと共に研究し、現在はキャンベル大学のアシスタントプロフェッサー）が、カマドウマとハラジロカツオブシムシの幼虫のサンプルを調べる仕事に取りかかった。この幼虫は腐肉を餌にしているが、難消化性のものも食べることが知られている。ステファニーとMJエップスも協力してくれた。MJは昆虫のことをよく知っており、ステファニーは細菌に詳しかった。万事完璧であった――ただし、それは、ある生物学的真実を別にすればの話だった。

この試みに着手するにあたり、エイミーが私に言わなかったのは、黒液中のリグニンを分解できる細菌を見つけるのがどれほど難しいかということだった。リグニンを分解することが明らかにされている細菌は、これまでに存在が確認されている一〇〇〇万種のうちのほんの一握り——六種ほど——にすぎなかった。

真菌は、リグニンを分解して、利用しやすい小さな炭素化合物にすることができる。科学者たちは、真菌によるリグニンの分解を「白色腐朽」と呼び、リグニン分解能をもつ真菌を「白色腐朽菌」と呼んでいる。森林の樹木の分解は、こうした真菌類がやってくれている。もし、これらの真菌が存在しなかったなら、枯れた樹木がいつまでも分解されずに残ってしまうだろう。しかし、白色腐朽菌は、自然界では非常に役立っているが、工業的に利用しようとすると問題がある。キノコをつくり、菌糸網を発達させ、成長速度が非常に遅くて、どうにもならないのだ。そんなわけで、エネルギー生成のためにせよ、黒液などの廃液処理のためにせよ、白色腐朽菌を利用してリグニンを分解しようと試みた人々はみな、結局、諦めてしまったのだ。細菌のほうが取り組みやすそうだが、リグニン分解能をもつ六種の細菌すべてが、それぞれ何らかの理由で利用困難であることがわかっていた。しかも、黒液中のリグニンを分解できる細菌種もしくは真菌種を見つけた者は、まだどこにもいなかった（ステファニーが学位請求論文の研究[6]で、その例外をつくることになるが）。

ステファニーとＭＪが研究に着手したとき、私は大発見を期待していた。もし、私がいったん立ち止まり、成功の確率についてじっくり検討していれば、その確率が極めて低いことに気づいていただろう。しかし、よく考えもしなかったので、どれほど見込み薄の計画かをまるで知らずにいた。ＭＪも知らずにいた。けれども、ステファニーがひたすら前向きなので、私たちもがんばった。

ステファニーは迅速に研究を進めていった。そして、数か月で成果を出した。彼女が行なったのは、昆虫の腸内細菌を一連の物質で培養してみる実験だった。高校の理科の授業で使うようなシャーレに入った寒天培地に、細菌の栄養源となるものを混ぜた。第一のシャーレ群にはセルロースを、第二のシャーレ群にはセルロースではなくリグニンを、第三のシャーレ群にはまた別の栄養源をいれた。そして、それぞれのシャーレに、カマドウマ懸濁液またはハラジロカツオブシムシ懸濁液のいずれかを一滴ずつ、つまり一定量ずつ接種した。

ステファニーがシャーレでの培養実験の結果を見せてくれた。栄養源としてセルロースが含まれているシャーレでは、多数の細菌種が増殖していた。つまりセルロースを分解できているということだ。セルロースは、紙の原材料であり、乾式壁もトウモロコシの茎もセルロースでできている。セルロースは、廃棄物であると同時に、バイオ燃料の重要な原料としても使われている。細菌がセルロースを分解できるということはつまり、細菌は廃棄物由来のセルロースをバイオ燃料に変える力を秘めているということ、トウモロコシの穂軸もトイレットペーパーも同じようにエネルギーに変える力をもっているということを意味する。こうした芸当ができる生物は他にもいて、すでに工業的に利用されているものもあるが、これらの細菌は、現在利用されているものよりも迅速または効率的にセルロースを分解できるかもしれない。これはすばらしいことで、全くの予想外ではないにせよ、やはり大きな成果だった。

家の中で見つかったカマドウマの生理生態をもとに、私は、その腸内にいる細菌の少なくとも何種かはリグニン分解能をもっているだろうと予想していた[7]。当時、私はまだ、リグニンを分解する細菌を見つけようと試みて失敗してきた人々の歴史をまだ知らずにいた。歴史を顧みない者はときに、同じ轍(てつ)を踏むことになる。歴史は、リグニン分解能をもつ細菌を見つけるのはまず無理だろうと語っていた。

ところが、カマドウマ由来の細菌株の一つは、リグニンを分解することができたのである。現に、その細菌株は、栄養源としてリグニンだけしか与えられなくても生きていられた。ハラジロカツオブシムシ由来の（二種の）五つの細菌株もやはりそうだった。かなり後になってからようやく私は、この発見がどれほど重要なものであるかに気づいた。おそらく地球上で最も豊富な生体高分子化合物であるリグニンを分解できることがすでに知られている細菌株のほぼ二倍、細菌種の三割増にあたるさまざまなリグニン分解細菌が、一匹のカマドウマと一匹のハラジロカツオブシムシから見つかったのである。少なくともこれらの細菌のうちの二種は、のちに私たちが注目するセデセア・ラパゲイの類縁種も含め、科学界にとって新顔のようだった。要するに、私たちは、北米各地の地下室に人知れず生息していた大きな外来種カマドウマを発見し、さらにそのカマドウマから、リグニン分解能をもつ新種の細菌とおぼしきものを発見したのである。

ステファニーは、アルカリ溶液に浸したリグニンを与えながら、その細菌を培養する実験も行なっていた。苛性ソーダの浴槽につかりながら木材チップを食べる場面を想像すれば、それがどのようなものかがわかる。ディナーはまずくて食べられたものじゃないし、皮膚は剝がれ落ちてぼろぼろ。苛性ソーダ風呂は強アルカリ性なので、ほとんどの細菌はやられてしまう。そんな環境で生きられるはずがなく、ましてや増殖などできるはずもない。

ところがなんと増殖できる細菌があった。ステファニーは、そのような厳しい環境下でも増殖できる種を見つけたのだ。私たちは初挑戦で不可能に近いことを成し遂げたのである！　これは大ニュースだった。実際、セデセア・ラパゲイをはじめ、リグニン分解能をもつ種はすべて、アルカリ溶液中でリグニンを分解することができた。セデセア・ラパゲイは、黒液中のリグニンとセルロースを分解して、さらに増殖し、この廃棄物をエネルギーに変えることができた。

屋内に生息するカマドウマの生理生態を理解することによって、私たちは、産業廃棄物をエネルギーに変換できそうな細菌を見つけ出したのだ。ハラジロカツオブシムシについてもやはりそうだった。黒液を分解できる新たな細菌が一種でも見つかる確率は極めて低く、一〇〇万に一つとまではいかずとも、十万に一つ程度の確率であったろう。そのような能力をもつ細菌が三種も見つかる確率はもっともっと低かった。そう考えると、私たちの成功は、幸運の助けなくしてはありえなかった。ちょっとツイていたのも確かだが、それだけではない。カマドウマの基本的な生理生態に関する知識を利用して、役に立つ生物種がどこにいそうかを予測したことが功を奏したのである。博物学の知識、生態学の知識が物を言う結果となった。洞窟生物の進化の方向性を予測する知識が、成功を呼び寄せたのである。

エイミーとステファニーと私は、どうすればこれらの細菌を工業レベルで利用できるくらい大量に培養できるかを研究し続けている。他の研究仲間と共に私たちは、これら細菌の一つであるセデセア属の種が、リグニンを分解するために細胞から分泌する物質を単離することに成功した。

その細菌がリグニン分解酵素を産生するのに用いる遺伝子まで見つけ出した。現在、目指しているのは、その遺伝子を、実験室でよく使われる細菌に組み込むことによって、制御された方法で大量のリグニンを分解できる細菌を作り出すことだ(少なくとも現時点で、あまり大きな進展はないが)。今後の展開に期待されたし。私たちは今、エキサイティングな局面にいる。というわけで、「家の中の生き物は何の役に立つのか」という問いの答えは、「調べてみるまでわからない」である。

カマドウマやハラジロカツオブシムシの腸内にリグニン分解能をもつ細菌を発見したことで、私は、カマドウマは何の役に立つのかという問いに対し、かなり明確な答えを出せたように感じた。そのような細菌が見つかったからといって、ある特定の地下室に棲んでいるカマドウマやハラジロカツオブシムシの価値が以前よりも高まるわけではないが、種全体としてみると――その種が今後も存在し続け、私たちがそれを研究すればの話だが――社会に利益をもたらす潜在能力を秘めていることが明らかになった。

しかし、私がこの研究について講演したところ、聴衆の反応は、「屋内にいる数千種の節足動物のなかから選んだ二種に、たまたま人間に役に立つ特性があっただけではないのか」というものだった。簡単に見つかりそうなところから手を付けたことは確かだ。たまたまだったのか、そうでないのかをはっきりさせるためには、もっと他の節足動物を調べてその利用法を探るしかない。というわけで、私たちは、比較的よく研究されている屋内生息種と、その潜在的利用法を系統的に検討し始めた。

次の段階としてまず考えられるのは、産業廃棄物を分解できる細菌を求めて、昆虫の調査を続行することだろう。たとえば、チャタテムシは、セルロースを分解できる全く新しい酵素――バイオ燃料生産に役立ちそうな酵素――をもっている可能性が高そうだ。それを確認するのは難しいことではあるまい。[8]また、排水管内で幼虫期を過ごすチョウバエは、湿潤と乾燥が繰り返される（排水管内の）極端な環境下で厨芥を食べて生きることができる。最近、ある研究によって、セイヨウシミやマダラシミ（私たちが家屋内に多数生息していることを発見した、やはり古くから洞窟にいた昆虫）は、体内にセルロースを分解できる独特の酵素をもっていることが明らかになった。[9]このセイヨウシミやマダラシミを研究することもできる。あるいは、もっと別の甲虫に注目してもよい。私たちはハラジロカツオブシムシの体内に有益な細菌を二種発見した。この甲虫をもっと徹底的に調べることもできる。あるいは、その類縁種であるカツオブシムシ科の別種を調べてもいい。ローリーの家々だけで、十数種以上のカツオブシムシ科の昆虫がいて、その各々が独特の微生物をもっている可能性がある。にもかかわらず、これらの甲虫に独特の微生物がいるかどうか調べた者は一人もいないのだ！　屋内に生息するこれらの甲虫のなかには、何らかの産業に変革を起こしうる細菌種を腸内に棲まわせている昆虫がいることは間違いない。研究人生のすべてをかけて取り組んでもいいテーマだ（すばらしく面白い研究人生になるだろう）。

しかし実際のところ、屋内の節足動物のもちうる価値、つまり利用法を一種類見つけた私は、それとは全く別種の利用法を探してみたくなった。闇雲にそんなことをしても埒があかない。けれども、私たちはもう闇から抜け出している。三つの教訓を学んでいたからだ。まず第一の教訓

図8.1　チョウバエは、家の中で頻繁に見かけるのに、科学者からほとんど注目されてこなかった生物種の一つだ。チョウバエの成虫は美しい。チョウバエの幼虫は美しくはないが、セルロースや、さらにリグニンさえも分解できる微生物を体内に棲まわせている可能性がある。（マシュー・A. ベルトーネが撮影した写真を一部改変）

は、身の回りにいるどんなにありふれた生き物でも、すでに誰かが研究済みだという思い込みは禁物であるということ。第二の教訓は、ある生物種の利用法を見つけ出すには、その種にどんな能力があるかを推測できるくらい、その生理生態に精通している必要があるということだ。つまり、屋内生息種のほとんどは、そして屋外種に至ってはなおのこと、その利用法を探れるような段階にはまだ至っていないということになる。そもそも、何を食べているのかもわからず、ましてや詳しい生理生態については何一つわかっていない節足動物が大多数を占めているのだから。そして、うちの学生たちにぜひとも伝えたい第三の教訓は、生態学者や進化生物学者がこのような生物種の利用法を見つける手助けをしなければ、他の誰もしようとはしないということだ。この第三の教訓は推測だが、生態学者たちと研究を重ねるなかで裏づけられている。

私は、仕事場に向かう道すがら、ふと気づくと、そこにいる生き物を一匹一匹見つめては、それにどんな利用法がありそうかを考えるようになっていた。うちの学生やポスドク研究員、そして共同研究者たちも、あれこれと思考を巡らせ、一緒に考えた。たとえば、節足動物が用いるカッターやブラシをヒントに、新しいカッターやブラシを作れないだろうか。たとえば、ノコギリヒラタムシは、体の大きさからするととうてい敵いそうもないような穀物の種皮を、その大顎(おおあご)で食いちぎってしまう。ノコギリヒラタムシにこんなことができるのは、一つには、金属で強化された大顎をもっているからだ。大顎が切断にうってつけなのだ。[10] その大顎の形状と構造は、こんな切断工具も作れるのではというひらめきを与えてくれる。昆虫の大顎をヒントに、新しい切断工具を設計するのだ。あるいは、ブラシの設計にも新たな発想が生まれるかもしれない。ほとんどの節足動物は、脚や身体の随所に、眼やその他の体部位の汚れを落とすためのブラシを備えている。[11] 昆虫のブラシを、工場の生産ラインで用いるブラシや、髪の手入れをするヘアブラシのヒントにしてもいい。アリの脚のブラシからひらめきを得たヘアブラシを使うなんて、なかなかクールではないか。私にふさふさの頭髪があれば、ぜひとも使ってみたい。

私たちはまた、新種の抗生物質を探すべく、屋内に生息する節足動物の調査もスタートさせた。人間は新たな抗生物質の発見を目指しながらも、細菌が既存の抗生物質に対して耐性を進化させるスピードに追いつけていない。もしかすると、イエバエのような節足動物が、新たな抗生物質を探すのに力を貸してくれるかもしれない。イエバエの母親は、産み落とした卵に、クレブシエラ・オキシトカのような細菌を付けておく。クレブシエラ属細菌は、真菌を殺し、腹ぺこのハエの幼虫が食物争奪戦で真菌に競り勝つのを助ける物質を産生するのだ。このような細菌は、真菌を撃退するうえで人間にも役立つ抗生物質を産生してくれそうだが、こうした面から研究されたことはまだ一度もない。[12] それをやってみてもいい。新たな抗生物質の発見という点では、イエバエの研究はまだまだこれからだ。

アリ類の多くは、胸部後方の毒腺から抗生物質を産生する。今から四半世紀前、オーストラリアで見つかったブルドッグアリ（キバハリアリ属のアリ）数種からこのような抗生物質を単離しようとして一連の研究が行なわれた。[13] ブルドッグアリが分泌する物質は、医薬品に用いる新たな抗生物質として有望だった。当時、大学院生だった私は、この研究をさらに進めたいと思っていた。けれども、結局やめてしまったのは、きっと誰か他の人がやるので、私が入り込む余地などないと思ったからだ。あれから一五年が経過したが、その研究はいまだなされていない。

私たちは、ノースカロライナ自然科学博物館のエードリアン・スミスや、アリゾナ州立大学のクリント・ペニックなどと協力して、抗生物質を産生する種を見つけ出そうと、ノースカロライナ州ローリーに生息するアリ類の調査を始めた。当初、強力な抗生物質を産生する可能性が高いのは、巨大コロニーを作る種や、（多くの病原体にさらされうる）土壌中に生息する種だろうと予想していた。しかし、予想は外れた。最も効果的な抗生物質を産生する種は、ほとんどがトフシアリ属だったのである。ヒアリもトフシアリ属だし、ソレノプシス・モレスタ（盗賊アリ）もトフシアリ属だ。盗賊アリはキッチンにとてもたくさんいる。私たちは、盗賊アリが、メチシリン耐性黄色ブドウ球菌の近縁細菌や類縁種に対して有効な抗生物質を産生することを発見した。[14]そんなわけで、あなたのキッチンにいるアリが、あなたの知人や愛する人を致命的な皮膚感染症から救ってくれる日が来ると思ってよさそうだ。

一方、最近の研究で、裏庭によく見かける昆虫のなかには、自身が細菌を宿しているわけではないが、体の物理的構造によって、特定の細菌種をはね除けたり、引き寄せたりできるものがいることが明らかになっている。セミ類やトンボ類はいずれも、翅に微小なナイフが付いていて、それで細菌を切り刻んでしまう。こうした構造が現在、建築材料にも応用されている。建築材料に、細菌が耐性を進化させられないような抗菌性をもたせようとの考えからだ（微小なナイフに対して耐性を進化させるのは難しい）。

私たちは、これとは逆のことができないかと考えた。つまり、節足動物を研究することによって、有益な細菌を引き寄せたり、宿したりする表面加工方法が見つかるのではないかと考えたのだ。アリ類の多くが、外骨格でそのようなことをやっているようだ。こうしたアリたちにヒントを得て、プロバイオティックなドレスを作れないだろうかと、いろいろ想像を膨らませた。ある程度は進展したが、まだまだ道半ばである。結局、うちのラボには十数人しかおらず――あなたが加わってくれればもう少し増えるが――できることはその程度なのだ。身の回りにいる生物種の利用法の発見に日々取り組む大規模チームがあったなら。それだけを専門に行なう研究所があったなら――そんなことを私は夢見ている。

家屋内に生息する節足動物の最大の価値の多くは、クモ類やハチ類といった、人々が嫌ったり、恐れたりする生物からもたらされているようだ。これらの節足動物は、家の中やその周囲で貴重な生態系サービスを提供してくれている。クモは害虫を食べてくれる。ハチもそうだ。ハチは花粉媒介者としての役割も果たしている。さらに、ハチやクモは、新たな産業応用の絶好のターゲットにもなっている。すでにクモの糸からは、人間用に同じような素材を商業生産しようとする取り組みや、クモが卵嚢などの構造物を作るのに倣(なら)って、内側から層状に建物を築こうとする取り組みが生まれている。ひらめきの源泉になるのは、クモの糸だけではない。クモが糸を出す器官、出糸突起(糸いぼ)は、3Dプリンティングの新手法の開発にヒントを与えてくれるかもしれない。イエグモ類は、これがブームになるはるか昔から3Dプリンティングをやっていたのだ。一部屋に一週間、クモ学者十数人とエンジニアや建築家十数人(それからクモ数匹)を閉じ込めておいたら、数々のイノベーションが生まれるのではないだろうか。

うちのラボでは、ハチが新発見の源泉になってくれている。ある人物からの問い合わせに応えて、カマドウマのときと同じように、ハチの潜在的価値を探り始めたのがきっかけだった。二〇一三年の十月、ノースカロライナ・サイエンス・フェスティバルの主催者、ジョナサン・フレデリックから、フェスティバル用のビールの醸造に用いる新たな酵母を見つけてもらえないかとの

図8.2 ノースカロライナ州ローリーの家の戸口にいるアメリカン・グラス・スパイダー（アゲレノプシス属のクモ）。北アメリカの家々でよく見かけるクモの一種で、人間に危害を与えることはない。（写真撮影はマシュー・A. ベルトーネ）

依頼があった。当時、うちのラボのポスドク研究員だった、ハチドリの嘴のバイオメカニクスの専門家、グレゴール・ヤネガが、ハチに注目してみてはどうかと提案してくれた。グレゴールがそう考えるのには二つ根拠があった。ハチの生理生態に関する彼自身の知識と、ブドウ園でハチがブドウに酵母を運んでいることを証明した最近の論文[15]である。ブドウ園の酵母は、ハチの腸内で冬を越す。そしてブドウに実がなると、ハチが、全く意図せずして、実から実へと酵母を運ぶのだ。ブドウの実が収穫されると、その酵母の助けを得て発酵プロセスが始まる。人間がビールやワインを造るようになるずっと前、ビールやワインの酵母のもともとの棲み処はハチの腸内や体だったらしい。今もなおブドウ園の周りの家屋やその他の建物に営巣しているようなハチたちが、その棲み処だったのである。私たち人間は、その酵母をハチから借りて用いるようになった。ならば、もう少し借用できるのではないかとグレゴールは考えたのだ。

もしかしたら先人たちが見落とした酵母がまだあるかもしれない。ハチを調べて、それを見つけ出そうというのは、アイディアとしては悪くなかった。が、実行に移すのは大変だった。誰がハチを集めに行くのか？　ましてや、誰がその酵母を見つけるのか？　幸いなことに、ちょうどその頃、アン・マッデンがうちのラボに入ってきた。アンには、数年間に及ぶハチの研究歴があった。博士課程の学生であるアンは、納屋や軒に立てかけた梯子(はしご)に何時間も逆さまにぶら下がって、ハチがブンブン飛び回っている巣を切り落とし、すかさずそれを袋に入れて、さっと背負い、オートバイでラボに持ち帰ってきた。アンにはすでに何年間にもわたる、酵母の、特に産業用酵母の研究歴もあった。ハチの巣から新たな酵母を見つけ出せる人物がいるとすれば、アンをおいて他にはいなかった。

アンは新たな酵母を求めて、ハチ類を調べあげた。そして、見つけ出した。アンはハチ類から、一〇〇種類を超える酵母を発見したのだ。そのひとつは、ボストンの集合住宅のアンのベランダに営巣しているハチから見つかったものだ。この酵母は驚異的な能力をもっている。サワービール〔野生酵母などを用いて醸造される酸味の強いビール〕の醸造にはたいてい何年もかかるが、この酵母だと一か月でできてしまうのだ。[16]　その酵母で造られたビールは現在、市販もされている。アンの研究のおかげで、さまざまなハチから見つかった類縁の酵母が、これまでとは異なる香りや風味のパンを作るのに力を発揮しているようだ。

ハチを探すと酵母がうまく見つかる理由の一つとして、アンは、ハチ自身が酵母の発するにおいを利用して蜜源を見つけているのではないかと考えている。[17] ハチは酵母の香りを嗅ぎとって、甘い蜜を見つける。私たちはハチを探し出して、酵母を見つける。この良い関係をこれからも足がかりにしていきたい。

結局のところ、家の中にいる生物種の利用法を見つけるのは、比較的簡単だ。それが実際に使えることを立証して、市場に出すのはそれほど容易ではないが、不可能ではない。技術的な障壁はすべて忍耐力と金銭で克服できる。だとしたら、もっとずっと多くの利用法がすでに開発されていてもよさそうなのに、なぜなされていないのだろう。毎日のように目にする生物種ごとの利用法一覧があってもよさそうなのに、なぜないのだろう。その理由は三つあると私は思う。

一つ目の理由は、前章で述べたように、最も身近な生き物はなかなか目に入らず、注意を向けることもないからだ。身の回りにいる生物種をよく観察して、研究し、どんな利用法がありそうかに気づく必要がある。

二つ目の理由として、生態学者や進化生物学者たちは百年も前から、生物種の「潜在的経済価値」を口にしていながら、その価値を見つけ出す努力をしてこなかったということが挙げられる。彼らは、そのような研究は誰か別の人間がやるものだと思い込んでいるのだ。生態学者というものは、審美的な理由から、あるいは、単に存在しているということだけで、生き物の価値を評価する傾向がある。こうしたマインドセットの彼らからすると、生物種の利用法など、どうでもいいことなのである。そんなわけで、私は、企業で働いている友人からは、昆虫に没頭している酔狂なやつだと思われ、その一方で、昆虫の生態を研究している友人からは、産業界と手を組んでいる風変わりな（あるいは怪しからん）やつだと思われている。友人から評価されない仕事をするのは、なかなか辛いものである。

生態学者も応用生物学者も、生態学と産業界とを橋渡しする研究を低く見ているというこの現実こそが、身近な生物種の潜在能力一覧をいまだ作成できずにいる三つ目の理由となっている。つまり、生物の利用法を見つけようとするとたいてい、闇雲に一種ずつ調べることになるのだ。これは間違いであって、場合によっては極めて大きな損失をもたらす間違いであることが判明している。がんの新薬を見つけ出すために、これまで何百万ドルも注ぎ込んで、コスタリカの熱帯雨林の生物を一種ずつ調べてきた。しかしそんなやり方ではだめなのだ。生物学に探索の案内役を務めてもらう必要がある。生物の生態や進化に関する知識を総動員して、求める利用法に最も合致しそうな生物種はどれかを予測する必要がある。

以上のような障壁を乗り越えた暁には、生態学と進化に関する知識とが結びついて、生物の利用法の系統的調査が大幅に加速し、自然界のイノベーションに頼るのがうまくなるだろうし、そうなればたぶん、日々身の回りで見かける生物にもっと価値を見出すようになるだろうと思っている。もし誰かに、カマドウマなんて、ハチなんて、蚊なんて、何の役に立つのかと問われたら、私はいったん立ち止まって、その生物の生理生態について考えてみる。立ち止まって考え、仮説を立て、それから研究室に戻って仕事に取りかかる。

もちろん、そのためには身の回りの生物の生理生態に通じていなければならず、したがって、屋内にいる数千種の節足動物（ならびに、数万種もしくは数十万種の微小な生物）の調査に着手する必要がある。人類は今や、地球上のほぼ全域で生活しているので、屋内環境生物の研究は、生物全般について理解するうえでの大きな一歩となるだろう。といっても、まだまだこれからだ。どんな利用法がありそうか、推測できるほど研究されている屋内の節足動物は、五〇種にも満たないのではないかと思う（細菌、原生生物、古細菌、真菌については何をか言わんやである）。そんなわけなので、家の周りを飛んでいる昆虫を見かけたら、目を留めて、「この虫にはどんな利用法があるのだろう？」ではなく、「自分はこの虫にどんな利用法を見つけられるだろう？」と問うてほしい。そして、進化がもたらしたものを最大限に活用するために、重荷を背負うことになるのは私たちであって、自然界ではない。利用法がわかったとき、その生物がまだいてくれるように、身の回りの生物を守っていく責任を担うのもやはり私たちである。

家の中にいる生物の価値について考えてきてもなお、昆虫のおかげでビールやワインがあるのだとわかってもなお、家の中の節足動物の話を聞いてまず思い浮かぶのが、どうやってそれを殺そうかということだったとしても、それはあなただけではない。古代エジプトのファラオ、ツタンカーメンは蝿叩き（はえたたき）と共に埋葬された。彼の臣下たちは、来世がいかなるものであろうとも、どんな贅沢や享楽にふけろうとも、必ずそこにもイエバエがいると信じて疑わなかったようだ。[18] 古代エジプト人たちもやはり、蝿叩きや虫除け効果のある植物を利用していた[19]。

これまで、世界中の文化が家の中にいる節足動物の攻撃を食い止める方法を探し求めてきた。そして重要な戦いには、特に、深刻な実害をもたらす生物種との戦いには勝利した。家々から出る生ごみを収集し、汚水を排水管に流すことにより、病気を媒介する廃棄物好きの生物の個体数が減少した。また、蚊帳(かや)は、マラリアを媒介する蚊を入れないようにすることで、命を守るのに役立っている。しかし、もっと広い意味での戦いは、なかなか人間の思い通りにいかないことがわかってきた。なぜなのだろう？　それには、人間が躍起になって殺そうとする生物種には極めて迅速に進化する能力があることが、少なからず関係している。

第9章 ゴキブリ問題は私たちの所業

同じ敵と何度も戦ってはならない。さもないと、敵にこちらの戦術を教えてしまうことになる。

――ナポレオン・ボナパルト

(白状するのはなかなかつらいことであるが)、私は(当初の見解とは全く逆に)種は不変ではないことをほぼ確信している。

――チャールズ・ダーウィン

身の回りにいる昆虫に関心を向けよう。そうすれば、身近な節足動物の多くは、非常に興味深いのにほとんど研究されていないこと、そして、害虫であるどころかむしろ害虫防除に役立ちそうであることがわかる。もちろん、昆虫と戦いを交えることもできる。現代のそうした戦いは化学兵器を用いて行なわれる。だが、注意されたし。化学戦に打って出た場合、互角の戦いはまずできない。接戦にすらならない。こちらが新たな化学物質で攻撃するたびに、昆虫は自然選択による進化で応戦してくる。攻撃が熾烈になればなるほど、進化のスピードがますます速まっていく。どのように進化したのかを解明する間もなく、ましてや反撃する余地など全くないほど、どんどん進化していってしまうのである。とりわけ、チャバネゴキブリ（ブラッテラ・ゲルマニカ）のような、人間が躍起になって退治しようとする害虫をめぐっては、こうした現象が何度も繰り返されている。

殺虫剤のクロルデンが初めて家庭で使用されたのは一九四八年のことだ。それは驚異的な殺虫剤で、昆虫に対する毒性が極めて強いので無敵だと思われていた。ところが、一九五一年にはもう、テキサス州コーパスクリスティ市のチャバネゴキブリはクロルデンに対する抵抗性をつけていた。実際、このゴキブリは、実験室飼育系統の一〇〇倍もの殺虫剤抵抗性を獲得していたのだ。[1]一九六六年にはすでに、一部のチャバネゴキブリは、マラチオン、ダイアジノン、フェンチオンに対する抵抗性をも進化させていた。その後まもなく、チャバネゴキブリは完全にＤＤＴへの抵抗性を獲得していることが明らかになった。

新しい殺虫剤が発明されるたびに、わずか数年で、場合によってはほんの数か月のうちに、抵抗性を進化させたチャバネゴキブリの個体群が出現した。ときには、従来の殺虫剤への抵抗性が、新たな殺虫剤への抵抗性を与えてしまうこともあった。そのようなケースでは、戦いは始まる前にすでに終わっていた。[2]いったん進化するや、抵抗性をもつゴキブリの系統が生息域を広げ、その殺虫剤が使われ続けている限り、どんどん繁殖してしまう。[3]

人間の仕掛ける邪悪な化学兵器に対する、ゴキブリたちのこうした応戦ぶりはどれも見事なものだった。ゴキブリたちは、人間が仕掛けた毒を回避、処理、あるいは利用さえもする、全く新たな方法をまたたくまに進化させていったのである。しかし、うちのオフィスの隣のビルで最近、明らかになった事実に比べれば、このような戦いぶりなど、物の数にも入らない。その大発見物語の始まりは、今から二〇年以上前にまでさかのぼる。舞台は、国の反対側にあるカリフォルニア州。主人公は、ジュールズ・シルヴァーマンという名前の昆虫学者と、「T164」という名前のチャバネゴキブリの一族だ。

ジュールズの任務はチャバネゴキブリの研究。彼はカリフォルニア州プレザントンにあるクロロックス社テクニカルセンターに勤務していた。[4] どこにでもありそうな研究開発型企業の工場なのだが、このセンターが他所と違うのは、アセンブリラインから出て来るものがチョコレートではなく、動物を殺す仕掛けや化学物質であるという点だった。ジュールズは、ゴキブリのなかでも特に、チャバネゴキブリの駆除に専念していた。

チャバネゴキブリは、家の中に入って来て人間と暮らすようになった多数のゴキブリの種の一つにすぎない。会議の席で、あるゴキブリ専門家がよどみなくこう説明してくれた。「ワモンゴキブリ、トウヨウゴキブリ、ヤマトゴキブリ、クロゴキブリ、トビイロゴキブリ、コワモンゴキブリ、チャオビゴキブリ、他にもまだまだいろいろありますよ」[5]。地球上に何千種もいるゴキブリ類のほとんどは、屋内では繁殖しないし、できない。[6] ところが、これら十数種は、屋内で繁殖しやすくする能力を備えているようだ。たとえば、これらのうちの数種は単為生殖で増殖できる。[7] メスのゴキブリが、オスの助けなしに、メスが生まれる卵を産めるのである。[8] 屋内で見つかるゴキブリの種のどれもがみな、人間と暮らすのに役立つ適応性をある程度備えているが、チャバネゴキブリに至っては、完璧とも言える適応パッケージを備えている。

野生状態に置かれると、チャバネゴキブリは虚弱ものだ。すぐに食われてしまうし、餌をとれずに死んでしまう。幼虫はなかなか成虫になれない。その結果、チャバネゴキブリの野生個体群はどこを探しても見つからない、ということになる。チャバネゴキブリは、屋内の、人間が暮らしている場所に限って、頑強で多産なのである。そのことがたぶん、私たち人間が彼らをこれほど嫌うようになった理由の一つなのだろう。彼らは、人間が好むような温暖で、極端に乾いても湿ってもいない環境を好む。そして、人間が好むような食物を好む。[9] 人間と同じく、一匹で孤立して暮らすのが苦手だ。[10]

彼らを嫌う理由が何であろうとも、恐れなくてはならない理由は、実際にはそれほど多くない。チャバネゴキブリが病原体を運んで来るというのは間違いではないが、隣人や子どもたちが運んで来るのと大差はない。他人からうつされた病原体がもとで病気になるというのは日常茶飯事だが、ゴキブリが媒介した病原体がもとで実際に病気になったというケースはまだ記録されていない。チャバネゴキブリがもたらす問題として最も深刻なのは、大量に発生するとアレルギーの原因になるということだ。このような実際的問題と、嫌悪感からくるさまざまな問題に応えて、チャバネゴキブリを退治すべく膨大な資源が投入されてきた。

人間とチャバネゴキブリの戦いはいつ頃から始まったのか、その時期を知るのは難しい。なぜなら、ゴキブリの死骸は、(少なくとも甲虫類の死骸に比べると) 遺跡に残りにくいからだ。また、人間はチャバネゴキブリの退治法の研究には熱心でも、それ以外の生理生態は詳しく調べようとしないからだ。知られている限りでチャバネゴキブリに最も近縁なのは、アジア原産のゴキブリ二種で、いずれも屋外を主な生息環境としている。この二種は、よく飛んで、落ち葉や他の昆虫を食べるので、一部地域では、農民や科学者から農業の有益昆虫と見なされている。[11] もともとは、チャバネゴキブリもこれらの野生ゴキブリと同じような生活をしていたのだろう。その後、屋内に移り棲んで、人間と一緒に暮らすようになったのだ。[12] それをきっかけに、チャバネゴキブリは飛ぶのをやめ、繁殖速度を高めて群居するようになり、人間が好む環境で最も効率よく生きられるように適応の方法を変化させた。そして生息域を拡大していった。

チャバネゴキブリが初めてヨーロッパに入って来たのは、七年戦争（一七五六〜六三年）のさなか、人々が相当数のゴキブリが入る大きな収納箱を携えてヨーロッパ大陸を移動していた時代のようだ。誰がチャバネゴキブリを持ち込んだのかはわかっていない。[13] 現代分類学の父、カール・リンネは、持ち込んだのはドイツ人だと主張した。リンネはスウェーデン人だが、当時、スウェーデンはドイツのプロイセン王国と戦っていたので、「ジャーマン・コックローチ（チャバネゴキブリの英名）」という名前は、彼でさえ嫌っていた虫のニックネームにちょうどよかろうと考えたのだった。[14] チャバネゴキブリは一八五四年には、生息範囲をニューヨーク市にまで広げていた。ほぼすべての国の人々や船舶、自動車、航空機と共に世界中を移動し、現在では、アラスカから南極大陸まで広範囲に生息している。[15] チャバネゴキブリがまだ宇宙ステーションに現れていないのがむしろ意外なくらいだ。

住居や輸送車両であっても、季節によって温度や湿度の変化があるような場所では、チャバネゴキブリが他の種と共存している[16]。そのなかには、（ワモンゴキブリなどのように）人類が洞窟生活をしていた時代からの付き合いと思われる種も含まれている[17]。ところが、冷暖房が完備されている住居では、チャバネゴキブリが優位に立つようになり、それにつれて他種のゴキブリは個体数を減らしていく傾向がある。たとえば、中国の多くの地域では、最近までチャバネゴキブリは稀だったが、寒さの厳しい中国北部の輸送トラックに暖房が入るようになると、トラック内の環境がチャバネゴキブリにとって十分に暖かくなり、それに乗って彼らは北へと移動した。暑さの厳しい中国南部の輸送トラックに冷房が入るようになると、トラック内の環境がチャバネゴキブリにとって十分に涼しくなり、それに乗って彼らは南へと移動した。このようにして運ばれていったチャバネゴキブリは、今や、北の地では十分に暖房の効いたアパートを、南の地では十分に冷房の効いたアパートを見つけてどんどん増殖している。中国全土で、そして、その他の地球上の各地で、冷暖房を完備した集合住宅や戸建住宅が増えるにつれて、チャバネゴキブリはますます生息域を広げ、個体数を増やしている[18]。

今から二五年前、ジュールズ・シルヴァーマンがクロロックス社で研究を始めたときにはすでに、チャバネゴキブリの個体数が増加傾向を示していた。ジュールズに課せられた仕事は、チャバネゴキブリを殺す新たな化学薬品を開発することだった。当時、ゴキブリ対策商品の売れ筋はベイト剤（毒餌剤）だった。よくご存知だと思う。ゴキブリが好きな糖類の入った小さな餌に、殺虫成分を配合したものだ。ゴキブリ用ベイト剤を使えば、家中に殺虫剤を散布しなくても、ゴキブリを毒殺することができる。

理論上、ベイト剤に用いる糖類は、フルクトース（果糖）、グルコース（ブドウ糖）、マルトース（麦芽糖）、スクロース（ショ糖）、マルトトリオースなど、ゴキブリをおびき寄せられる糖であれば何でもかまわない。しかし実際には、アメリカ合衆国ではきまってグルコースが使用されている。グルコースは安価であるうえに、ゴキブリを惹きつける力が強いからだ。アメリカ合衆国に生息しているチャバネゴキブリは、グルコースに慣れている。餌の五〇パーセントまでもが炭水化物であり、カロリーのほとんどがグルコースで賄われている。私たち人間が、コーンシロップの形でグルコースを大量摂取しているのと全く同じだ。私たちは、ゴキブリをおびき寄せて殺すのに使うのと同じ材料のデザートで、子どもたちを釣って夕食をとらせているのだ。

クロロックス社に就職して数年のうちにジュールズは、友人でフィールド昆虫学者のドン・ビーマンがベイト剤を設置したアパートの一つで、何やら異変が起きていることに気づいた。そのアパートが「T164」だった。T164では、ドンがベイト剤を設置しても、チャバネゴキブリは死ななかった[19]。ちゃんと生きていた。ベイト剤の設置数を増やしてみたが、それでもちゃんと生きていた。

そこで、実験室で、T164のゴキブリたちに、その当時ゴキブリ用ベイト剤に配合されていた殺虫成分（ヒドラメチルノン）に曝露させたところ、ゴキブリたちは死んだ。実験室では、その殺虫成分で死ぬのに、アパートのゴキブリは死なない。ドンはジュールズに、まるでベイト剤がアパートのゴキブリたちをはねつけているみたいだと語った。

ジュールズは、実験室で、ベイト剤の成分をいろいろと変えて、T164のゴキブリがそれにおびき寄せられるかどうかをテストした。まず第一に考えられるのは、ゴキブリがなぜか、ベイト剤に含まれている殺虫成分を避け始めた、ということだからである。しかし、ジュールズの実験の結果、実験室のゴキブリは殺虫成分を避けたりはしないことが明らかになった。ベイト剤に含まれている乳化剤、結合剤、保存料を避けることもやはりなかった。

ただ一つ、まだ確認していなかったのが、ベイト剤に含まれている糖類、つまり、グルコースを多く含むコーンシロップだった。もし、ゴキブリがグルコースを避けているのだとしたら、これは非常に驚くべきことである。ゴキブリを含めた大多数の動物たちが、数百万年にわたってずっとおびき寄せられてきた食物——糖類——からの忌避行動を意味するものだからだ。しかし、起きていたことは、まさにそれだった。ゴキブリたちはグルコースを避けていたのである。単におびき寄せられないだけでなく、グルコースを拒絶し嫌悪していた。その一方で、フルクトースには依然としておびき寄せられた。ジュールズは、このチャバネゴキブリの個体群（「T164」と呼ばれることになる）は、学習したのではないだろうかと考えた。どうしたものか、彼らは何か凄い力を獲得していた。賢いチャバネゴキブリほど恐ろしいものはない。

ゴキブリは学習している、という考えが正しいかどうかを検証することは可能だ。もし学習しているのであれば、その赤ん坊——まだ白くて、ぶよぶよで、無防備かつ無知なゴキブリたち——は、従来型のベイト剤におびき寄せられるはずだし、孫たちだっておびき寄せられるはずだ。生まれたての子や孫は、まだ学習する機会を得ていないのだから。ジュールズは、子や孫の世代がグルコースにおびき寄せられるか否かをテストしてみた。答えは、否であった。つまり、ゴキブリは学習したのではなかった。グルコースに対する先天的な忌避反応を身につけて生まれてきたのである。

このグルコースを嫌う性質を説明するには、こうした忌避反応が遺伝的進化によりもたらされたと仮定するほかなかった。ジュールズは、このグルコース忌避性がいかにして遺伝的に受け継がれるのかを調べるために、簡単な交配実験を行なった。グルコースを忌避するゴキブリと、依然としてそれを好むゴキブリを交配したのち、生まれてきた子どもと、グルコースを好む親を交配したのである。このような交配実験の結果、グルコースに対する忌避行動を支配する遺伝子またはは遺伝子群は、完全優性ではないものの、一応、優性遺伝するらしいということがわかった。

チャバネゴキブリの一家が大きなアパートに移り棲んだとしよう。最初、数匹だったゴキブリが、時間が経つにつれてどんどん増えていく。ゴキブリのメスは、六週間ごとに、最大で四八個もの卵が入った卵鞘(らんしょう)を産み落とすことができる。このペース(ヒトの生殖に比べると速いが、昆虫としては標準的なペース)でいくと、もし仮に、一匹のチャバネゴキブリのメスが、卵鞘を二回産み落とすまでしか生きられなかったとしても、一年間には一万匹の子孫が生まれてくる計算になる[20]。実験者が建物内のいたるところにベイト剤を設置して、この何千匹ものゴキブリがすべて死に絶えてしまえば、進化は起こらない。ある遺伝子の特定のバージョンが、別のバージョンに比べて有利になることがないからだ。また新たなチャバネゴキブリが建物内に棲みつき、再び毒餌におびき寄せられて、お仕舞いだ。

図9.1 ジュールズ・シルヴァーマンのT164コロニーのチャバネゴキブリは、無糖のピーナッツバターを餌にしており、グルコースをたっぷり含んだイチゴジャムには寄り付かない。（写真撮影はローレン・M. ニコルズ）

しかし、もし何匹かが生き延びたとしたら、そして、その生存に寄与しているある特性が、生き延びたゴキブリの遺伝子にコードされていて、死んだゴキブリの遺伝子にコードされていないのだとしたら、そのベイト剤の使用はむしろ、生き延びたゴキブリとその遺伝子のバージョンに有利な状況を生み出すことになるだろう。ジュールズは次のように考えるに至った――ある遺伝子もしくは遺伝子群に生じた何らかの変化によって、T164のチャバネゴキブリはグルコースに誘引（ゆういん）されにくく、それを忌避さえするようになったのだ、と。グルコースの入ったベイト剤を使用しているうちに、グルコースを忌避するゴキブリばかりが生き残るようになり、その結果、グルコース入りベイト剤が全く効かなくなってしまったのだ、と。

ジュールズは、次に、世界各地からチャバネゴキブリのサンプルを集めて、グルコース忌避性を調べた。その結果、米国フロリダ州から韓国にいたるまで、グルコース入りベイト剤が使用されてきた地域の多くで、ゴキブリが忌避性を進化させていることが明らかになった。しかも、ゴキブリはこの忌避性を、それぞれの地域ごとに独立して進化させたようだった。

そこで、実験的に進化を引き起こせるかどうかを確かめるために、ジュールズはこの現象を実験室内で再現しようと試みた。チャバネゴキブリの個体群に、殺虫成分を配合したグルコース入りベイト剤を与えたのだ。実験室内で確認された変化は、実験室外で起きている現象とよく似ていた。つまり、比較的わずかな世代を経るだけで、グルコース忌避性が現れたのである。彼はこの実験結果について一連の論文を書いた。[21] さらに、フルクトースを使用した一連のゴキブリ用ベイト剤の特許を取得した。[22] 彼は、チャバネゴキブリで起きていると思われる極めて急速な進化について、その詳細の解明に力を貸してくれる大勢の進化生物学者たちと共に、プロジェクトを起ち上げられるのではと考えていた。

しかし、害虫防除会社は、彼が新たに特許を取得したフルクトース入りベイト剤を利用することでジュールズの発見に応えたが、進化生物学者たちは、こんな研究など気にもとめていないようだった。なぜなのか、ジュールズには察しがついていた。彼にはまだ、どんなメカニズムでチャバネゴキブリがグルコースを避けるようになるのかも、どのような遺伝子が影響しているのかも、その遺伝子がどんなことをするのかも、さらには、なぜこうした現象が極めて迅速かつ頻繁に起こるのかも、説明できていなかったのだ。しかし、時が経てばいずれわかるだろうと考えた彼は、いつかそれが必要になるときに備えて、何年間も、何十年間も、最初に手がけたチャバネゴキブリの子孫の飼育を続けたのだった。大切にしておきたいものは人それぞれだ。スノードームを宝物にしている人がいるように、ゴキブリのコロニーを大事に守り続ける人もいる。

ジュールズは、チャバネゴキブリについてさらなる知見が得られるのを待ちながら、別の害虫やその進化の研究に取りかかった。二〇〇〇年にノースカロライナ州立大学に移ると、二〇〇〇年から一〇年まで、アルゼンチンアリ（リネピテマ・フミレ）個体群の研究に勤しんだ。アルゼンチンアリは、庭から庭へ、建物から建物へと生息域を広げ、米国南東部一帯に棲みついたアリである。さらに彼は、タピノーマ・セシレ〔コヌカアリ属の一種〕の研究も行なった。[23] 一〇年の間、ゴキブリに触れることなく、ただひたすら、大発見をしたのに見向きもされなかった大事なゴキブリたちのコロニーに——アパートT164の個体群の子孫たちに——餌を与え続けたのだった。

いろいろな意味で、チャバネゴキブリの物語はとてもユニークだ。こんな生き物は他にはいない。しかし別の見方をするならば、これは、家の中の生物種の多くに起きていることの顕著な一例であるにすぎない。

進化のプロセスは驚くほど創造的で、奇想天外なものまで産み出すが、その一方で、予測可能性のようなものも持ち合わせている。その予測可能性とも関連するのが、系統の異なる生物に類似の形質が進化してくる傾向である。昆虫の翅、コウモリの飛膜、鳥の翼、翼竜の翼はそれぞれ独立に進化した。眼は、私たち脊椎動物の系統で一度だけ進化し、それとはまた別にイカやタコの系統でも生まれた。植物の系統では、木質が独立に何度も進化したし、棘(とげ)や実もやはりそうだ。そして、もっとずっと珍しい特徴、たとえば、アリに運搬させる小さな果実の種子などについても同じことが言える。アリに背負われて巣まで運ばれ、果肉だけ食われて棄てられた種子は、そのごみの山で発芽する。このようなアリ散布植物の種子は、一〇〇回以上、独立に進化した。[24]

どのような策が何度も独立に進化するかを予測するにあたって重要なのが、生物にとって利用可能な機会と、その機会を利用する際の課題を理解することだ。家の中に棲むことで得られる機会は、私たち人間の身体、食品、家屋を餌にすること。その際の課題は、いかにして家の中に入り込み、人間の攻撃をかわして生き延びるかである。

ある一定の環境が、殺生物剤への急速な適応を促してしまうのは、次の四条件が満たされた場合だ。殺そうとする生物種が遺伝的多様性に富んでいる(または、別の生物種から必要な遺伝子を借用する手立てをもっている)。その殺生物剤が、殺そうとする生物種の(全個体をではなく)ほぼ全個体を死滅させる。その生物種が、その殺生物剤に何度も繰り返し(または慢性的に)曝露される。そして、殺そうとする生物種の競争者、寄生者、病原体が存在しない。以上の四条件が特によく満たされているのが、チャバネゴキブリなのだ。しかし、私たちが殺して締め出そうと躍起になっているほぼすべての屋内種にとっても、こうした条件は満たされている。その結果として、家屋は、進化のスピードが最も速い場所の一つとなってしまい、人間にとって不都合な方向へと進化が進んでいるのである。

トコジラミ、アタマジラミ、イエバエ、蚊など、家の中でよく見かける昆虫の間で、殺虫剤に対する抵抗性が進化してきている。自然選択は人間に大きな利益をもたらしうるが、それは、その作用機構を熟知したうえで意思決定を下す場合に限られる。だがそういうことはめったにない。その結果、日々の生活の中で、自然選択が人間に、利益よりも危険をもたらす可能性の方がはるかに高くなっており、その危険度が、人間の理解を超えるほどのスピード、人間が太刀打ちできないほどのスピードで増大しつつある。つまり、害虫たちがどんどん勝利を重ねてしまい、抵抗性の研究をしている進化生物学者たちがまるで追いつかないのだ。ジュールズがグルコース忌避のチャバネゴキブリを発見して以降、進化生物学者たちの前に、大きな課題が――そのチャバネゴキブリの研究をしていなくても取り組まざるをえない大きな課題が――現れた。

問題は、抵抗性の進化が何度も繰り返して起きていること、そして、その都度、抵抗性をもつタイプが、感受性を示すタイプに置き換わって生息域を広げていくことだった。離島で新たな形質が出現した場合、その形質はたいてい離島内だけにとどまる。ガラパゴス諸島の吸血フィンチは一度だけ進化し、分布を広げることはなかった。コモドオオトカゲの生息域はインドネシアの五島だけに限られている。しかし、ある生物種が、ある家で、ある殺生物剤（またはその他の駆除剤）に対する抵抗性を進化させた場合、その生物種は、同じ害虫駆除剤が使用されている家ならどこにでも（もちろん駆除剤が使用されていない家ならどこにでも）容易に移動することができる。

農村地域では、そのような抵抗性をもつ種の分布域拡大は徐々にしか起こらないかもしれない。

しかし、都市部ではそれが急速に起こる可能性がある。なぜなら、集合住宅や戸建住宅が密集しているからであり、人間、収納ケース、トラック、船舶、航空機が方々に、頻繁かつ迅速に移動するからであり、また、輸送車両そのものが家屋にますます似てきているからである。今後さらに都市化が進んでいくと、このような分布域拡大能力もさらに高まっていく。都会では、人間同士の社会的つながりが崩壊し、孤立や孤独感がどんどん強まっているのに、抵抗性をもつ害虫たちはしっかりとつながりを保っていられるのだ。そして、人間がつくり出した自業自得の川だと言わんばかりに、窓からも、ドアの隙間からも流れ込んで来るのである。[25]

人間が嫌っている生物種の間では、たちまち抵抗性が進化してしまうのに対し、それ以外の生物種の間ではそれがあまり起こらない。これは二重の意味で問題となる。第一の問題は、私たちを取り巻く生物多様性、野生の生態系が依拠している生物多様性が単に失われてしまうということだ。最近行なわれたある調査で、ドイツの原生林に生息する昆虫類のバイオマス（生物量）がこの三〇年間で七五パーセント減少したことが明らかになった。この減少を招いた原因について、結論はまだ下されていないが、圃場（ほじょう）のみならず裏庭や家屋内でも使用されている殺虫剤が関与した可能性が大きいと、多くの科学者たちが考えている。

第二の問題は、殺虫剤の使用によって死滅する可能性が最も高いのは、概して人間にとって有益な生物種だということだ。そのなかには、たとえば、送粉者や、生態学で言うところの天敵（人間にとっての害虫を退治してくれる生物種）も含まれる。[26] 屋内の害虫の天敵は、好むと好まざるとにかかわらず、クモ類なのである。[27] 家に棲んでいるクモを殺したりすれば（殺虫剤をいろいろ撒けばクモは死んでしまう)、自分で自分の首を絞めることになる。

伝承童謡マザーグースの一節に、ハエを捕ろうとして、ハエを飲みこんだクモを飲みこんだ老婆の歌がある。結局、このやり方ではだめだった(老婆は死んでしまった)。しかしもっとうまい手を使った人々がいる。

一九五九年、南アフリカの研究者、J・J・ステーンは、家屋その他の建物に生息するイエバエの駆除方法を見つけ出そうとしていた。イエバエ(ムスカ・ドメスティカ)は大昔からヒトと付き合いがあったハエで、西洋文明と共に世界中を旅し、ヒトが暮らしているほぼすべての地域に広まっていった。しかし、イエバエは現実的な問題を引き起こすことがあり、特に衛生環境が整っていない場合には大きな問題となる。病原体の媒介という点で、イエバエはチャバネゴキブリをはるかに上回っており、下痢を起こすさまざまな病原体を運ぶなどして、年間五〇〇万人を超える死亡に関与している。

イエバエも、チャバネゴキブリと同じく、急速に進化していく。南アフリカのイエバエは、一九五九年にはすでに、DDT、BHC、DDD、クロルデン、ヘプタクロル、ディルドリン、イソドリン、プロラン、ディラン、リンデン、マラチオン、パラチオン、ダイアジノン、トキサフエン、ピレトリンに対して抵抗性をもつようになっていた。ハエは化学薬剤に対してほとんど無敵となり、今もその状況は変わっていない。しかしクモに対しては無敵ではなく、今でもやはりそうだ。

J・J・ステーンは、『アフリカーンス子ども百科事典』から重要なヒントを得た。おそらく子どもたちに読み聞かせていたのだろう。その百科事典に「アフリカの一部地域では、ハエその他の害虫を駆除するために、社会性クモ（ステゴディフス属の種）のコロニーをわざと家々に持ち込んでいる」と書かれていたのだ。ハエ駆除のために社会性クモを家に入れるという方法は、ツォンガ族やズールー族の間で最初に用いられるようになったようだ。ズールー族は、クモが巣を張りやすいように、特殊な棒を家の造りに組み込むということまでやっていた[28]。この社会性クモ類のコロニーは巨大で、フットボールやサッカーボールほどになることも珍しくなく、家から家へと人の手で簡単に持ち運べる。

ステーンは、クモをもう一度、家の中で利用できないだろうか、さらに屋外や、ハエが増えて病気を媒介しそうなヤギやニワトリの小屋でも利用できないだろうかと考えた。試してみると、難しいことではなかった。キッチンでは、釘にかけた紐（ひも）にクモの巣を吊した。すると、ハエをたくみに駆除してくれた。クモの巣は病院にも導入された。病院でも、ハエをたくみに駆除してくれた。ステーンは（大胆にも）伝染病研究所の動物飼育施設で実験を繰り返した。研究所では、ハエの個体数が三日間で六〇パーセント減少した。冬場には、クモの活動が低下し、捕獲してくれるハエの個体数が減ってしまったが、そもそも捕えてほしいハエの数自体も減っていた。

以上のような研究から、ステーンは次のように結論を下した。「ハエが媒介する病気から人間を守る一助として、市場、レストラン、カフェ、パブ、ホテルのような公共の場や、畜殺場や搾乳場、そしてあらゆる施設の厨房や便所に社会性クモのコロニーを配置するとよい。牛舎に採り入れれば、搾乳量を増す効果もある[29]」。彼が思い描いていたのは、どの家にも巨大なクモの巣がぶら下がっている世界、ハエやハエの媒介する病気が稀な世界、ズールー族やツォンガ族に伝わるクモに関する知識の一端が再び有効に活かされる世界であった。

そのような夢を描いたのはステーン一人だけではなかった。メキシコの一部地域には、また別の社会性クモ、マロス・グレガリスが生息している。このクモもやはり、数万匹もの個体を擁する大きなコロニーを形成する。このクモもやはり、ハエを食べてもらおうと（この場合はメキシコの先住民によって）家々に導入された[30]。南アフリカの場合と同じく、この方法は地元の人々に伝わる知識の一端で、のちに西洋の科学者たちによって見出されたものだ。あるとき、イエバエの駆除のために、フランスにもマロス・グレガリスを導入しようとしたことがある。しかし、その科学者が休暇を取って出かけ、クモの世話を任されていた者がクモに十分な栄養を与えなかったため、その計画は一度で失敗した。

家の中に巨大な社会性クモの巣があるなんて気味が悪いかもしれないが、思い出してみれば、ローリーであれ、サンフランシスコであれ、スウェーデンであれ、オーストラリアであれ、ペルーであれ、私たちがこれまでにサンプリングを行なったどの家にもクモが棲んでいた。問題は、家の中に害虫を駆除するクモがいるかどうかではなく、害虫駆除の仕事をこなすのに適した種類のクモが十分にいるかどうかなのだ[31]。

屋内害虫の生物学的防除に利用できる生物は、クモ類だけではない。社会性ハチ類の多くが、それぞれ特定の種のゴキブリを餌にしている。ただし、そのやり方はクモ類とは全く異なる。ハチは小さい。ゴキブリを毒針で刺すのではなく、ひたすら、ある種類のゴキブリの卵鞘を探し求めるのだ。ハチにはこうした卵鞘のにおいを嗅ぎつける能力がある。卵鞘を探し当てた母バチは、その卵鞘を叩いて、まだ生きたゴキブリの卵が入っていることを確認する。確認できたら、卵鞘に産卵管を刺して、その内部に卵を産み付けるのだ。孵化したハチは、卵鞘内のゴキブリを食べて育ち、やがて、巣立っていく幼鳥のごとく、卵鞘に穴を開けて出て行く。

テキサス州とルイジアナ州の家屋に関するある調査では、ワモンゴキブリの卵鞘の二六パーセントにアプロストケトゥス・ハゲノヴィというハチが、さらにもう二六パーセントにエヴァニア・アペンディガスターというハチが寄生していた[32]。私たちがローリーで調査した家屋には、エヴァニア・アペンディガスターはいなかったが、アプロストケトゥス・ハゲノヴィは多数見つかった。もし、家の中で穴の開いた卵鞘を見つけたら、中から出てくるのはゴキブリではなく、ハチである可能性が高い。このような小さくて役に立つハチが、今、あなたの家の中を飛び回っているかもしれないのだ。何人かの研究者が、ゴキブリ駆除のために、寄生バチを家に解き放つという方法を試みてきた。こうした試みはすべて、それなりの成果を挙げている(やはり、あまり詳しく記録されていないことが多いが)。家の秩序を守るのに役立つクモや小さなハチのことも詳細には記録されていない。

ボーベリア・バシアーナ(白僵病菌(はっきようびようきん)、またの名を黄僵病菌(おうきようびようきん))という真菌を用いてトコジラミを駆除しようとする研究も行なわれている。家屋の表面にこれをスプレーすると、真菌が胞子を作って、そこで待ち伏せる。トコジラミがその場所を通ると、外骨格表面の脂質でできた外層に、真菌の胞子が付着する。外層に取り付いた真菌は、トコジラミの外骨格を突き抜けて成長

図9.2　イワガネグモ科の社会性クモ、ステゴディフス・ミモサルムが、イエバエを食べている。(写真撮影はオーフス大学のペーター・F.ガンメルビー)

していく。そして内部に入り込むと、トコジラミの体腔内で増殖し、臓器を塞いで冒すと同時に、体に必要な栄養の供給を絶つことによってトコジラミを殺してしまうのだ[33]。

　私たちはつい、こんな悪夢を想像してしまう。ゴキブリ駆除のために放ったハチが、人間の身体に卵を産み付けてしまい、体腔内で孵ったその幼虫が、内側から人間を食って成長し、いずれかの開口部から(あるいは新たな穴を開けて)羽化してくるのではなかろうかと。しかしそんなことは起こらない。これらのハチは小さくて、安全で、人間の味方だ。同じように、家にいるクモに咬まれるのでは、と心配になったりする。食われやしないかとさえ思ってしまう。しかしそんなことは起こらない。クモもやはり、ほとんど常に人間の味方だ。

毎年、世界中で数万件の「クモ咬傷（こうしょう）」例が報告されており、その数は増加中のようだ。しかし、クモが人を咬むことはめったになく、そのような「咬傷」例はほぼすべて、実際にはメチシリン耐性黄色ブドウ球菌（MRSA）による感染症なのに、患者も医師もそれを咬傷だと勘違いしているのである。クモに咬まれたと思ったら、医師に頼んで、MRSA感染症ではないかどうか検査してもらおう。その確率のほうがはるかに高い。

人がクモに咬まれることは稀である理由の一つとして、大多数のクモはその毒液を防御用にではなく、もっぱら、もしくはほとんどもっぱら、捕食のために用いるということが挙げられる。クモからすれば、身を守るには、戦うよりも逃げてしまったほうが容易な場合がほとんどなのだ。

ある研究では、強い毒をもつクロゴケグモ四三匹を対象に、何回つついたらゼラチン製の人工指を咬むかを、一匹ずつ調べる実験を行なった。しかしクモはなかなか咬もうとなかった。人工指で一回つついただけでは、咬もうとするクモは一匹もいなかった。六〇回繰り返しつついても、咬もうとするクモは一匹もいなかった。この研究で、クロゴケグモが人工指を咬もうとしたのは、三回続けて故意に指でクモを押しつぶそうとしたときだけだった。三回続けて、二本の人工指で押しつぶされそうになると、六割のクモが人工指を咬んだ。その場合でも、咬んだクモが毒液を放出したのは二回に一回だけであり、半数は、咬まれてもただ痛いだけで、問題にはならない咬まれ方だった。[34] 毒液は、クモにとって高くつくものなので、人間相手に無駄づかいなどしたくない。蚊やイエバエを捕まえるために取っておこうとするのである。[35]

それに対し、生活の場で生物を殺すために化学薬剤を使用すると、何度もしっぺ返しを食らうことになる。家屋や裏庭に殺虫剤を撒くと、その殺虫剤に対する抵抗性を獲得した害虫にとって、生態学で言うところの「天敵不在空間」が生み出されてしまう。私たちが目指すべきなのは、その逆であって、害虫の天敵が（不在ではなく）わんさかいる家なのだ。

この問題は、たとえばゴキブリ用ベイト剤を使用すれば解決されるはずだった。ゴキブリは殺虫成分を食べるが、その捕食者は食べずに済むからである。ところが、ゴキブリはやがて、人間のこの画期的駆除方法すら避けるように進化を遂げた。どのように進化したのかは、二〇一一年まで謎のままだった。

もうその頃、ジュールズ・シルヴァーマンは研究室で取り組むテーマを切り換えていた。ゴキブリ類やアリ類の研究はやめて、研究時間のほとんどを水棲昆虫に費やすようになってきていた。実験室には、トビケラ類や藻類でいっぱいの巨大な水槽が並んでいた。水棲昆虫に関する授業を担当し始めていた。人生の新たな局面に足を踏み入れようとしていたのだ。しかしその一方で、ジュールズはゴキブリに餌をやり続け、かねてからの疑問、抵抗性をもつゴキブリの謎を解明するヒントとなる文献の検索も続けていた。彼はやがて、この探究の旅の同行者を得ることになる。

ジュールズの研究室は、ノースカロライナ州立大学の老朽化した建物の中にある。エアコンやヒーターが窓に取り付けられているような建物だ。そのエアコンは、部屋にいる人間のためではなく、ジュールのゴキブリも含めて、大学の昆虫学者たちが研究している昆虫たちを快適な状態に保つために使用されている。研究対象の昆虫はだいたいが屋内害虫なので、現代の住宅環境と同じく、温度を一定に、湿度もほぼ一定に保つ必要がある。昆虫のために気候が制御されているのである。

飼育している生き物は、昆虫学者によっていろいろと異なる。家畜昆虫学者のウェス・ワトソンの研究室では、牛の眼球内に寄生するハエや、牛糞の中をのたくる甲虫を見ることができる。蚊の生態学が専門のマイケル・レイスキンドの研究室では、血を吸って体が重くなったメスの蚊が、壁が揺れると飛び立ち（特に電車が通過すると、壁が振動する）、それからまたフラフラと壁に戻って休んだりしている。ほぼすべての種類の害虫が見られるのは、屋内害虫がコミュニケーションを取り合う方法を専門にするコービー・シャルの研究室だ。コービーの研究室では、トコジラミが血液を満たした膜にくっつき、六種類のゴキブリがびっしりと体を寄せ合っている。

ジュールズと同様に、コービー・シャルもゴキブリの、特にチャバネゴキブリの研究に携わっている。コービーは化学生態学者で、自然を、生物同士がコミュニケーションを取るのに用いる化学シグナルの一つの関数と見なしている。具体的に言うと、彼はゴキブリの生化学の専門家で、いかにして個体間でコミュニケーションを取り合うのかを研究している。多くの研究成果のなかでも特筆すべきは、野生のメスのゴキブリがオスを惹きつけるフェロモンを発見したことだ。彼がこのフェロモンをフィールドに撒くと（あるいは片手でそれを掲げても）、オスのゴキブリたちが彼をめがけて飛んで来る。そして期待はずれに終わるというわけだ[36]。

ジュールズは、同じ大学の同僚になるずっと前から、コービーの研究内容はよく知っていた。

ゴキブリについて初めて執筆した論文では、コービーの論文の一篇を引用した。しかし、同じ大学に勤務するようになっても、共同でゴキブリの研究をしたことはなかった。チームを組んでアルゼンチンアリやコヌカアリの研究は行なっても、チャバネゴキブリの研究はしたことがなかった。二人とも、他の共同研究で忙しすぎたのかもしれない。コービーのスキルこそ、自分が最も関心を寄せている謎の解明に不可欠なものだ、ということにジュールズは気づかなかったのかもしれない。いくつかの理由から、ゴキブリの共同研究が実現することはなかった。

ところが二〇〇九年、新たなポスドク研究者、勝又（和田）綾子が日本からこの学部にやって来た。ポスドク研究者は、そのボスに欠けているスキルを備えていることが少なくない。また、時間的余裕があるので、その研究を通して、細分化されていた専門領域の橋渡しができたりする。勝又はまさにそのようなケースだった。彼女はコービーとジュールズの研究の橋渡しをするスキルを備えており、そのスキルを駆使して、ジュールズが自分の研究人生で最大級の発見と見なすものをもたらしたのである。

勝又ならではの特殊スキルは、ゴキブリなどの昆虫の脳が、化合物の味やにおいにどのように反応するかを測定することだ。勝又は、ノースカロライナ州立大学に移籍する前、食物分配がアリの脳内で快楽物質の分泌を促すかどうかを調べる研究を行なっていた（分泌を促すことが判明した）。また、求愛行動中や交尾中のゴキブリの感覚経験を調べる研究も行なっていた。

求愛のとき、チャバネゴキブリのオスとメスは暗闇の中で相手を見つける。メスのゴキブリが化学物質のシグナルを出すと、それが空気で運ばれて家中に漂っていき、オスのゴキブリを惹き寄せるのである。その物質はキッチンの食器棚から洩れ出し、飾り棚から立ち上る。部屋の隅々まで漂い、さらに階段を上ってゆく。明かりが消えていて真っ暗でも、オスはメスのにおいを追い求めて、メスを見つけ出すことができる。[37] こうしてオスとメスが出会って接触すると、オスはメスの体から分泌されるまた別の化学物質を探知する。するとオスは、交尾用ギフト――甘くて良い香りのする、糖分と脂肪分たっぷりの媚薬のようなもの――をメスに捧げる。メスはとにかくこのギフトを食べてみて、満足したかどうかで交尾に応じるか否かを決めるのだ。

勝又がゴキブリの研究を始めたとき、オスゴキブリの交尾用ギフトの組成は知られていたが、そのギフトがメスゴキブリの脳にどのような反応を引き起こすかはわかっていなかった。それを解き明かすために、勝又は、チャバネゴキブリの口器にある味覚感覚毛の味覚感覚ニューロンをコンピューターに接続したうえで、オスとメスの両方にさまざまな種類のギフトを与えてみたのだ。この実験では、彼女はオスゴキブリの役割を演じた。すると、オスのギフトは、オス・メスのいずれからも美味しい餌と感知されたが、オスのニューロンよりもメスのニューロンのほうが、その餌からより強い刺激を受けることが明らかになった。求愛に失敗したオスゴキブリが、自分自身の「ギフト」を食べて快楽を感じることもあったが、メスが感じる快楽には遠く及ばなかった。

ノースカロライナにやって来た勝又は、日本でやってきた研究とはほぼ正反対のテーマに取り組むことになる。チャバネゴキブリが追求するもの、つまりセックスに対する彼らの反応ではなく、T164ゴキブリが忌避するもの、つまりグルコースに対する彼らの反応を研究することになったのだ。

T164ゴキブリは、グルコースの味覚に対して忌避的に反応する方法を進化させたのだとジユールズは信じていたし、コービーも議論を通じてそう考えるようになっていた。やや奇抜ながら、その要因として一つ考えられるのは、自然選択の作用により、グルコースによって味覚感覚毛にある「甘味」感覚ニューロンではなく、「苦味」感覚ニューロンの応答が引き出されるT164ゴキブリが有利になったということだ。おそらく、味覚感覚毛がグルコースに触れると、脳が「苦いぞ！ 逃げろ！」と叫ぶようになったのだろう。

通常のチャバネゴキブリ（科学者が「野生型」ゴキブリと呼ぶもの）の甘味受容器は、グルコースとフルクトースの両方に反応することがすでに知られていた。T164ゴキブリの場合もやはりそうなのだろうか？ 勝又はそれを突きとめようとした。ゴキブリの心を読み取るかのように、ゴキブリが何を知覚したかをテストしようとした。

彼女の研究時間のほとんどがこの作業に費やされた。来る日も来る日も、朝食を終えると研究室に向かい、ゴキブリを拾い上げては、小さなコーンに閉じ込め、ゴキブリの頭がコーンの細端から突き出して、膨れた体が反対側からはみ出すようにセットした。

ゴキブリをコーンにセットし終えると、綾子は顕微鏡を通して、その口器にある毛状の味覚感覚毛を見つめた。そして、一本の味覚感覚毛に、電極の一端を接続した。電極の他端は、コンピユーターに接続した。味覚感覚毛に接続した側の電極は、水とグルコース（または、この味覚テストでゴキブリに与えようとする味物質）の入った細いチューブに囲まれていた。勝又は、ディスプレイ上に現れた波形の振幅と振動数によって、フルクトースやグルコースその他、ゴキブリに与えた味物質が、味覚感覚毛にある「甘味」感覚ニューロンと「苦味」感覚ニューロンのいずれの応答を引き出したのかを読み取った。ディスプレイ上に速いパルスが現れたら、「苦味」感覚ニューロンが応答しており、ゴキブリは苦味を知覚していると判断した。ディスプレイ上に、ややゆっくりとした振幅の大きいパルスが現れたら、「甘味」感覚ニューロンが応答しており、ゴキブリは甘味を知覚していると判断した。勝又は、この実に手の込んだ作業を、二〇〇〇匹のゴキブリ（半数がT164個体群、半数が野生型）のそれぞれ一匹につき、五本の味覚感覚毛について繰り返したのだった。

この作業に要した歳月は三年以上。三年以上にわたって勝又は、これらのゴキブリの頭部と対面し、それをテストしていった。彼らは彼女をじっと見た。彼女は彼らに甘い物を与えた。その甘い物に対する反応が、ごく小さな波形となってディスプレイ上に現れた。彼女はその得られたデータをコンピューターに保存し、データのバックアップを取った。この作業を、グルコース忌避性のチャバネゴキブリ（ジュールズが飼っているT164チャバネゴキブリ）と、甘い物に飛びついてくる通常のチャバネゴキブリの両方に対して繰り返していったのである。一匹のゴキブリの味覚感覚毛を一本ずつテストするのに丸一日かかった。忍耐力と持続力、そして、精根尽き果てても支えてくれる何かがなければ続かない実験だった。それが続けられたのは、ジュールズも、コービーも、そして今では勝又も、T164個体群の反応を理解するカギは、グルコースを舐めたときにその脳に生じる現象と関係があるのでは、と考えていたからこそだった。

勝又の分析結果は、少しずつ少しずつ積み重ねられていった。決定的な瞬間というものはなかった。そしてようやく、それ以上テストする必要がないほど明確な答えが得られた。T164ゴキブリと野生型ゴキブリのどちらも、フルクトースは甘味として知覚していた。勝又が日本で研究していたゴキブリが、相手のセックスシグナルを甘味として知覚していたのと同じだった。フルクトースは甘味感覚ニューロンの応答を引き出したのである。そして、野生型ゴキブリは、グルコースもやはり甘味として知覚していた。ここまではすべて予想どおりであった。ところが――ここが重要なポイントなのだが――ジュールズが引っ越すときに連れて来た（過去と現在をつなぐ）T164ゴキブリは、グルコースを苦味として知覚したのだ。[38]

いったいなぜなのか？　唯一考えられるのはこういうことだ。アパートT164に設置されていた、グルコース入りのゴキブリ用ベイト剤は非常に毒性が強かったので、すべてではないがほとんどのゴキブリが死滅した。一部生き残ったのは、ベイト剤を苦味として知覚する遺伝子または遺伝子群をもっていたがために、ベイト剤を全く食べなかったゴキブリたちだった。こういう出来事が、ただ一度起こるだけでよい。たぶん、T164チャバネゴキブリはすべて、このときに生き残ったゴキブリの子孫なのだろう。

まだ不明確な点も多いが、その後さまざまなことがわかってきた。たとえば、勝又は、これらのゴキブリがグルコースを忌避することだけでなく、もともとベイト剤にグルコースではなくフルクトースが使われていた地域では、ゴキブリがフルクトースを苦味として知覚するように進化したことも明らかにした。ということはつまり、ゴキブリがどのように進化するかを予測できるということだ。人間が行なったことに照らせば、どのように進化するかは予測可能なのである。まだよくわかっていないのは、T164ゴキブリがグルコースを苦味として知覚するようになるうえで、どんなバージョン違いの遺伝子が有利に働いたのかということだ。

勝又は研究室に戻っている。その世話を彼女が引き継ぐことになったのだ。ジュールズは、大切にしてきたアパートT164のゴキブリの飼育を彼女に任せた。勝又の研究人生は始まったばかりだ。ゴキブリたちは彼女に受け継がれるだろう。ジュールズはそろそろ引退を考えている。

これらのゴキブリを用いて彼女は現在、糖に対する忌避性の進化がゴキブリのセックスライフにどう影響するかを調べている。それは、ノースカロライナ州立大学に移籍する以前にやっていた研究と、コービーやジュールズとの共同研究とが統合されたものだ。あらゆる状況や付随的な事柄を詳らかにする網羅的な答えはまだ出ていない。そもそも科学は時間がかかるもの、一筋縄ではいかないものだ。全貌を明らかにするには、研究人生すべてを捧げることになるかもしれない。

しかし、断片的な答えならばすでに出ており、グルコースを嫌うゴキブリは交尾能力が低いことが明らかになっている。オスはメスを惹きつけようとするが、その化学物質のメッセージにはグルコースが含まれているため、メスはそれを性的な甘い魅力とは感じずに、苦味と感じてしまう。その結果、メスはたいがい交尾をすっぽかして、立ち去ってしまうのだ。誰もそのメスを責めることはできない。メスゴキブリが苦いオスとのセックスを避ける傾向が強まるので、家の中のオスゴキブリにとっては、セクシーさと生存能力との間にトレードオフの関係が生じる。理屈

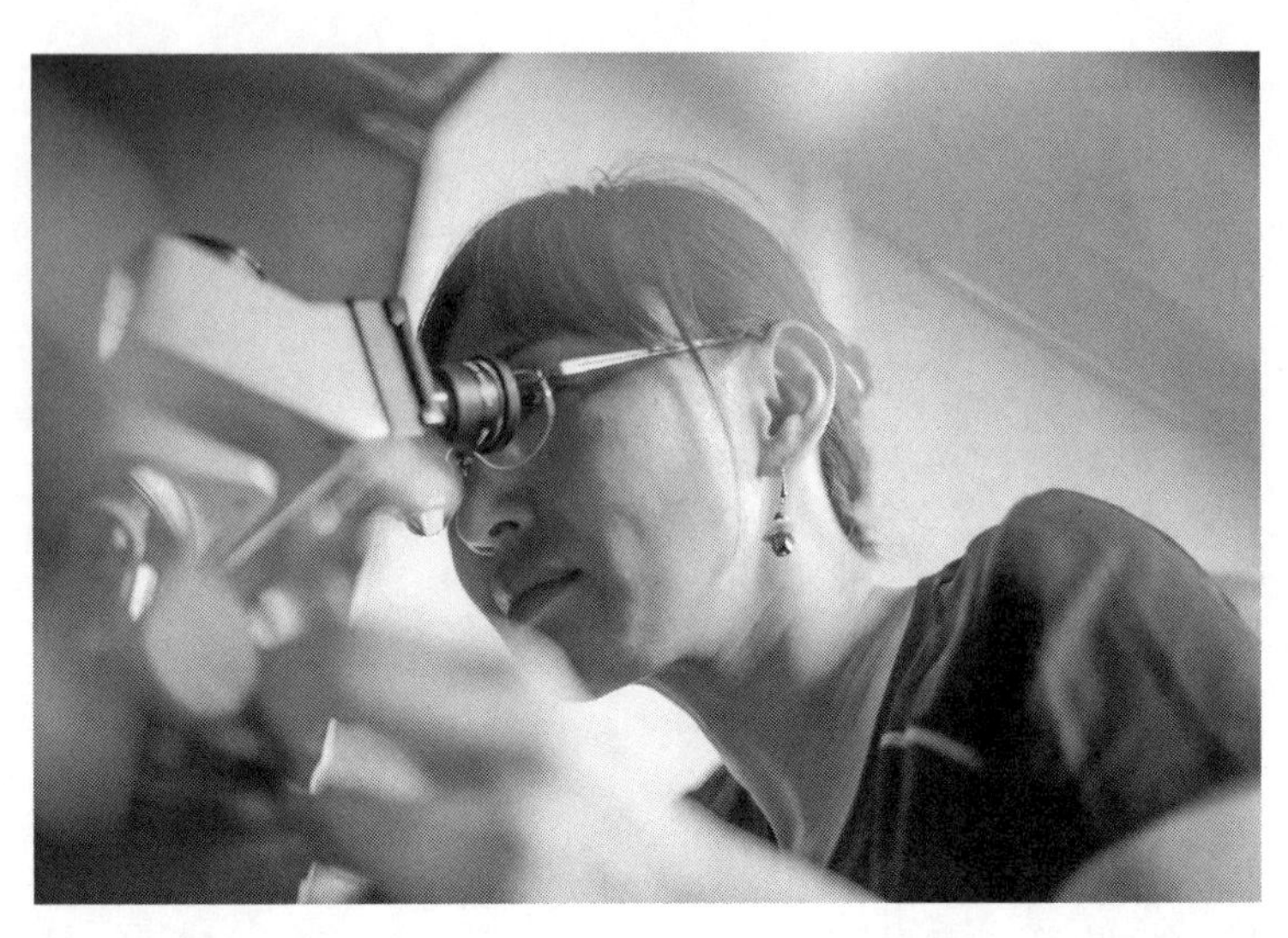

図9.3　研究室で顕微鏡を通してゴキブリを観察している勝又綾子（写真撮影はローレン・M. ニコルズ）

上は、グルコースが添加されたゴキブリ用毒餌剤を使用すると、交尾能力が低く、したがって繁殖能力の低いゴキブリの系統に有利な状況をつくることになる。しかし実際には、完璧にセクシーとは言えないゴキブリでも、数百万匹の子孫をもうけられるくらいセクシーなのである。

チャバネゴキブリのT164個体群の物語は、ゴキブリ自体の進化や、聡明で粘り強い科学者が、普通なら知りえそうもない事柄を解き明かしていく姿に光を当てているにすぎないと思うかもしれない。しかし、軍事専門家が過去の戦争を研究することによって未来に備えるように、チャバネゴキブリとの戦いを検討することによって、人類の進化の行方を見つめることができるのではないだろうか。

進化生物学者たちは、遠い未来について書いたり、予測したりすることにはほとんど時間をかけていない。それは予測に自信がないからではなく、進化の行方を追っていくと必ず人類の破滅に結びつくからではないかと私は思っている。進化生物学者たちは、どんな生物種もみな、結局は絶滅することを知っている。人類とてそれは同じだ。人類が滅んでも、それまでと何ら変わりなく、生命の進化が続いていくことを進化生物学者たちは知っている。[39] 太古の昔からそうであったように、災難に見舞われて進化の歩みはときおり中断するが、それでも必ず、多様性が増す方向へ、より多種類の生物が共存する方向へと進んでいくだろう。過去の進化史において、大量絶滅や大きな環境変化があるたびにそういうことが起きている。人類が不在でも、進化生物学の一般原則にしたがって未来が展開していくだろう。このような生命観は、人類の終焉（しゅうえん）という恐怖を伴うものではあるが、私たちがいなくても生命の営みは続き、まだ想像したこともないような（そして決して目にすることもない）かたちの生命が現れてくると思うと、ある種の慰めのようなものさえ感じられる。

それに比べると、人類がまだ存在している間に起きてくることについて考えるほうが厄介で難しい。私たちがどんな意思決定を下すか、世界にどんなイノベーションをもたらすかによって未来は大きく変わってくる。私たちは現在、地球上で起きている進化の多くを、知らず知らずのうちに掻き乱してしまっている。そう考えた場合にまず思い至るのが、私たちが過去数百年間にやってきたようなことを今後も続けたらどうなるのかということだ。それは、人類が千年前、一万年前、二万年前からずっとやってきたようなこと、つまり、問題のあるものや、見た目に不快なものを、ますます強力な武器で死滅させるというやり方である。

そのときにどんなことが起きてくるか？　それは容易に想像できる。新たな化学物質で攻撃していくうちに、防御行動や化学的防御力をますます進化させた病原菌や害虫が有利になり、人間の役に立ってくれる生物種は――仮に生き残ったとしても――圧倒的に不利な状況に追い込まれてしまう。害虫ばかりが薬剤抵抗性を身につけ、それ以外の多種多様な生物は薬剤にやられてしまうのだ。その結果、私たちは知らず知らずのうちに、チョウ、ハチ、アリ、ガといった豊かな野生生物種と引き換えに、少数の抵抗性をもつ生物種に囲まれることになるだろう。そのような耐性種の外骨格は、毒素が体内に入るのを防ぐバリアで覆われるようになるだろう。そのような耐性種の細胞は、毒素が入るのを防ぐ輸送装置（または、入って来た毒素を安全に溜めておける特殊な脂質組織）を備えるようになるだろう。ゴキブリと同様に、彼らも禁欲的で、駆除用の毒餌や、場合によっては性フェロモンさえも無視するようになるかもしれない。

このような現象はもうすでに始まっているが、今後ますます加速し、もっと極端に、もっとグローバルになっていくだろう。人間の居住空間を均質で環境制御されたものにすればするほど、人間は屋内で生活しやすくなるが、彼らもまた屋内で生息しやすくなっていくのである。

チャールズ・ダーウィンが、自然選択とその結果である生物進化のプロセスを目のあたりにした地、ガラパゴス諸島で進化したのは、人間をまるで怖がらない動物たちだった。しかし、今、私たちの周りで進化しつつあるのは、それとは正反対の動物たち、つまり、人間をいかに避けるか、その攻撃をどうかわすかを熟知しているミニチュア軍団なのだ。屋内害虫はこれからもずっと夜行性であり続けるだろう。人間が住居を占有していない時間帯、人間が注意を払えない時間帯に特化して活動するのだ（見つかれば殺されてしまうので）。このようなことは、ある程度まではすでに起きてきた。トコジラミは、人類が洞窟で生活していたころに、コウモリを宿主とする近縁種から進化したものだ。その近縁種は昼行性であり、昼間、コウモリが眠っている間にコウモリの血を吸うのに対して、トコジラミは夜行性だ。夜間、人間が眠っている間に人間の血を吸えるように進化したのである。多くのゴキブリ類やネズミ類もやはり夜行性になった。動物たちはまた、より狭い隙間をすり抜けられるように進化していくだろう。建物をしっかりと密閉すればするほど、これらの生き物たちは小型化していくと思われる。

今後、間違いなく私たちを待ち受けているのは、現在、家の中で見つかる数千種——それぞれに興味深い物語をもち、ほとんどが人間に何の害も及ぼさない動物たち——が姿を消してしまい、それに代わって、人間の行ないが招いた、小さくて、薬剤抵抗性をもち、なかなか捕まらないチャバネゴキブリ、トコジラミ、シラミ、イエバエ、ノミなど数千種に囲まれて暮らす未来である。明かりをつけたとたんにそそくさと逃げていき、人間がいなくなったり、明かりが消えたりするとすぐにまた集まってきて傍若無人にふるまうミニチュア軍団に囲まれて生活することになるだろう。

第10章 ネコが連れて来るものにご用心

私はあなたに理解させることができない。自分に起きていることを誰にも理解させることができない。自分自身に説明することさえできない。

——フランツ・カフカ『変身』

そして、猫が寿命を全うして死んだ家では必ず、その家に暮らす人々全員が眉毛を剃って猫を手厚く葬る。

——ヘロドトス

家の中の動物を管理する限りにおいて、私たち人間はそれを排除しようとする傾向がある。チャバネゴキブリがその良い例だ。しかし一つだけ例外がある。とても重要な例外——それはペットである。ペットは善きもの。私たちを幸せに、健やかにしてくれる。そのお返しに、餌を与えて可愛がる。我が子よりも頻繁にペットを連れて歩いたりする。両義性に満ちた生物学の世界にありながら、ペットは一義的であり、紛うことなき善である。少なくとも、ペットにくっついて家に入って来る生物のことを考えるまでは、そのように思える。しかし、考え始めたとたんに、すべての事柄が（またしても）それほど単純ではなくなってくる。

ペットについて考えるとき、ほとんどの人は自分が飼っている動物のことを思い浮かべる。初めて飼ったペットのことかもしれないし、一緒に難局を切り抜けたペットのことかもしれない。しかし、生態学者である私が、ペットについて考えるときに思い浮かべるのは、科学の世界に入って初めて経験した甲虫類の研究のことだ。当時、私は一八歳の大学生だった。サルの観察のインターンシップに応募した。ところが不採用となってしまったので、また別の甲虫観察のインターンシップに応募した。すると、今度は採用された。そんないきさつで、私は、カンザス大学の大学院生、ジム・ダノフ＝バーグの学位請求論文の手伝いをすることになったのだった。[1]

ジムは、リオメトプム属のアリと共生する甲虫類の研究をしていた。このアリは、危険を感じると（アリ学者に突かれたりすると必ず）、柑橘（かんきつ）やアプリコットや、やや甘いブルーチーズのようなにおいを放つ。荒れ地の地下に大きな巣を作るアリで、石をひっくり返したり、ビャクシンやマツの茂みの根元を掘ったりすると見つかる。夜間に懐中電灯を持っていなくても、そのにおいで見つけることができる。ただしガラガラヘビに遭遇してもよければではあるが。

リオメトプム属のアリと共生している甲虫類は、事実上、アリにとってのペットだ。甲虫は、アリから餌と棲み処を与えてもらう能力を進化させたのである。アリはコロニーの仲間たちをなだめるために特殊な物質を分泌する。たとえば、何らかの危険が過ぎ去ったあとでコロニーを鎮めるのにこの物質が役に立つ。甲虫は、アリ自身が分泌するのと似たような物質を分泌して、アリをなだめるのである。人間がイヌと一緒にいると、穏やかな（そして愉快な）気持ちになってくるのと同じだ。甲虫は、アリをなでたりもする。ネコが飼い主の脚に体をこすりつけたり、イヌが飼い主に甘えて体を押し当てたりしてくるのと同じだ、甲虫がアリをなでているうちに、アリのにおいが体について、アリのようなにおいがしてくる。この、アリのようなにおいになることが重要なのだ。そうすれば、アリが甲虫を食ったりしなくなるからである。アリは、動くもので、近縁種のにおいのしないものは、ほとんど何でも殺して食べてしまう（遠縁種は、だいたいが隣接するコロニーから来ているので、躊躇（ちゅうちょ）なく食べてしまう）。

アリたちを落ち着かせ、においに身を隠した甲虫は、アリたちがうっちゃらかしてある、こまごましたいろいろなものを食べあさる。これらの甲虫類のなかには、宿主のアリに食物の施しまでさせてしまう種もある。両の前「肢」を浮かせてアリの面前に座り、施しを乞うのである。甲虫がアリに及ぼす影響の少なくとも一部には、食物を少々かすめ取るというネガティブな側面もある。しかし、初期人類社会のイヌやネコと同じく、甲虫が食べるのは、アリにとっては不要な残り物かもしれない。甲虫が、アリの残飯の山にいる害虫や病原菌も食べてくれるのであれば、アリにとっても好都合だ。

ジムと私はこのようなアリの研究をしながら、甲虫は総じて、アリにとって負担になるのか、利益になるのかをテストすることにした[2]。アリを甲虫と一緒にフィルム容器に入れたものと、アリだけを入れたものを用意し、各実験群のアリたちの寿命を記録するという実験を試みたのである。苦労したのは、ジムのクルマであちこち巡りながら実験を続けなければならなかったことだ（私たちはアリと甲虫がいる場所を探して方々を回っていた）。この実験の結果、甲虫と一緒にいるアリのほうが、そうでないアリよりも長く生きるようだった。たぶん、甲虫がアリを落ち着かせることにより、アリが大パニックに陥ってエネルギーを浪費するのを防ぐからだろう。パニックが起きたとしても何の不思議もなかった。なにしろ、フィルム容器に入れられたまま、古ぼけたトヨタ・ターセルに乗せられ、死物狂いの彼らが発するにおいと、私たちのピーナッツバターのにおいにまみれて砂漠をずっと旅して回っていたのだから。この実験は、少なくともある状況下では、甲虫はアリに利益を与える可能性があることをほのめかすものだった。

アリと甲虫の実験は容易いものではなかったが、それでも、人間とペットで同様の実験を行なうのに比べれば簡単だった。人間一人とイヌ一匹を巨大な瓶に入れて、イヌと一緒に入っている人間のほうが、イヌと一緒でない人間よりも長く生きるかどうかを確認するまで待つ、などという実験は誰も許しはしないだろう。ペットのイヌやネコ（ついでに言えば、屋内で飼育されるブタ、フェレット、さらにシチメンチョウ）が、心身の健康という面で私たちに利益を与えているのかどうかを見極めるのは実際難しい。障害のある人々を助けたり、がんを探知したりといった、特殊な役割を担っているイヌは、明らかに人間にとって直接的な利益がある。しかし、ごく普通のペットして家で飼われているイヌやネコはどうなのだろう？

少数の研究から、イヌを飼うことにより、また、それほどではないにせよネコを飼うことでも、ストレス、不安感、孤独感が低減する可能性のあることが明らかになった。つまり、甲虫のアリに対する効果と思われたものと同種の効果が確認されたのでる。イヌやネコ、さらにはブタやシチメンチョウといった感情支援動物が増加している背景にあるのはこうした効果なのだ。イヌを飼っている人は、イヌを飼っていない人よりも、心臓発作後の回復が良好であることを明らかにした研究まである。ちなみに、ネコを飼っている人は、ネコを飼っていない人よりも回復が良くなかった。[3]

しかし、このような研究は数が少ないうえに、相関関係を調べているにすぎず、しかも調査対象者が比較的少数に限られている。また、イヌやネコが私たちの生活に及ぼすその他の影響については検討していない。イヌやネコが、イエバエやチャバネゴキブリのように、私たちの生活にさまざまな生物種——病気をもたらす生物種や、場合によっては健康をもたらす生物種——を持ち込む可能性については全く考慮していない。

ネコが持ち込む生物種の一つに、寄生性原生生物のトキソプラズマ・ゴンディ（トキソプラズマ原虫）がある。[4] トキソプラズマ原虫は、ペットに付いて私たちの生活に乗り込んでくるという点においても、また、私たちにとってペットは善か悪か判断しがたいという点でも、象徴的な存在だと言える。

ここで取り上げるような、トキソプラズマ原虫の物語のそもそもの始まりは、一九八〇年代にまでさかのぼる。グラスゴーのある研究グループが、トキソプラズマ原虫に感染したマウス（ハツカネズミ）の研究をしていた。すると、感染しているマウスは、感染していないマウスに比べて活動過多になるらしいと気づいたのだ。その原因はこの寄生虫にあるのではないかと考えた彼らは、マウスすべてを回し車（ハムスターホイール）で走らせてみることにした。

研究グループの学生、J・ヘイは、マウスを一匹ずつ回し車で走らせて、その回転数を計測した。実験開始から三日間で、感染していないマウスたちは回し車の中で二〇〇〇回転以上走った。大したものである！　決して落ち着いてなどいない。しかし、感染しているマウスたちの回転数は、その二倍にも及んだ。それどころか、日を追うにつれて、その差はますます大きく開いていった。実験開始から二二日目までに、感染していないマウスたちの回転数は四〇〇〇回だったのに対し、感染しているマウスたちの回転数は一万三〇〇〇回に及んだ。哀れを誘うまでの極端な運動量を示したのである。

感染したマウスの脳内では、何か興味深いことが起きているに違いないと研究者たちは考えた。そしてさらに、もう一歩踏み込んだ仮説を立てた。感染したマウスの活動亢進状態は、寄生虫が生き延びるための適応ではないだろうか。つまり、寄生虫がマウスの活動を亢進させて、ネコに食われやすくしているのではないだろうか、と考えたのだ。寄生性原生生物のトキソプラズマ・ゴンディは、ネコの体内でしか、その生活環（ライフサイクル）の最終ステージを完結することができないからである。[5] しかし、その研究グループが行き着いたのはそこまでだった。この研究を発表して、他の学者たちが検証すべき仮説を提示したのである。この仮説はそれだけでも十分に奇抜だったが、その一〇年後、ヤロスラフ・フレグルのおかげで、その奇抜さがさらに増すことになる。

図 10.1　研究室のヤロスラフ・フレグル（アンナマリア・タラス制作の TV シリーズ「Life on Us」より。写真提供はアンナマリア・タラス）

　フレグルは、チェコのプラハで生まれ、プラハで研究生活を送っている。プラハで、進化生物学の分野でキャリアを築くのに必要なステップを踏み、優れた研究を行なって博士号を取得し、カレル大学の教授というめったにない栄誉まで手にしたのだった。カレル大学で、彼は寄生虫の研究を始めた。最初は、膣トリコモナス症の原因となる寄生性原生生物、トリコモナス・ヴァギナリスの研究をしていた。ところが一九九二年以降、フレグルはトキソプラズマ・ゴンディに興味を引かれるようになる。そして、回し車で活動過多となるマウスについて、ヘイが行なった研究を読み始めた。読み終えた彼は、ヘイが立てた仮説のとおり、寄生虫は自らの目的のためにマウスの脳を操っているのだと確信した。それは、世界中の家々——ストーブの下から飛び出したネズミにネコが襲いかかっている家々――で起きていることであり、それはみな、寄生虫の利益にかなっていると考えたのだ。

フレグルがなぜそんなにあっさりと、ヘイの仮説は正しいと確信したのかを説明するのは難しい。そのあとなぜ、自分も活動亢進状態のマウスと同じように感染しているのでは、と考えたのかを説明するのはもっと難しい。

フレグルは、自分の行動の不可解な点を挙げていった。彼自身、感染したマウスのように感じることがあったのだ。ルームランナーの上を他の人よりも速くガンガン走るというわけではなかったが、もし彼がマウスだったら殺される確率が高まりそうなことを、もし自然界に生きていたら大ネコに食われてしまいそうなことを平気でやっていた。ひょっとすると、寄生虫はマウスの活動を亢進させるだけでなく、リスク回避行動を取らないようにさせるのではなかろうか。そして、寄生虫は彼にもやはり同じことをしているのではなかろうか。ある時、クルジスタンで、弾丸が周囲を飛び交うような状況に置かれたのに、それでも死の不安を感じたことはなかった。プラハの自宅で暮らしているときも、交通事故を全く恐れなかった。ブレーキのきしみ音やクラクションの音が鳴り響いていても、感染したマウスが飛び出していくように、クルマの間に飛び出していった。また、共産党政権時代、物議をかもす発言をすれば投獄またはそれ以上の仕打ちを受けることを十分知っていても、発言することにまるで不安を感じなかった。

どうすればこれをすべて説明できるだろう？　彼はこう考えるようになった。自分は何かに感染して、すっかり別人になり、カフカの『変身』の主人公グレゴールのごとく、自分では制御不能のドラマを演じるようになったに違いない、と。

そのように考え始めてすぐ、彼はトキソプラズマ原虫に曝露したかどうかの検査を受けることにした。検査の結果、血液中のトキソプラズマ抗体が陽性であることが判明した。やはり感染していたのである。彼は、どれが本来の自分の行動で、どれが寄生虫による衝動的行動なのか、よくわからなくなってきた。そんなふうに、自分は寄生虫に操られているのではと考えること自体が、寄生虫の影響を象徴するような破天荒なことだった。国際的な研究者仲間から相手にされなくなるおそれのある見解だった。正直なところ、あらゆることが不条理に思われた。しかし彼は、型破りの考えをずっと抱いたままでプラハにいた。

フレグルがトキソプラズマ原虫に興味をもつようになった頃には、この寄生虫についての科学的理解も少し進み始めていた。トキソプラズマ原虫は、ヘイらが指摘しているように、ハツカネズミ（ムース・ムースクルス）に感染する。しかし、ドブネズミ（ラットゥス・ノルヴェギクス）やクマネズミ（ラットゥス・ラットゥス）など、屋内に生息するその他の齧歯類にも感染する[6]。さらに、ヤモリやブタ、ヒツジ、ヤギにも感染する可能性がある。

これらの動物たちが、トキソプラズマ原虫のオーシスト（接合子嚢）を含んでいる土や水をうっかり口に入れたときに、この原虫は動物の体内に入り込む（オーシストとは卵鞘のようなもので、古代ギリシャ語の「卵」を意味する言葉と、「袋」や「嚢」を意味する言葉に由来する）。ここから、宿主の体内で、ギリシャ悲劇、というわけでもないが、とにかくギリシャ語だらけのストーリーが始まる。オーシストの固い壁が胃の酵素で分解されると、宿主動物の腸内にこの寄生虫のスポロゾイト（種虫）が放出される（「スポロ」は「種」を意味するギリシャ語に、「ゾイト」は「動物」を意味するギリシャ語に由来する）。放出されたスポロゾイトは、上皮細胞に侵入し、その細胞の中でタキゾイト（急増虫体）（「タキ」は「すばやい」という意味のギリシャ語に由来）に姿を変えて、急速に分裂し増殖する。そして宿主細胞が耐えきれずに破裂すると、タキゾイトは血流に乗って広がり、宿主の他組織の細胞に侵入していく。ようやく、宿主の免疫系がその増殖を抑えにかかると、それに伴って今度は、ブラディゾイト（緩増虫体）（「ブラディ」は「ゆっくり」という意味のギリシャ語に由来）に姿を変えて、宿主の脳や筋肉その他の組織の細胞内に隠れ、ゆっくりと、辛抱強く、宿主が捕食者に食われるのを待つ。

なぜ宿主が食われるのを待つのかと言うと、生活環（ライフサイクル）を完結するには、ネコ科動物の腸内に入らなくてはならないからだ。トキソプラズマ原虫は、原生生物である。[7] 多くの原生生物と同じく、有性生殖やオーシストの形成には、非常に特殊な条件を必要とするのだ。土壌中や、齧歯類やヤモリ、ついでに言うとブタやウシの体内（時々入ることがある）では、有性生殖もオーシストの形成もできない。えり好みが激しいのである。ネコ科動物の腸管上皮の内層を熱烈に好み、そこでなければ物事が成就しない（オンラインデートなどありえないらしい）。ネコ科の種類は問わないようだが、何らかの種類のネコ科動物でなくてはならない。これまでに、この寄生虫が一七種類のネコ科動物で有性生殖を行なっているのが見つかっている。このように、トキソプラズマ原虫の生活環は、めったに起こらないような一連の出来事が、特定の順序で起こってくれるかどうかにすべてかかっている。このような依存性こそが、この寄生虫の非常に重要な特徴であり、その生き方を決めているのである。

トキソプラズマ原虫のオスとメスがネコの腸管内で出会って番うと、ようやく多数のオーシストが形成される。オーシストはその後、糞便ハイウェイに乗ってネコの腸管を下り、環境中に排泄される。小さなネコの糞一個に、二〇〇〇万個のオーシストが含まれていることもある。オーシストには、植物の種子に負けないほどの耐久力がある。ネズミやその他の動物が経口摂取するのを、何か月間も、ときには一年にもわたって、ひっそりと待ち続けることができる。地球上にはおよそ一〇億匹のネコがいるので、仮にトキソプラズマ原虫に感染して宿主になっているネコが、一〇匹のうちの一匹だけだったとしても、三〇〇兆個にも及ぶトキソプラズマ原虫のオーシストが経口摂取されるのを待っていることになる。控えめに言っても、天の川銀河の星々の七六〇倍以上の数のトキソプラズマ原虫のオーシストが、食われるのを今か今かと待っているのである。[8]

ネズミもネコもたくさんいた、たとえば古代メソポタミアの穀物サイロの周辺などでは、この寄生虫が生活環を完結できる確率は高かったのではないかと思われる。それでもやはり、中間宿主（ネズミなど）をネコに食われやすくすることで成功率を高められる系統のほうが有利になったであろう。そのようなことすべてを、ヘイはある程度まで理解または推測していた。このヘイの最初の直観は正しかったということが、その後の研究で証明されることになる。つまり、寄生虫がマウスを操っていたのである。

フレグルが初めて自分は感染していると思ったときに気づいたように、人間が屋内でネコの糞便を介してトキソプラズマ原虫に曝露することは珍しくない。自然界では、前述のとおり、この寄生虫のオーシストがネコの糞便に入り、それから土壌中や水中に入ったのち、その生活環の新たな始まりに向けた準備がなされる。しかし屋内では、オーシストの行き先はゴミ箱であって、場合によっては、とてつもなく大量のオーシストがゴミ箱に捨てられる。[9]

妊娠中の女性がこのオーシストをうっかり口に入れてしまうと、それが妊婦の胃の中で破裂し、腸管の内側を覆う細胞の中で無性生殖によって増殖したのち、血流に乗って他の組織に侵入していく。あいにく、この寄生虫は、母体血と胎児血を隔てている関門で遮断されないので、胎児の体内にも入っていってしまう。胎児はまだ、自身の免疫系が発達しておらず、母親から抗体をもらっているのだが、T細胞のような免疫細胞はもらえない。これが問題となる。というのも、トキソプラズマ原虫は通常、T細胞によって抑え込まれるからである。T細胞が存在しない妊娠中の胎児の中では、トキソプラズマ原虫が野放しに増殖していき、精神発達遅滞、難聴、ひきつけ、網膜損傷を引き起こすおそれがある（妊娠前の感染は、胎児にはほとんどリスクを及ぼさない。寄生虫が血流に乗って移動せず、母親の筋肉や脳内の細胞に定着している可能性が高いからだ）。このような先天性のトキソプラズマ症はそれほど多くはないが、珍しくもない。[10]長年にわたるトキソプラズマ原虫の研究は、次のように締めくくられた——野生での生活環はネズミ（マウス、ラット）やネコを宿主として成立しているが、何らかの拍子に、ネコの糞便を介して妊娠中の女性にリスクを及ぼす、と。

しかしフレグルは、この原虫の寄生するときの様態が、妊婦その他の人々で起きる場合と、マウスやラットで起きる場合で同じだということにも気づいていた。この寄生虫が脳の細胞に定着すれば、少なくとも理論上は、人間もマウスやラットが受けるのと同じ影響を受ける可能性がある。つまり、脳に入り込んだこの寄生虫が人間の行動を操ったとしても、少なくとも理屈の上では不思議はない。

だがそれは信じがたいことのように思われた。マウスやラットは脳が比較的小さいので、微小な原生生物に操られてもおかしくないが、人間は大きな脳をもっている。前頭葉が発達して大きくなり、それによって意識的な思考ができるようになったことが人間の人間たる所以(ゆえん)であり、それが火やチーズやコンピューターを発明する能力を与えてくれたのだ。私たち人間は複雑な思考を行なって、それを表明し、どのように行動するかの決断を下す。生化学的反応のなすがままにされているわけではない。顕微鏡でしか見えない虫けらの欲求に支配されてしまうほど愚かではないし、無自覚でもない。フレグル以外のほとんど誰もがそのように考えていた。

トキソプラズマ原虫のような寄生虫が人間にどんな影響を与えるかを知ろうとする場合、そもそもその研究方法を見つけること自体が難しい。問題は、ある病原体の影響や治療法の効果を調べようとする場合には、通常、マウスやラットをモデル生物として用い、それらに及ぼす影響や効果を調べているという点にある。人体実験を避けるために、人間の代わりに齧歯類をつついてみるのである。生物分類において、齧歯目(ネズミ目)は、私たち人間が属している霊長目と比較的近縁だ。それゆえ、人間の細胞も、生理機能も、そして免疫系も、齧歯類のそれと非常によく似ている。よく似ているので、ある物質がマウスやラットに、ある影響を及ぼす場合には、人間に対しても同じ影響を及ぼす確率が非常に高い。

面白いことに、イヌやネコが人間の健康にどれほど有益かという議論をすることはあっても、ハツカネズミ（マウス）、ドブネズミ（ラット）、あるいはミバエについてそのような議論はなされない。けれども、なにげなく人間と共に世界を移動してきた、こうした屋内動物たちこそが、人間自身の生理機能を調べるための中心的手段となってくれている。私たちは、自らを理解するために彼らを研究する。彼らは私たちの鏡なのである。

しかし、トキソプラズマ原虫の場合には、なかなかそうはいなかい。トキソプラズマ原虫がマウスの行動に（適応的であれ、その逆であれ）何らかの影響を及ぼすらしいとすでにわかっていた。けれども、マウスは活動が亢進したから人間の場合も同じだろうという考えは、なんせ受け入れがたかったのだ。

不利な条件はまだあった。トキソプラズマ原虫の不顕性感染の証拠を示す者（つまり、免疫系がこの寄生虫に曝露した証拠を示す者）を見つけることはできるが、問題は、宿主細胞内で緩慢に増殖する虫体（ブラディゾイト）を殺す方法がないということだった〔したがって、治療してその影響を調べることはできない〕。また、寄生虫が生きたまま細胞内に保持されている人と、定着しないうちに免疫機能で寄生虫を死滅させた（が、戦った証拠は残っている）人とを見分ける方法もわかっていなかった〔したがって、トキソプラズマ原虫の影響下にある人とそうでない人を区別できない」。加えて、フレグルにはこういった類の研究をするための多額の資金がないという問題もあった。給料はもらっていたし、時間もあった。そこで彼は、曝露歴のある人とない人を比較するという、昔ながらの研究手法を用いることにした。相関関係があるからといって、因果関係があるとは言えないが、それでも研究の出発点にはなる。それまで見えなかった世界を覗くための――曇ってはいるかもしれないが――一つの窓にはなってくれる。

フレグルが行なった相関研究は容易いものではなかったが、お金はほとんどかからなかった。彼は多数の人々の行動を知ろうとして、性格診断テストのスコア、リスク回避度、そして危険な行動に起因する問題（自動車事故など）の起こしやすさといったデータを集めていった。昔の行商人のように、個別に訪問しては、型破りな考えを説き、血液検査を受けてくれるように頼んだ。といっても、プラハの街を巡るのではなく、もっと簡単な方法をとった。自分の所属する大学学部の部屋をあちこち訪ねて回ったのである。

論文中で報告しているように、研究参加者のほとんどは、カレル大学理学部の教授や事務スタッフや学生たちだった。同じ職場の男性一九五名、女性一四三名に対して、キャッテルの16パーソナリティ因子質問紙の一八七項目の質問を行なったのである。これは、温かさや、活発さ、社会的大胆さ、優位性など、一六のパーソナリティ因子の強度を測定するために、一九四〇年代に開発されて、世界中で使用されているテストだ。フレグルと共同研究者もこの研究に参加したが、質問に答えた時点では、この二人以外はまだ誰も、自分がトキソプラズマ原虫に感染しているかどうかわかっていなかった。

フレグルは各参加者に対し、性格診断テストに加えて、トキソプラズマ原虫の皮膚テストも実施した。参加者一人一人にトキソプラズマ抗原を注射し、その四八時間後に、注射部位に免疫反応による小さな腫れができていれば、その参加者は人生のいずれかの時点でトキソプラズマ原虫に感染したことがあると見なされた。[11] これは必ずしも、その参加者が依然として体内にトキソプラズマ原虫を保持しているということではなく、ましてや、トキソプラズマ原虫が細胞内に侵入したことを意味するわけでもない。ただ、過去のある時点で、十分に大量のトキソプラズマ原虫を摂取したため、免疫系がそれを撃退しようとした、ということを意味するにすぎない。

一九九二年から九三年にかけて、一四か月にわたって調査が行なわれた。カレル大学のフレグルの同僚たちは、彼を変わり者だと思いはしたが、それでも調査に参加することには同意してくれた（しかも、調査の中で、自分の生活についていろいろと詳しく明かしてくれた）。

フレグルがデータを検討したところ、彼のようにトキソプラズマ原虫に曝露したことのある男性たちと、曝露したことのない男性たちとの間には違いが見られた。曝露歴のある男性たちは、危険を冒す傾向が強く（テストの「社会的大胆さ」で高得点）、いきおい、ルールを無視して性急に、リスクを伴う決断を下す傾向が強かった。全般的に見て、男女ともに、曝露歴のある人とない人では性格タイプが異なっていた。

フレグルがさらに詳しくデータを見ていくと、それは人間社会の重要な特徴を説明しているように思われた。研究参加者たちはみな職場の同僚だったので、その結果は彼をとりまく世界を説明していた。たとえば、同僚の教授たちのうち二九人は、トキソプラズマ原虫のテストで陰性だった。そのような人々は、ゆっくりと熟慮を重ねたうえで決断を下すタイプで、リーダーとなる傾向があった。二九人中一〇人が、学科長、副学部長、学部長になっていた。逆に、曝露歴のある教授のなかで、リーダー的役割を果たしているのは、(学科長の) 一人だけだった。[12]

その後の調査でもやはり同じようなパターンが認められた。たとえば、トキソプラズマ原虫への曝露歴のある人は、自動車事故の起こしやすさが二・五倍であることをフレグルは明らかにした (その後、トルコの研究グループによる二件の別個の研究、メキシコでの研究、さらにはロシアでの研究でも同様の結果が得られた[13])。

彼は意を強くした。[14] ますます力を入れて自らの考えを主張した。それに対して人々がどう反論してくるか、予想はついていた。トキソプラズマ原虫に曝露した人々はもともと、そうでない人とは性格特性が異なっていたのであり、たとえば、危険を冒しやすい人はこの寄生虫に曝露する確率も高くなるのだ、と主張してくるだろう。彼はその可能性を反証することはできなかったが、危険を冒しやすいとネコの糞便中の寄生虫に曝露しやすくなる理由もなかなか思い当たらなかった。危険を冒しやすい人はネコを飼う確率が高い、あるいは、ネコの糞便をうっかり口に入れやすいという考え方には無理があるように思われた。[15] もっとも、彼の考え方にも無理はあった。

人類が初めてトキソプラズマ原虫にさらされるようになった時期はわかっていない。一つ考えられるのは、農耕が始まるまで、人類がこの寄生虫に曝露することは比較的まれだったということだ。農耕の開始と共に、人類は穀物を貯蔵するようになった。このような貯蔵穀物は、穀物につく昆虫やネズミ (ムース・ムースクルス) の大集団の餌食になった。穀物は財産であったから、ネズミは財産を食いつぶす大敵だった。[16] ネズミの個体数が増加するにつれて、ネコの数も増えていき、やがて、いつでもネコにネズミを捕ってもらえるように、農耕民の間でネコが飼われるようになった。ネコを飼うようになると、ネコの糞便にさらされることが多くなり、いきおい、トキソプラズマ原虫にさらされる頻度も増すことになった。[17]

紀元前七五〇〇年頃には、キプロス島で、人間の傍らに掘られた小さな穴にネコが埋葬されていた。そのネコは切り刻まれておらず、調理されてもいなかった。多くの文化圏で人の遺体を葬るときと同様に、手足をきちんと折り曲げて埋葬されたようだ。ネコはキプロス島の原産ではないので、このネコ（もしくはその祖先）は、人間と共に船に乗ってこの島にやって来たに違いない。そのネコの傍らの人間は、宝石や装飾品と共に埋葬されており、権力をもつ裕福な人物だったようだ。このような埋葬の様子から、人間のネコとの付き合いは、ずっと昔から、敬意とまではいかずとも好意を伴うものであったことがうかがえる。[18] そして、このネコはすでに、飼いネコになっていたのだろう（遺骨だけでは確かなことはわからないが）。

人類が初めてトキソプラズマ原虫と遭遇したのは、キプロス島の集落のような、初期農耕集落だったのかもしれない。飼いネコの傍らに埋葬された男性もそのネコも、共に感染していたのかもしれない。いや、もしかしたら、人類がトキソプラズマ原虫にさらされ始めたのは、もっと昔の先史時代だった可能性もある。狩猟・採集時代の人類が、ネズミと同じように、土壌からうっかりこれを口に入れてしまったのかもしれないし、加熱していない肉を食べたときに摂取してしまったのかもしれない（この寄生虫が細胞内に潜んでいるブタやヒツジなどの肉を食べた場合に

も やはり、この寄生虫に曝露する可能性がある)。また、人類の祖先が大型のネコ科動物に食われることは珍しくなかったので、人類もときおり、この寄生虫がその大好きな最終目的地にたどり着くための旅の手伝いをすることになった。人類の祖先は、特に幼い子どもたちは、現在の私たちが想像する以上に、ネコ科動物の餌食となっていた。しかし、この後者のシナリオが正しいとしてもやはり、農耕が始まってネコを屋内に入れるようになると共に、人類がこの寄生虫に遭遇し、感染する頻度が増した可能性が高いと思われる。

いずれであったにせよ、もしフレグルの仮説が正しいとすれば、太古の昔からこの寄生虫は人類の行動に影響を及ぼしてきた可能性が出てくる。つまり、この寄生虫は現在の私たちのみならず、何世代にもわたって人類の祖先に影響を与えてきたのではないか――彼はそう考えた。たとえば、チンギス・カンはトキソプラズマ原虫に感染していたのでは、という疑問が湧いてくる。あるいはコロンブスはどうだったのだろうか。

トキソプラズマ原虫が人間に及ぼしうる影響や、人類に及ぼしてきたさまざまな影響についてフレグルが検討しているころ、別の数人の生物学者たちが黙々と、トキソプラズマ原虫が齧歯類に及ぼす影響の解明に取り組み続けていた。その一人が、人間以外の動物が伝播する病原体の専門家、ジョアン・ウェブスターだった(ウェブスターは自らを人獣共通感染症の疫学者と称している)。ウェブスターもエディンバラで、フレグルと同じく、ヘイの実験をさらに進めようとしていた。といっても、フレグルとは違い、ウェブスターは実験を行なうことにした。ヘイの実験はマウス(ハツカネズミ)を用いたものだったが、ウェブスターは実験用ラット(ドブネズミ)

について研究した。
ラットの場合も、マウスの場合と同じく、トキソプラズマ原虫が血流中で無性生殖により増殖して全身に広がり、心臓などの筋肉細胞や脳の細胞の中に入り込んでいく。脳の細胞内に入ったこの寄生虫は、シストと呼ばれる嚢胞を形成し、宿主が生きている限り、何年間でもそこに身を隠していられる。ウェブスターは、入念な実験を重ねることによって、ラットがこの寄生虫に感染すると、マウスの場合と同様に、活動性が高まることを明らかにした。[19] ラットはまた、普通ならばひどく恐れるネコの尿のにおいを恐れなくなる。これもやはり、マウスの活動亢進と同じく、ラットをネコの餌食にしやすくする変化である。[20] アリを甲虫好きにすることができる自然は、マウスやラットを、大きく開けた捕食者の口の中へとまっしぐらに突き進ませてしまう力ももっているのである。
ウェブスターには少しずつ、この寄生虫がラットにこのような変化を起こす機序がわかってきた。脳に到達した寄生虫がドーパミンの前駆物質を産生すると、[21] まだ未解明の物質やメカニズムとも相俟(あいま)って、マウスやラットの活動が亢進し、ネコの尿のにおいを恐れなくなり、いきおいネコに食われやすくなるようだ。ネコの餌となる生物種は屋内でも屋外でも生息できるので、屋内のネコも、屋外のネコもトキソプラズマ原虫の宿主となる。[22]
ウェブスターの研究をきっかけにして、トキソプラズマ原虫のみならず、さまざまな寄生生物がいかにしてその宿主の行動を操るかを解明する研究が始まった。現在では、こうした寄生生物による宿主の操作は、普遍的な現象であることが知られている。真菌はアリの脳を操り、ハチはクモを操り、条虫は等脚類〔たとえばフナムシやダンゴムシ〕を操り、というように枚挙にいとまがない。しかし、フレグル以外には、ウェブスターも含めたトキソプラズマ原虫研究者の誰一人として、それが人間に影響を及ぼすメカニズムには注目しなかった。

ウェブスターは仕事柄、トキソプラズマと人間の両方に目を配る機会があった。というのも、ウェブスターはインペリアルカレッジ医学部にも教員の職を得ており、毎週のように、人間の病気に主眼をおく同僚たちに混じって働いていたからだ。しかし、フレグルが行なっているような相関研究は、同僚たちに対する説得力に欠けており、ウェブスターが同じような研究をしたとしても、やはりそうだっただろう。ウェブスターとしては、必ずしも同僚たちに、興味をそそる研究だ、あるいは、研究を続ける意義のある結果だと納得してもらう必要はなかったが、そう思われるに越したことはない。学究生活というものは、周囲からのリスペクトの上に成り立っているが、それはちょっとしたことで失われてしまう。自分の研究に対する仲間からのリスペクトを失えば、仲間からの支持も協力も得られなくなり、さらには将来的にも、周囲から認められなくなるおそれがある（ちなみに、この世界は、周囲からの評価なくしては、片時も生きていられない世界のようだ）。

もっとも、同僚たちを納得させられないだけでなく、そもそもウェブスター自身、この研究はあまり納得できるものではなかった。彼女は実験による仮説検証の教育訓練を受けてきたが、トキソプラズマと人間の関係に関しては、実験的手法を適用できる側面があまり多くなかった。人間をトキソプラズマ原虫に曝露させることは倫理的に許されなかったし、細胞内に定着したものを排除する方法は見つかっていなかった（したがって、治療してその効果を調べることはできなかった）。

しかし、研究を続けていくうちに、ウェブスターに解明の糸口が見えてきた。フレグルは、他のさまざまな現象に加え、この寄生虫は人間の行動だけでなく精神的健康にも影響を及ぼすのではないかと考えていた。さらに言うと、フレグルの研究をもとに、スタンレー医学研究所の精神科医、E・フラー・トーリーとジョンズ・ホプキンズ大学医学部の小児科教授、ロバート・ヨルケンは、トキソプラズマ原虫が統合失調症の発症に部分的または全面的に関わっている可能性を指摘していた。[23] 統合失調症もトキソプラズマ原虫も共に、特定の家庭に集中する傾向が見られたが、その分布状況からすると、完全に遺伝的なものではなさそうだった（保有する遺伝子よりもむしろ、居住する家との関連のほうが強かった）。それに加えて、統合失調症の症状を抑えるための薬が、患者の細胞内に潜んでいるトキソプラズマ原虫の除去に効果を発揮する場合があるらしい。このような研究結果を見て、ウェブスターにある考えが浮かんだ。統合失調症の薬が効くのは、トキソプラズマ原虫を抑えたり殺したりするからではないか、と考えたのである。

ウェブスターは実験を行なった。実験にこそ彼女の本領がある。まず四九匹のラットにトキソプラズマ原虫を経口感染させた。それとは別の三九匹の対照群ラットには、同じ方法でただの塩水を経口摂取させた。感染群と対照群のラットをそれぞれ、さらに四つのグループに分けた。一つのグループにはそれ以上の処置は加えず、一つのグループにはバルプロ酸（気分安定薬）を投与、一つのグループにはハロペリドール（統合失調症治療薬）を投与、そして最後のグループはピリメタミン（ある条件下でトキソプラズマ原虫などの寄生虫を殺すことが知られている薬）を投与した。処置を終えた後、ラットを一匹ずつ、一メートル四方の四角いケージに入れた。ケージの各隅に、四種類のにおいのうちの一つを一五滴ずつたらした。一つの隅には、ラット自身のにおい（ラットの尿）を一五滴しみ込ませた木片を置いた。もう一つの隅には、においのしない水をしみ込ませた木片を置いた。三つ目の隅には、ウサギの尿をしみ込ませた木片を置いた。ラットにはウサギを恐れる理由も、ウサギに惹かれる理由もないので、ウサギの尿がラットに特段の影響を与えるはずはないとの考えからだ。そして四つ目の隅に、ウェブスターは、ネコの尿をしみ込ませた木片を置いた。

ウェブスターは世界トップクラスの大学に勤務している。大発見の功績もある彼女だったが、このときは来る日も来る日も、ケージに数種類の尿を配置する作業を繰り返した。そして、ケージの準備が整うと、ラット一匹をその中に放ち、ウェブスターか研究チームの誰かが観察を行なって、ラットがケージの各隅でどれだけの時間を過ごしたかを記録した。この同じ手順を何度も、何度も、何度も繰り返し、八八匹のラットについて、合計四四四時間の観察を行なった。この観察結果のデータを集計すると二六万四六二行にもなった。ウェブスターはそれを丹念に分析していった。

そのデータから明らかになったのは、感染していないラットは、自分自身の尿や無害なウサギの尿のような、嗅ぎ慣れた「安全」なにおいの近くにいる時間が長いということだった。未感染のラットは賢明にも、ネコの尿のにおいがする隅には近寄ろうとしなかった。ところが、感染していて、しかも薬を投与されていないラットは、それとは異なる行動をとった。ネコの尿のにおいがする隅に入り込む頻度が高く、しかもいったん入り込むと、そのにおいが発する警告に全く気づいていないかのように、そこに留まる傾向が見られたのだ。

驚いたことに、トキソプラズマ原虫に感染していても、統合失調症治療薬または抗寄生虫薬のいずれかを投与されているラットは、未感染のラットに似た行動をとった。トキソプラズマ原虫に感染していて、なおかつ、いずれの薬の投与も受けていないラットに比べて、ネコの尿のにおいがする隅に入り込むことが少なく、いったん入り込んでも、そこに長く留まることはなかった。これらのラットは、バイアスのかかった言葉を使うと、「治って」いたのだ。[24]

二〇〇六年に、ウェブスターは統合失調症、統合失調症治療薬、およびトキソプラズマ原虫に関する論文を発表した。その研究は説得力に富むものではあったが、やはりヒトではなく、齧歯類を対象とした研究だった。ヒトを対象とした研究が必要だったが、相関研究だけは（少なくともウェブスターには）ありえなかった。とはいえ、介入実験も不可能だった。しかし第三の選択肢があった。縦断研究である。人々を一定期間追跡し、トキソプラズマ原虫に感染している人は、（他の条件は同じで）未感染の人に比べて、何年か経過するうちに、統合失調症になりやすいかどうかを調べるのだ。これは、ウェブスターが得意とするタイプの研究ではなかった。彼女の守備範囲ではなかったが、もし、誰かがそのような研究の実施方法を見つけたなら、彼女の研究は前進し、ついには医師たちからも注目されるだろう。しかし、そんな都合のよいデータを集められる者がいるだろうか。そのデータセットには、異なる時点の健康データだけでなく、それぞれの時点での血液サンプルも含まれている必要がある。

そのようなデータが存在する世界でも数少ない集団のひとつが、アメリカ軍だった。

アメリカ軍は、新兵全員の健康データを収集している。その血液サンプルも収集している。やはり疫学者であるウォルター・リード陸軍研究所のデイヴィッド・ニーバーは、これらのデータを分析して、統合失調症が本当にトキソプラズマ原虫の感染と関連があるのかどうかを調べることにした。

ニーバーは米軍のデータベースを調べて、一九九二年から二〇〇一年の間に統合失調症と診断され、医学的な理由で陸、海、空軍から除隊となった兵士一八〇人を見つけ出した。ニーバーらは次に、統合失調症と診断された一人につき、統合失調症ではない兵士三人をデータベースから選び出した。これら対照群とされた兵士たちは、統合失調症と診断された兵士たちと、年齢、性別、人種、軍内部署をマッチングさせてあった。研究者たちは米軍が収集した血清サンプルを分析し、統合失調症発症群は、対照群に比べて、統合失調症発症前にトキソプラズマ原虫に感染していた人の割合が高いかどうかを調べた。結果は予想通りだった。統合失調症と診断された兵士は、統合失調症と診断されていない兵士に比べて、トキソプラズマ抗体陽性率が有意に高かったのだ。[25] ニーバーらは、トキソプラズマ原虫に曝露した人は、曝露したことのない人に比べて、人生のいずれかの時点で統合失調症を発症するリスクが二四パーセント高いことを明らかにした。もしあなたがトキソプラズマ原虫に感染していたとすると、感染していない人に比べて、統合失調症になるリスクが少なくとも二四パーセント高いというわけだ。

時が経つにつれて、繰り返し検証され、ニーバーらが先鞭をつけた研究の重要性が増してきた。この寄生虫に関する発表論文数も増加した。現在までに五四件の研究が、統合失調症とトキソプラズマ原虫の関連性について調査している。そして五件を除くすべての研究で、トキソプラズマ原虫の感染が統合失調症のリスクを高めることを示唆する証拠が見つかっている。[26]

振り返ってみると、どうやらフレグルは正しい道を進んでいたようだ。トキソプラズマ原虫は、マウスやラットの脳内でやるのと同じことを、私たち人間の脳内でもやっているらしい。脳に変調をきたす霊長類は、人間だけではない。トキソプラズマ原虫に感染すると、ヒトの近縁種であるチンパンジーが、ネコ科動物、特にヒョウの尿のにおいに惹きつけられるらしいことが最近の研究で明らかになった。[27] また、感染している人間（正確には、感染している男性）は、感染していない男性に比べて、ネコの尿のにおいを快いと感じる傾向が強い。[28]

トキソプラズマ原虫に感染している人の割合は非常に高い。加熱が不十分で、筋肉細胞内にこの寄生虫が潜んでいる肉を食べてしまった結果、感染することもある。しかし、多くのケースが飼いネコからの感染だ。トキソプラズマ原虫に感染している人はどのくらいいるのだろう？ フランスでは、全国民の五〇パーセント以上に不顕性感染の証拠が見つかっている。ある国民の行動は、この寄生虫でおおかた説明がつくのではないだろうか。フランス人があれほど赤ワインや肉や煙草を好むのは、この国の文化などではなく、ただ単に寄生虫のせいでリスクを意に介さなくなっているだけかもしれない。しかし、フランス人以外にあまり大きな顔をさせないように、他の国々の感染率も高いことを言っておく必要がある。ドイツ人は四〇パーセントが感染している。アメリカ合衆国では、全成人の二〇パーセント以上がトキソプラズマ原虫に感染している。世界全体では、二〇億人を超える人々が、人生のいずれかの時点でこの寄生虫に感染している。[29]

それ自体として、トキソプラズマ原虫の物語は重大なことだ。トキソプラズマ原虫はたぶん、人間に最も広く蔓延している寄生虫――正確に言うと、最も広く蔓延していて、かつ多大な影響を及ぼす寄生虫――だろう。うちのラボで調査しているニキビダニは、トキソプラズマ原虫よりも広く蔓延している（これまでに調査した成人全員がニキビダニを保有していた[30]）が、ニキビダニは何の悪影響も及ぼさないようだ。ずっとなおざりにされてきたトキソプラズマ原虫は、悪影響を及ぼす寄生虫のうちで、世間に蔓延している筆頭格ではないかと思われる。

それはともかく、ネズミ、ネコ、トキソプラズマ原虫、その他のネコの寄生虫が繰り広げる物語は、家畜を自由に出入りさせることの是非について、大局的視点に立った教訓を与えてくれる。総じて、私たち人間は、家の中の虫や微生物は悪だが、ペットは善であると決めつけてきたようだ。しかし、玄関からネコを入れれば、ネコの体内に潜んでいるトキソプラズマも入って来てしまう。トキソプラズマ原虫が単独で旅をすることはない。その他数十種類の、研究がもっと遅れている生物も、ペットのネコの体内に潜んで入って来てしまう。しかし、ネコの尿のにおいになぜか惹かれてしまうネコ好きの男女が肩身の狭い思いをしないように言っておくと、私たちが家に迎え入れている他の家畜でもやはり、全く同じようなことが起きているのである。

一万二〇〇〇年以上前から人類は、ネコ、フェレット、イヌ、モルモット、アヒルなど、さまざまな家畜を家に迎え入れてきた。どの動物もそれぞれに別の生き物を連れて来た。ネコはトキソプラズマ原虫を連れて来た。モルモットはヒトノミを連れて来たようだ。そしてイヌには、なんとイヌの体には、蠕虫（ぜんちゅう）、昆虫、細菌、その他諸々がごったまぜになって乗っている。

七年前のこと、私はラボの学生たちに、各種家畜の寄生虫を網羅したデータベースを作らせようと思い立った。ペットの種類ごとに完璧な寄生虫リストを作ろうと考えたのだ。メレディス・スペンスという学生に、イヌに棲みついている生物種リストの作成を担当させた。メレディスがイヌを終えたら、誰か別の学生にネコを担当させ、また別の学生にウサギをやってもらい、という心づもりだった。ところが、いつまでたってもイヌでストップしていた。メレディスがイヌのリストを作成しているうちに一年が経ち、二年が経ち、三年が経ってしまった。ついに、彼女は学士号を取得してノースカロライナ州立大学を卒業し、動物病院で働くようになり、その後大学に戻って来て大学院に進み、もう少しで博士号を取得しようとしている。彼女は現在もなお、イヌの体内や体表に棲んでいる生物種のリストを作成中だ。[31] それくらい、そのリストは長いのだ。そのリストにはもちろん、当然予想される生物、ノミも含まれているし、ノミに乗っているバルトネラ属の寄生菌も含まれている。[32] また、エキノコックス属の条虫など、不気味な姿の寄生蠕虫もあれやこれや含まれている。

分類学的には、イヌは肉食動物である。ネコと同じ、食肉目に属している。しかし、知ってのとおり、イヌはトキソプラズマ原虫の終宿主ではない。この寄生虫にとって、イヌの腸管はネコの腸管に似てはいても、何かがしっくりこないのだ。イヌは多くの寄生虫の宿主だが、寄生虫の好みはさまざまで、たとえばエキノコックス属条虫は、イヌの腸管内の雰囲気がまさにぴったりくる。イヌは、エキノコックス属条虫の「終宿主」だ。わかりやすく言うと、この条虫はイヌの腸管で「セックスして、卵を産んで、死ぬ」のである。

エキノコックス属条虫の物語は、今まさに解き明かされ始めたばかりだ。現時点のエキノコックスについての理解は、一九八〇年時点でのトキソプラズマ原虫と同程度までしか進んでいない。ほとんどの条虫種の終宿主は、イヌ、ネコ、サメといった肉食動物だが、肉食動物のいずれの種かについては、それぞれ好みがうるさい。エキノコックス属条虫の成虫は、イヌが大好きだ。イヌもネコも同じ肉食動物なのだから、エキノコックス属条虫はネコの体内でも有性生殖ができるのでは、と思うかもしれない。ところが、それができないのだ（トキソプラズマ原虫がイヌの体内では有性生殖できないのと同じ）。この寄生虫には、イヌの腸管の何かがしっくりくるのである。

二匹のエキノコックス属条虫がイヌの体内で有性生殖を行ない、その結果産み出された卵が、イヌの糞と共に体外に排泄される。外界に出た卵は、その時が訪れるのをじっと待つ。草食動物が草と一緒にうっかり、少量のイヌの糞を口に入れてしまうことは珍しくない。これはあまり知られていない自然界の現実のひとつだ。このような草食動物はヤギやヒツジのことが多い。ヤギやヒツジがほとんどいない地域では、シカやワラビーがこの役割を果たす。

エキノコックスの卵は、草食動物の消化管内で孵化する。生まれた幼虫は、草食動物の体中に広がっていき、さまざまな臓器や骨に嚢胞（包虫嚢胞）を形成する。草食動物が死んだとき、イヌがこの嚢胞を食べると、そのイヌはこの寄生虫にさらされる。

同じように、人間もヒツジなどの草食動物を食べたときに、エキノコックス属条虫の幼虫（包虫）に感染する可能性がある。条虫の幼虫が人間の体内で嚢胞を形成するのは、ヒツジの場合と同じだが、人間の体内では、嚢胞はとどまることなくどんどん成長する。バスケットボールほどの大きさになることもある。感染しているヒツジを食べて、体内にエキノコックスの嚢胞が形成されるというのは、なかなかなかたいそうなことではある。しかしそこまでいかずとも、卵が混入しているイヌの糞を何かの拍子にちょっと口に入れてしまう、ということは思いのほか頻繁に起こる。たとえばペットの犬に自分の顔を舐めさせるときなどだ。この世界は俗っぽい活気に満ちている。

エキノコックス属条虫の話は次のような疑問を投げかける。この寄生虫は、感染しているヒツジや人間を操って、イヌに惹かれやすくしているのだろうか？　イヌ好きの人がイヌを可愛がるのは、この蠕虫に生化学的にコントロールされているからなのだろうか？　それは誰もわからない。もうおわかりのように、日常生活の荒野には不思議な出来事が満ちあふれているのだ。

イヌの寄生虫や病原体のなかには、狂犬病ウイルスのように、一部の地域では（または、ある時期には）多かったが、少なくとも現在はほとんどの地域であまり見かけなくなっているものもある。エキノコックスは、メレディス・スペンスが作成したイヌの寄生虫リストの中でも上位にくる寄生虫で、多くの地域で蔓延していたが、それ以上に広まっていたのがイヌ糸状虫（ディロフィラリア・イミティス）だった。メレディス・スペンスは現在、イヌ糸状虫の研究をしている。寄生虫リストの作成がきっかけで、この課題に取り組むようになったのだ。

糸状虫は線虫（線形動物）である。イヌの体内に侵入して、その心臓や肺動脈に寄生し、正常な血液循環に障害を及ぼすほどまで増殖する。アメリカ合衆国では、イヌの一パーセントまでがイヌ糸状虫に感染している。イヌの半数以上が感染している国もある。

イヌ糸状虫は、蚊の媒介によってイヌの体内に侵入する。この寄生虫はまず蚊の中に乗りこむ。そして、蚊がイヌを刺した瞬間に、蚊の口吻（こうふん）からすばやく飛び出して、刺した傷に侵入するのだ。その傷から、イヌの皮下組織にもぐり込んでいく。皮下組織から筋繊維へと移行したイヌ糸状虫は、血管内に入って体内を移動し、最終的に心臓へと向かう。心臓に到達したときにはすでに、数回の脱皮を経て成虫になっている。ロマンチックにも、その成虫は心臓内で交尾するのである。

これまでイヌ糸状虫の進化について詳しい研究がなされたことはないし、他のさまざまな種の糸状虫についても同様だ。メレディスは、蚊によって媒介される点に注目しているので、当面は、イヌ糸状虫の進化の物語に興味をもつことはなさそうだ。というわけで、関心のある方々には絶好の研究テーマとなろう（新種の糸状虫が、まだ命名されずにあちこちにいて、今この瞬間にも、蚊に乗ってあなたの近所を巡っているのではないだろうか）。

普通は、イヌ糸状虫が人間の心臓に入り込むことはない。そういうことが起こるのは稀なので（年間数千例もなく、数百例）、それが見つかると、医師たちが集まってきて、苦しむ患者と一緒に自撮りしたりする。わずか一例ではあるが、人間の心臓内で交尾している糸状虫が発見されたともある。そのほとんどが、血流中を循環している間に肺動脈に詰まり、立ち往生して死んでしまう。さらに稀にだが、糸状虫が、眼、脳、睾丸の血管に詰まって、そこで死ぬこともある。ただし、何度も言うが、このようなケースは稀だ。(33)

しかし、人間が糸状虫に曝露する機会はけっして稀ではない。多くの人が、イヌ糸状虫の抗体検査で陽性と判定される。ということはつまり、多くの（たぶん、ほとんどの）人が、いずれかの時点で、イヌ糸状虫を媒介する蚊に刺されたことがあるということだ。糸状虫が人間の（ことによると、あなたの）皮膚に入り込んでも、人間の免疫機構がそれを殺してくれる。そのような場合、糸状虫が侵入を試みて失敗に終わった人は、生活に何の異変も感じることはない。

しかし最近の研究から、糸状虫に一度さらされただけでも、その人の免疫機能に変化が生じ、糸状虫にさらされたことのない人に比べて、喘息の原因となる抗体が作られやすくなる場合があることが示されている。つまり、皮膚にとまった一匹の蚊から糸状虫をもらうと、その糸状虫自体は免疫系の働きで殺されてしまうが、そのあとに、くしゃみや咳や喘鳴を起こしやすい体質という、亡霊のようなものを遺していく可能性があるというわけだ。(34)

私たち人間が、イヌ糸状虫を媒介する蚊に刺されることが多いのは、イヌを生活に取り入れてきたことと大きく関係している。環境中にイヌ糸状虫がいるのは、イヌがいるからだ（イヌ糸状虫は、コヨーテやオオカミが生息する場所にもいるが、オオカミやコヨーテのほうがイヌよりも多い地域などめったにない）。イヌ糸状虫を体内に滑り込ませるには、自分でイヌを飼うまでもない。近所にイヌがいるだけで十分だ。イヌからは、それ以外にも、祖先種である野生オオカミや屋外の世界と関連する二〇種もの寄生虫が高頻度で見つかっている。そして、メレディスの寄生虫リストで明らかになったように、イヌからはさらに数十種の寄生虫が、たまにではあるが発見されている。

トキソプラズマ原虫、エキノコックス属条虫、イヌ糸状虫の基本的な生理生態は、驚異に満ちていてすばらしいと私は思う。けれども、誰しも願うように、できることなら感染するのは避けたい。ネコやイヌに門戸を開けば、それだけ感染のリスクが増すことになる。幸いなことに、ほとんどの地域では、これらの感染によって――統合失調症にせよ、条虫症にせよ、糸状虫の死骸による睾丸炎にせよ――最悪の結果になることは稀だ。また、イヌやネコがもたらすリスクの一部は、イヌやネコの飼い主が講じる予防策によって改善できる。たとえば、イヌ糸状虫の駆虫薬を使えば、イヌ個体群中の糸状虫の数を減らすことができる（ただし、駆虫薬を使うと、その薬剤に抵抗性をもつ糸状虫の進化のスピードを速めることにもなる）。しかしそれ以外の、たとえばトキソプラズマ原虫がもたらすリスクを減らす方法は、今のところはまだない。

ペットを飼うメリットと、そのために払う代価のバランスをどうとるかについて、答えを出すつもりはない。その答えは結局、どこで、どのように暮らすかによって異なってくるからだ。ネコが今もなお、ネズミから穀物を守る手助けをしてくれている地域もある。イヌが今もなお、羊飼いの仕事を手伝ってくれている地域もある。しかし現代の西洋社会では、イヌやネコはまず第一にコンパニオンとしての役割を果たしている。相棒を求める人間の欲求が増すにつれ、孤独感や絶望感が深まるにつれ、コンパニオンとしての彼らの重要性は高まっていく。都市化が進んで人々が孤立すればするほど、彼らがそのような利益をもたらしてくれる可能性が高まっていく。また、都市化が進んで人々が自然から切り離されればされるほど、イヌやネコが、人間を有益な生物種と結びつけるという、もう一つの新たな役割を果たしてくれる可能性が高まっていく。

ペットが家の中の細菌に関して有益な効果をもたらすかどうかについて、私たちが初めて検討したのは、ノースカロライナ州のローリーとダラムの四〇世帯について調査したときだ。質問項目の一つとして、参加者たちにイヌを飼っているかどうかを尋ねた。すると、屋内の細菌種に関する世帯間のバラツキの四〇パーセント近くが、イヌを飼っているか否かによるものだった。[35] 極めて大きな効果をもたらしていたのだ。

イヌの効果のひとつは、イヌを飼っている家に多く見つかる一連の土壌微生物だった。私たちはただ単に、イヌが外部からこうした土壌微生物を運び込んでくるのだろうと考えていたのだが、最近の研究で、さまざまな哺乳類の被毛中に土壌微生物が生息していることが明らかになった。[36] 多くの哺乳類の被毛に常在する微生物と、土壌に常在する微生物とは重複している可能性がある。土壌微生物のほかに、イヌを飼っている家からは、よだれ由来の細菌や、数種のイヌ糞便細菌（イヌの糞便に多く、ヒトの糞便には珍しい細菌なので、混じっていても区別がつく）が見つかった。

一〇〇〇世帯を調査したデータからは、ネコが家の中の細菌に影響を及ぼしているかどうかも検討が可能だった。ネコもやはり影響を及ぼしていた。理由はよくわからないが、ネコを飼っている家では、昆虫由来の細菌など、何種類かの細菌があまり検出されなくなる。[37] もしかすると、ネコ用のノミよけ首輪や液剤・粉剤タイプの殺虫剤が昆虫を殺し、ひいては昆虫由来の細菌も殺してしまうのかもしれない（しかし、それならば、イヌの場合にも同じことが起きていいはずだ）。もしかすると、ネコは昆虫を食べるのかも（そのとき細菌も死ぬのかも）しれない。

それでも、ネコは、数百種の細菌を家の中に運び込むルートになっていた。このような細菌のほとんどは、イヌの場合と同じく、ネコの体——その皮膚、被毛、糞便、唾液——に由来するようだ。ネコが持ち込まないらしいものは、土壌微生物である。それは、ネコのほうが体が小さいからかもしれないし、ネコは自分の足を念入りに舐めるからかもしれないが、本当のところはわからない。

人類史上のさまざまな時期にイヌやネコが持ち込んだ細菌種が、人類に何らかの影響を及ぼしたとすれば、原生生物や蠕虫と同じく、悪影響をもたらした可能性が高いとみるのが当然ではないかと思う。しかし、今の時代は、ある意味で特殊だ。生物多様性仮説であらましを述べたように、今日、世界の多くの地域では、細菌や寄生虫で健康を害するのと同じくらい、細菌を保持していないことが病気を招く要因となっている。適切な細菌に十分にさらされていない子どもたちの場合、イヌやネコが持ち込んでくる細菌にさらされることで、アーミッシュの家屋の生物多様性に富むホコリを吸い込むのと同じような効果が得られる可能性がある。最近の研究で、イヌを飼うとアレルギー、湿疹、皮膚炎を発症するリスクが低下する傾向があること、特に、イヌのいる家に生まれた子どもの場合にその傾向が著しいことが示されている。極めて包括的な文献レビューにより、ペットと共に暮らしている子どもたちはアトピー性皮膚炎になりにくいことが明らかになった[38]。また、ヨーロッパで行なわれた類似の研究でも、アレルギーに関して同様の結果が——つまり、地域差はあるものの、ペットを飼うとその飼い主がアレルギー疾患に罹るリスクが低下することが——明らかになった[39]。いずれの研究でも、ネコはイヌと同じような効果を示したが、その効果は薄いうえに一貫性に欠ける傾向があった[40]。

多種多様な野生生物と触れることのなくなった世界の一部地域では、イヌやネコは人間の免疫系にとって有益な存在なのかもしれない。イヌやネコが人間の免疫機構に及ぼす効果には二通りの経路が考えられる。まず一つには、イヌやネコが持ち込む細菌種が、もはや曝露されなくなってしまった分を補ってくれているのかもしれない。現在の私たちは、生物多様性からあまりにも切り離された生活をしているので、イヌの足に付いているちょっとした汚れにさらされるだけでも状況が改善される可能性がある。そしてもう一つ、子どもたちはイヌやネコの腸管内に棲んでいる糞便細菌から図らずして恩恵を受けている可能性がある。イヌを飼っている家の子どもたちは、イヌの糞のついた食物を拾って食べるときや、別のイヌの尻にキスしたばかりのイヌに「キスされる」ときに、イヌの腸内細菌をもらいがちなのだ[41]。

イヌがいることで、多種多様な細菌にまんべんなくさらされるわけではなく、必要でありながら不足している腸内細菌を補うチャンスが得られるのだろう（ネコの場合にもある程度、同じことが言えそうだ）。特定の腸内細菌が欠けていると、さまざまな健康上の問題（クローン病や炎症性腸疾患その他諸々）を引き起こすおそれのあることが今や十分に立証されている。この食糞仮説が正しいとすれば、帝王切開で生まれたせいで、必要な細菌すべてをなかなか獲得できない[42]

新生児の場合には、イヌから得られるメリットはさらに大きいことが予想される。実際にその通りのようだ。一方で、手が汚れているきょうだいと遊ぶなど、糞便微生物が口に入る機会が他にある家庭の場合には、イヌの効果がそれほど顕著ではないことも予想される。これについても実際にその通りのようだ。きょうだいのいる子どもたちのアレルギーや喘息に、イヌはそれほど効果がない。

ここまでに示してきた証拠は概して、イヌは多種多様な土壌細菌を持ち込んだり、本来必要な糞便微生物を補ったりすることで人間に利益をもたらしうるという考えを支持するものだが、そもそもこうしたことがメリットになるのは、現在の私たちが自然からあまりにも——わずかなイヌの汚れや糞が解決策の一つになるほどに——切り離されてしまった世界に暮らしているからにすぎない、と私は考えている。このような研究結果を前述のエキノコックスや糸状虫の問題と併せて考えるならば、イヌを飼うことの効用は、イヌがどんな生物種を持ち込んでくるか、それは細菌なのか寄生虫なのか、寄生虫だとしたらどんな寄生虫か、によって異なってくる可能性がある。私たちはつい短絡的な判断をして日々の暮らしをより良くしようとするが、生物多様性は複雑に絡み合っていて簡単にどうこうできるものではない。

実を言うと、私たちはまだ、イヌやネコを家に入れるとどんな結果を招くのか、ましてやフェレットやミニブタやカメを飼うとどんな影響があるのか、本当のところはわかっていないのだ。そして、イヌやネコが人間の健康に有益かどうかを突きとめるのにも苦労していることを踏まえれば、家屋や人体から見つかる数十万種ほどの細菌のうちのどれが、人間に必要なものかを探るのもやはり難しい理由が何となくわかるのではないだろうか。だが、それでも人々は努力をやめようとしない。実際、一九六〇年代のある時期には、医師たちがやがて、全米の新生児の身体やおそらく病院や家庭にまで、細菌を植え付けるようになるのではと思われた。そして、それを実行した医師もいた。

第11章　新生児の身体にガーデニング

では次に、生存闘争についてもう少し詳しく論じることにしよう。
――チャールズ・ダーウィン

美しい花はゆっくりと、雑草はまたたくまに成長する。
――ウィリアム・シェークスピア

私たち人間は進歩を夢見る。夢見る私たちは、進歩とは技術的進歩だと思い込んでいる。過去よりも現在のほうが進んでおり、現在よりもさらに未来のほうが進んでいると思い込んでいる。しかし、身の回りの生き物、とりわけ家の中の生き物の扱い方となると、そうとは言えないかもしれない。危険な病原体を制圧したのは非常に大きな前進だったが、私たちはやり過ぎて、人間にとって有益な生物種まで殺してしまった。そして心ならずも、問題を孕(はら)んだ生物種――壁に棲みついた真菌、シャワーヘッドに潜む新たな病原菌、ドアの下を走り抜けるチャバネゴキブリ――にとって都合のいい家をつくってしまった。

しかし振り返ってみると、どんなときにも、別のやり方、別の道が存在していた。私たちは、もう何年も前に、屋内の有益な生物種に味方する方法を探り当てられたはずなのだ。これは危険な提案のように思うかもしれない。しかし、私たちがつくり上げてしまった世界に比べれば危険度は低い。さらに言うと、それはすでに試みられたことのある方法なのだ。さまざまな場所で、新生児の皮膚にその方法が試みられた。そして効果を発揮したのである。

そもそもの始まりは、一九五〇年代末にまでさかのぼる。黄色ブドウ球菌（スタフィロコッカス・アウレウス）のファージ型80／81と呼ばれる病原体がアメリカ合衆国の病院に急速に蔓延していった。[1] それは病院を訪れる人々を脅かし、訪れた人々が帰宅した後にその家族をも脅かした。新生児にとっては特に危険な病原体であり、当時のある研究が指摘しているように「他のいかなる微生物よりも、病院内での重篤な感染症の原因となる可能性が高かった」。[2]

黄色ブドウ球菌のファージ型80／81（以降「80／81」と称する）は、人間の鼻や臍（へそ）に付着してしまい、そうなるともう、根絶はほとんど不可能だった。当時使用されていた主力の抗生物質、ペニシリンに耐性をもっていたからだ。ペニシリンは、一九四四年に初めて一般大衆にも使用されるようになった。ペニシリンは、どんな種類の病原体にも効くというわけではなかった（たとえば、結核菌こと、マイコバクテリウム・チュベルクロシスを制圧するためには、新種の抗生物質、すなわちストレプトマイセス属細菌が産生するストレプトマイシンの発見を待たねばならなかった）。とはいえ、ペニシリンは病原性黄色ブドウ球菌株には有効だった。だがそれも、ファージ型80／81の菌株が出現するまでのこと。この菌株はもはや、ペニシリンを投与しても死ななかった。[3] さらに悪いことに、それはおそろしいほどの速さで伝播していった。

一九五九年には、ニューヨークのプレスビティリアン・ワイル・コーネル病院でも、多数の病院と同じく、新生児室に80／81が蔓延するようになっていた。その点では、ごく普通の病院だった。プレスビティリアン・ワイル・コーネル病院が他の病院と違ったのは、ハインツ・アイシェンワルドとヘンリー・シャインフィールドの二人が80／81問題の解決に乗り出したことだ。[4] アイシェンワルドは、コーネル大学のコーネル・メディカル・センターの小児科医師で、シャインフィールドは、同科の新任アシスタント・プロフェッサーだった。協力しながらこの二人は、全く新しい種類の医療と、全く新しい屋内生物管理法を取り入れていくことになる。

アイシェンワルドとシャインフィールドは、プレスビティリアン・ワイル・コーネル病院の新生児室を丹念に調査した。毎日、帰宅する前に、病院の新生児室を回って80／81の発生状況をチェックしたのだ。二人は、自分たちがいったい何を探し求めているのか、その時点では定かではなかったはずだ。この上なく単調な業務だったが、その単調さが一種の儀式のようになった。やがて、その儀式が新たな知見をもたらし始めたのである。

まず最初に気づいたのは、感染が多発しているプレスビティリアン・ワイル・コーネル病院の新生児室はすべて、同一の看護師――のちに鼻腔から80／81が検出された看護師（以降「看護師80／81」と称する）――が巡視を行なっていたということだ。看護師80／81が巡視を行なうと、たいていその後で感染が発生するようだった。看護師80／81が感染源であることは間違いない。たいがい病院の看護師の感染はよくあることで、看護師が感染源になることも珍しくなかった。

の病院であれば、その看護師は解雇され、新生児室に影響が及ぶこともなくなる。それで解決済みというわけだ。まずはこの件でもそのような措置が取られた。のちにアイシェンワルドとシャインフィールドが記しているように、看護師80／81は「排除」された。しかし、プレスビティリアン・ワイル・コーネル病院の話にはまだその先がある。

看護師80／81は、合計六八人の新生児と接触しており、そのうちの三七人とは出生当日に、残りの三一人とは出生後二四時間以上経った、生後二日目に接触していた。出生後二四時間以内に彼女が担当した三七人の新生児の四分の一に、80／81が定着していた。ところが、出生後二四時間以上経ってから担当した三一人の新生児のなかに、80／81が定着している児は一人もいなかった。その代わりに彼らの鼻腔には、無害と思われる黄色ブドウ球菌株を含む、他の細菌株が定着していた。

新生児たちの身体と運命に、いったい何が起きたのだろう。なぜ、生後二四時間経たないうちに看護師80／81に抱かれた新生児には80／81が定着したのに、わずか一日あとに抱かれた新生児には定着しなかったのだろう。新生児を二群に分けて比較検討していくうちに、アイシェンワルドとシャインフィールドには、もしかしたら、という直感が働いた。直感のおかげでキャリアが築かれることもある。直感のせいでそれが台無しになることもある。[5]

アイシェンワルドとシャインフィールドは、観察されたパターンには二通りの説明が可能だと考えた。まず一つ目の陳腐な説明は、日数が経って免疫系がいくらか成熟し、新生児の自己防御力が増したというものだ。生後二日目の新生児は、80／81を追い払うことができた。病原菌が定着しないうちに、身体に備わった抵抗力でそれを殺したというわけである。これをタフベビー仮説と呼ぶことにしよう。科学者は凡庸でつまらない仮説でも軽んじるべからずとされているが、そうはいかない。タフベビー仮説は、アイシェンワルドとシャインフィールドにとってまさにそういう仮説だった。あまりに凡庸だった。

アイシェンワルドとシャインフィールドが立てた二つ目の仮説は、奇抜でやや型破りだが、なかなか興味深い考え方だった。生後日数が経つにつれて、別の菌株が定着するチャンスが増えたのではないかと考えたのだ。「善玉」黄色ブドウ球菌株が、壁のように立ちはだかって、新たにやって来る病原菌（80／81など）への耐性を授けてくれたのかもしれない。二番目の仮説（シャインフィールドは「細菌間干渉」仮説と命名）が正しいとすれば、病院の壁面や家屋だけでなく人体にも善玉菌を接種するという、全く新しい世界の到来をほのめかすものとなる。

このような考えを展開するうちに二人は、のちに記しているように、「新生児に黄色ブドウ球菌が定着するのは正常」なことで、どの児にも「遅かれ早かれ必ず」定着するのだと気づく。[6] このことは十分に立証されていた。その時までにいくつかの研究から、健康な成人の皮膚表面には、毛足の長い絨毯のような微生物叢が形成されていることが明らかになっていた。鼻、臍、その他数か所の微生物叢には、必ずと言っていいほど、緻密なバイオフィルム内に生息する黄色ブドウ球菌が含まれていた。額や背中など、その他の皮膚表面は、別の種のスタフィロコッカス属細菌（ブドウ球菌）や、コリネバクテリウム属細菌、マイクロコッカス属細菌などのほうが優位だった。[7] 哺乳類の皮膚が細菌叢に覆われているのは正常なことなのだ（現在では、どんな細菌がこの微生物叢を形成するかは、哺乳類の種によって全く異なることもわかっている)。裸でいるときも、私たちは外套(がいとう)をまとっており、家屋の表面についても同じことが言える。子宮内にいるとき、胎児の皮膚には(腸にも、肺にも)微生物はまた付いておらず、分娩時に産道を通るときに微生物が付着するのだということもわかっている。

このような知見を背景に、アイシェンワルドとシャインフィールドは、生後二日目の新生児の皮膚、とりわけ鼻や臍の皮膚に新たに定着した微生物の外套が、それ以外の微生物の定着や増殖を防ぐのではないかと考えた。もっと具体的に言うと、病原菌が足場を固める前に、善玉の黄色ブドウ球菌株が生息空間や栄養源を取り上げてしまうことで、病原菌を打ち負かすのだろうと考えたのだ。[8] 生態学では、こうしたシナリオを「消費型競争」と呼んでいる。さらに、消費型競争を通じて病原菌の定着を防ぐだけでなく、先に定着した細菌が「バクテリオシン」と呼ばれる、抗生物質のようなものを産生して、後から来る別の細菌を阻んだり殺したりしている可能性もあった。[9] 生態学ではこれを「干渉型競争」と呼んでいる。[10] どちらの型の競争も自然界ではよく見られるもので、草原の植物や熱帯雨林のアリ類で詳細に記録されていたが、そのような競争が、人体や建物に付く細菌でも起きているかもしれないというのは、当時としては過激な考えだった。前例がないわけではなかったが、それでもやはり、主流から外れた考えであり、珍説というよりむしろ異端説だった。

その当時、医学、とりわけ感染症を扱う医学は、悪い菌種や菌株が問題を起こし始めたら、それを死滅させることに主眼を置いていた。スノウがロンドンのソーホー地区で汚染された井戸を見つけて以来、そして、ルイ・パスツールが、細菌が疾病の原因であるとする考え（細菌説）を提唱して以来、その流れに変化はなかった。有益な生物種を探そうとする人や、その欠如が原因で病気になることもあると考える人は皆無に近かった。[11] みな病原菌しか見ていなかった。病原菌と殺菌方法だけに関心が向けられていた。それは、人類が野生動物を家畜化する以前、大型獣に対処するには、それを避けるか殺すかする以外に手立てがなかった時代のやり方と似ていた。アイシエンワルドとシャインフィールドは発想を変えた。効果的な治療を行なうには、そして、より広い意味で人間の健康を守るには、もっとホリスティックな生命観に立ってもいいのでは、と考えたのだ。

二人は、同僚のジョン・リッブルと共に、ある実験を考案した。もともと80／81がゼロに近い新生児室にいた新生児を、新生児の半数以上が感染している新生児室に移したらどんなことが起こるかを確かめようとしたのだ。移された新生児たちは、先に定着している80／81以外の細菌の力で守られるのだろうか？　この実験がプレスビティリアン・ワイル・コーネル病院で実施された。新生児たちは、出生後一六時間は、80／81のいない安全な新生児室に置かれた。その後、80／81がいたるところにいる新生児室に移された。実験の結果は明白だった。最初に80／81のいない新生児室に置かれた児は、わずか一日そこで過ごしただけで、80／81から守られたのである。[12]

この実験は（倫理的に怪しい点があるとはいえ）なかなか優れた実験だった。それは、善玉菌が、病原菌から身体を守る役割を果たしてくれることを示唆するものだった。善玉菌は、病原菌と競い合ってそれを殺すことまでするらしい。しかし、この実験だけでは、もっと別の可能性を、特にあの余りにも凡庸なタフベビー仮説を、排除することができなかった。そこで、アイシェンワルドとシャインフィールドは完璧な実験の実施に踏み切った。ただ単に病原菌を遠ざけるのではなく、善玉菌を積極的に味方につけようと、新生児の身体に細菌を植え付けることにしたのである。

植え付けに用いることにしたのは、80／81の定着が認められなかった新生児の部屋を担当するキャロライン・ディットマーという看護師から、シャインフィールドが単離した細菌株だった。ディットマーの鼻腔には、黄色ブドウ球菌502Aという菌株が定着していた。黄色ブドウ球菌502Aは、感染の発生がない新生児室にいた四〇人の児から見つかったのと同じ菌株で、アイシェンワルドとシャインフィールドは、この菌株ならば安全で、なおかつ干渉型競争の能力があるに違いないと考えたのだ。二人はディットマーの502Aを二年間にわたって研究した。502Aは、新生児やその家族のいかなる種類の病気とも関連がなさそうだった。のちに明らかになることだが、ディットマーの502Aが感染症を引き起こさないのは、鼻の粘膜を突き破って血流に乗る能力がないからなのだ。それが血流に乗る手立てを見つけると、他の細菌のような病原菌になってしまう。[13]

まだ502Aを研究している最中であったが、アイシェンワルドとシャインフィールドはそれを用いて新生児に細菌接種を始めた。まず低密度の細菌株から始めたが、その後、それが「つく」ためにはもっと多数の細菌が必要であることがわかり、細菌細胞数およそ五〇〇個の高密度のものを用いるようになった。[14] それから一年が経過しても、接種を受けた新生児のほとんどは、鼻にまだ502Aが棲みついているようだった（理由は定かでないが、臍に定着している児は少数だった）。さらに、赤ん坊の母親たちにも502Aが定着し始めていた[15]。いずれにしても、どうやら持続的効果がありそうだった。まだわかっていなかったのは、502Aを定着させることによって、80／81の定着を防げるかどうかだった。

順調な滑り出しに力を得たアイシェンワルドとシャインフィールドは、次の段階へと進んだ。全米から、80／81が蔓延している病院を探し出した。いや、探さなくても、病院のほうからアイシェンワルドとシャインフィールドに問い合わせがあった。その一件目は、新生児専門医のジェームズ・M・サザランドが勤務しているシンシナティ総合病院だった。サザランドはアイシェンワルドとシャインフィールドに電話をかけて助けを求めてきた。サザランドの病院は、一九六一年の秋、80／81に苦しめられ続けていたのだ。新生児の四割にこの有害な細菌株が棲みついていた。シャインフィールドはさっそく、キャロライン・ディットマーの502Aのサンプルを携えてオハイオ州に向かった。シンシナティ総合病院に到着したシャインフィールドはサザランドと、各新生児室の児の半数には、その鼻孔もしくは臍帯断端（またはその両方）に、防御力があると思われる502Aを接種した。残る半数の児には接種を行なわなかった。どの新生児をどちらの群に割り当てるかはランダムだった。また、それぞれの新生児を、病院内の三つの新生児室のどこに入れるかもランダムだった。

シャインフィールドたちはその後、善玉菌と思われるブドウ球菌の接種を受けた新生児は、80／81に感染するリスクが減少しているかどうかを調査した。ある生物種——作物——を植え付けることによって、別の生物種――雑草――を追い払えるかどうか。まさに農耕であった。農耕民のごとく、二人は自分で蒔いた種を刈り取ろうとしていた。植え付けを行なったところが、恐ろしい雑草のはびこる畑（感染した赤ん坊）になっていないことを祈っていた。

　この研究の結果は重要な意味をもっていた。80／81やその他の病原菌に感染してしまった世界中の病院の新生児にとって、それは重要な意味をもつものだった。新生児が退院後に帰っていく家庭にとっても重要な意味をもつものだった。その時点で、おそらく、数百万人とまではいかずとも、数十万人の生命にかかわることだった。とりわけアメリカ合衆国では、新生児一〇〇〇人中二五人までもが退院前または退院直後に、ほとんど感染症が原因で死亡していたので、この結果は重要な意味をもっていた。

　サザランドとシャインフィールドは、結果が判明するまで長いこと待つ必要はなかった。善玉菌と思われるブドウ球菌、５０２Ａの接種を受けた新生児のうちで、病原菌80／81が定着したのは、わずか七パーセントにすぎなかった。病原菌80／81が定着したケースのうち、病院内で起きたものは皆無で、すべて退院後に起きたものだった。おそらく自宅のどこかに潜んでいた病原菌80／81から移ったのだろう。５０２Ａの力で病原菌をかわせなかった症例が七パーセントあり、理想には届かなかったが（もちろん理想は〇パーセントだが）、注目すべきなのは、善玉菌５０２Ａの接種を受けなかった新生児と比較した場合だった。善玉菌５０２Ａの接種を受けなかった新生児は、病原菌80／81が定着する確率がずっと高く、五倍以上にも及んだ。サザランド[16]がアイシェンワルドとシャインフィールドに寄せた信頼が、具体的な結果となって返ってきたのだ。キャロライン・ディットマーという一人の看護師から単離培養された細菌株、502Aを植え付けられた新生児は、ほとんどの場合、危険な雑草である80／81をよけることができたのだった。

シャインフィールドはすぐにまた行脚（あんぎゃ）の旅に戻った。アイシェンワルドには、病院から病院へと巡り歩いている時間はなかったが、アシスタント・プロフェッサーになったばかりのシャインフィールドにはその余裕があったのだ。テキサス州でも同じ研究を繰り返し、そこでもやはり同様の、というか、さらに有望な結果を得た。502Aの接種を受けた新生児のうちで、その後、病原菌80／81が定着した児は、わずか四・三パーセントにとどまった。それに対し、502Aの接種を受けなかった新生児一四三人のうち、半数に近い三九・一パーセントが、80／81またはその近縁種に感染したのだ。シンシナティの病院の場合と同様に、善玉菌の植え付け（ガーデニング）には効果があるようだった。アイシェンワルドとシャインフィールドは、ジョージア州でもこの実験を繰り返し（それについては「ジョージア・エピデミック」と題する論文に記されている）、次いで、ルイジアナ州でも実施した（「ルイジアナ・エピデミック」[17]）。

身体への細菌の植え付け（ガーデニング）に自己防衛効果があることは、もはや疑いの余地がなさそうだった。細菌株502Aは、病院内で最も厄介な問題を起こす病原菌に対して、効果的かつ安全な防御力を発揮したのだ。しかし、それでは十分ではなかった。シャインフィールドとアイシェンワルドは、それ以上のことを試みようとしていた。まずい結果になる危険性も孕んではいた。しかし二人は、シンシナティやテキサスでシャインフィールドが実験を行なったあと、一時的にせよ、新生児室から80／81がすっかり姿を消したことに注目した。その干渉作用を利用して、もっと永続的に病院から80／81を消すことができるかどうかを確かめることにしたのだ。

シャインフィールドは病院を行脚して、新生児に黄色ブドウ球菌502Aを接種していった。もう対照群は置かなかった。今や、彼は治療を試みていた。というより、そもそも新生児が感染してしまうのを防ごうとしていた。その結果は驚くべきものだった。一九七一年までに、全米四〇〇〇人の新生児に502Aを定着させることに成功した。言うなればガーデニングを行なったのだ。すると、病院内の80／81感染症罹患率が低下しただけでなく、一部の病院では、この病原菌を完全に排除することができた。80／81が消えたのだ。目論見は成功した。このような結果に基づいて、ハインツ・F・アイシェンワルドは、次のように結論づけた。「ブドウ球菌感染症の流行が深刻化しているなかで、502Aを利用すれば、最も迅速、安全、かつ効果的にこの流行を終息させることができる。数千人の新生児を対象とした研究から、これが絶対に安全な方法であることを示すデータがすでに十分得られたと私は考えている[18]」

やがて時が経つにつれて、植え付けられた善玉の黄色ブドウ球菌株502Aが、いかにして黄色ブドウ球菌80／81のような病原菌を排除したのかが明らかになる。善玉ブドウ球菌株は、病原菌のバイオフィルム形成を妨げる酵素を産生するのだ。言ってみれば、病原菌の家を作らせないようにするのである。また、近縁細菌にとって有毒なバクテリオシンをも産生する。黄色ブドウ球菌株502Aはバクテリオシンを用いて、自らがすでに定着している場所に棲みつこうとしてくる細菌をみな殺してしまうのだ[19]。さらに、502Aは（期せずして）宿主の免疫系にも働きかけ、新たな細菌の定着を起こりにくくしているのかもしれない[20]。

この研究が発表された直後は、興奮に沸き返った。この方法が世界中の病棟にどんどん広まっていくのではないかと思うほどだった。一般の家庭にも広まって、人々や家屋にも接種されるようになるだろう。医師たちは、黄色ブドウ球菌の感染に苦しんでいる成人に対しても502Aの接種を始めた。成人の場合には、面倒な手順を踏む必要があった。まず最初に抗生物質を使って、鼻に付いている病原菌をすべて殺す必要があり（植え付けの前の除草のようなもの）、そのうえで、新生児に行なったように、成人に502Aを接種するのだ。八〇パーセントの確率で効果があった。シャインフィールド、アイシェンワルドと同僚たちは、502Aを用いて、全く新しい医療へのアプローチを考案したのである。それだけではない。細菌間干渉という考え方には、新生児の皮膚に単一菌種を定着させるということにとどまらない、非常に重要な意味があった。

一九五九年に、イギリスの生態学者、チャールズ・エルトンが、『侵略の生態学』（思索社）という本を出版した。その中で彼が（何にも増して）主張したのは、草原、森林、湖沼の多様性が増せば増すほど、外来の雑草、害虫、病原菌の侵入が起こりにくくなるということだった。[21] エルトンは、シャインフィールドやアイシェンワルドの考え方と極めてよく似た趣旨のことを述べ、動物が生物多様性に富む生態系に侵入しようとする場合には、「繁殖地を探してもすでに占拠されており、餌を探してもすでに別の種に食われており、隠れ場を探してもすでに別の動物が身を潜めており、相手に突き当たろうとすると突き返され、たいてい叩き出されてしまう」と記している。そして、生態系が多様であればあるほど、侵入しようとする生物種が「叩き出される」確率が高まるという。エルトンはまた、生態系が多様であればあるほど、捕食者や病原体が侵入種入に対する抵抗性が増す、とエルトンは考えたのだった。

その後の六〇年近くにわたる調査の結果、必ずしもそうとは限らないことが明らかになった（生態学で但し書きが付かないものはない）。とはいえ、ほとんどの場合はそうなる。ふだんは誇張をあまり好まない種族である生態学者が、多様性に富む生態系に備わった侵入に対する抵抗性こそが「地球の生命維持装置」の中核を成している、と述べているほどである。[22] 昔ながらのアキノキリンソウの平原は、そこに生えるアキノキリンソウの変種が多いほど、[23] また、そこに暮らす草食動物の種類が多いほど侵略されにくい。

エルトンの仮説は、植物や哺乳類の間での傾向を説明するためのものだった。しかし、それは人体や家屋にも当てはまるはずだ。だとすれば、皮膚や日常生活空間で、二種ないし数十種の細菌を培養すれば、細菌間干渉の効果はもっと増すかもしれない。シャインフィールドとアイシェンワルドの学生や大学院生たちが、あなたの赤ちゃんや、あなた自身や、あなたの寝室に、多様性に富む庭を育てているところを思い浮かべてほしい。

当然ながら、哺乳類やアキノキリンソウの間では効果があっても、微生物間では効果がないかもしれない。エルトンの仮説が微生物にも当てはまるかどうかを調べる最も簡明な方法は、含まれる生物種数の異なる微生物群集を作ることだろう。皮膚の表面や家屋の表面に棲みついている微生物群集の多様性は、人によって、家によって異なるが、そのような違いをまねた微生物群集を作るのだ。そして、そのような微生物群集に侵入種を加えてみて、多様性に富む微生物群集ほど、侵入種が定着しにくいかどうかを調べればいい。

エルトンの存命中(〜一九九一年)には、このような研究は行なわれなかった。しかし、少し時代を進めて、その後に行なわれた研究を見てみよう。今から数年前、生態学者のヤン・ディルク・ファン・エルザス率いるオランダの研究グループがそのような研究を実施した。一九六〇年代以降、医療倫理に関する考え方が相当変化しており、その実験は新生児の皮膚ではなく、培養器で行なわれた。

ファン・エルザスらは、フラスコに殺菌土を詰めて細菌の栄養を加えたのち、それらのフラスコに、細胞総数は等しくて、株数の異なる細菌を植え付けた。細菌株はどれも、オランダの草原の土から単離されたものだった。[24] 実験群の一つには五種類の細菌株を、もう一つの実験群には二〇種類の細菌株を、さらに別の実験群には一〇〇種類の細菌株を植え付けた。そして四番目の実験群として、ファン・エルザスらは、数千種の細菌が含まれる極めて多様性に富んだ実際の土をそのままフラスコに入れた。対照群には、細菌を植え付けずに、細菌の栄養だけを加えた。

ファン・エルザスらはその後、各群にエシェリヒア・コリー(大腸菌)の非病原性株を加えて、どんなことが起こるかを六〇日間にわたって観察した。80/81と同じく、大腸菌は侵入生物である。予想されるのは、細菌群集が多様であればあるほど、大腸菌が定着して生き残るのが難しくなるということだった。なぜなら、生息空間や、重要な資源、さらには他の細菌が産生する資源をめぐって競争が起きるからである。また、細菌群集が多様であればあるほど、その細菌株のうちのどれかが抗生物質を産生し、新参者が現れても定着する前に殺してしまう可能性が高まるからである。新参者にとって細菌群集のニッチは、競合する細菌にすっかり占拠されているか、有毒であるかのどちらかになる。

ファン・エルザスらが大腸菌を単独で培養すると、どんどん増殖していった。家の中の殺菌消毒したところを、クッキーの屑や剝がれた皮膚など、細菌の栄養源になるものでちょっと汚したときに起こるのと同じことが起きたのだ。六〇日間の実験中、単独群の大腸菌の細菌数は多い状態で安定していた。しかし、他の五種類の細菌株が植え付けれている土に、大腸菌を加えた群では、大腸菌の増殖はもっと緩慢で、消滅し始めるのも早かった。他の二〇種類、または一〇〇種類の細菌株が植え付けれている土に、大腸菌を加えた群では、消滅するのがよりいっそう早かった。多様性に富んだ実際の土に大腸菌を加えた群では、サンプル中に大腸菌を見つけるのさえ難しくなった。細菌が多様であればあるほど、大腸菌の増殖は困難だったのである。

その理由の一つとして、やがてファン・エルザスが明らかにするように、多様性に富む細菌群集内の多数の細菌株のほうが、多様性に乏しい細菌群集内の少数の細菌株よりも、多種類の資源をより効果的に使っていた、ということが挙げられる[25]。大腸菌の使えるものが、少ししか残らなかったのだ。その効果がさらに顕著だったのは、ファン・エルザスが、実際の土壌中の状況にさらに近づけた方法で実験を行なったときだった。彼は土壌中の数千種の細菌に加え、細菌を殺すウイルスをもすべて含めた群集を作ったのだ。

ファン・エルザスの実験結果を人体や家屋の状況に敷衍して考えるならば、人体や家屋の表面の微生物叢が多様性に乏しく、無菌状態に近い場合（したがって病原菌の競争相手が少ない場合）には、病原菌がこうした表面に定着しやすくなることが予測される。しかも、それが起きるのは、微生物の栄養源があって（家の中には常にある）、生物相が皆無ではない場合（皆無の家など存在しない）に限られる。なんと、革新的な考えだろう！

シャインフィールドとアイシェンワルドが用いたアプローチを、私たちを取り巻く世界に広げると次のようになる。人体や家屋の生物多様性を保全することによって、病原菌の侵入を防ぐことができるかもしれない。同じことは昆虫類にも当てはまるはずだ（つまり、クモであれ、寄生バチであれ、ムカデであれ、家の中にいる昆虫が多様性に富んでいればいるほど、イエバエやチャバネゴキブリのような害虫を寄せつけずにすむはずである）。さらにそれは、生物多様性仮説によると、免疫系がうまく機能するのに必要とされる、多種多様な細菌への曝露の機会を増やすことにもなる。エルトンの生態学的な洞察をそのまま実生活に応用すれば、このようになる。

シャインフィールドとアイシェンワルドの生態学的視点に立った「エルトン的」アプローチが功を奏して、病院から病院へ、そして家庭にまで広まったのだとしたら、なぜ、聞いたこともない話だと感じるのか、あなたは不思議に思うかもしれない。新生児の身体や家屋にガーデニングなんて、聞いたこともないのはどうしてなのだろうと、疑問に思うかもしれない。聞いたこともないのは、一九六〇年代以降、現代医学は別の道を歩むようになったからなのだ。

最初に成功を収めると、アイシェンワルドとシャインフィールドのアイディアは大人気を博した。これこそが未来の医療のかたちである、と。ところが、そのあとすぐに頓挫してしまう。「善玉」黄色ブドウ球菌502Aが、針を刺した部位から新生児の血流に入るという不手際によって、死者を一人出してしまったのだ。どんな細菌でも血流に入れば、敗血症を引き起こす可能性がある。ひとたび血流に入ってしまうと、善か悪か、味方か敵かという通常のルールが当てはまらなくなるのだ。また、善玉のブドウ球菌の接種でも、たまに皮膚感染症を起こすことがある(およそ一〇〇回に一回)。感染症は抗生物質で治療できるが、感染症であることに変わりはない。しかし問うべきなのは、これらのケースが問題かどうかではなく、そうしなければ起きたであろう問題以上に有害な問題なのかどうかだった。答えは否だった。

アイシェンワルドはすでに早い段階から、自分とシャインフィールドは、取りうるいくつかの方策のうちの一つを選んだのだということに気づいていた。選択肢の一つとしてまず、干渉作用によって病原菌の定着を妨いでくれる有用な細菌株を植え付けることもできた。あるいは、身体を自然な状態に戻して、祖先の身体を覆っていたような(病原菌以外の)多種多様な細菌が棲みつくように努めることもできた。あるいはまた、感染が起きたら、「諸々の根絶手段を駆使」して、ブドウ球菌(やその他の病原菌)を死滅させることもできた。ガーデニングか、自然回帰か、殲滅(せんめつ)か。

三つ目のアプローチには、アイシェンワルドが述べているように、問題点が二つある。病原菌はいずれ、自らに向けられた根絶手段に対する耐性を進化させてくる。また、病原菌を根絶しようとすると必ず、善玉菌と悪玉菌を無差別に殺すことになり、長期的にみると、悪玉菌が再侵入するのを容易にしてしまう。[26] これは、身の回りの生物への対処法を選択するときにたいてい直面する問題だ。

アイシエンワルドとシャインフィールドの研究の甲斐もなく、病院も、医師も、患者もみな、三つ目のアプローチ、つまり殲滅する方法を選んだ。そのほうが進んだやり方のように思われたのだ。私たち人類が、抗生物質、殺虫剤、除草剤など、さらに新たな化学物質を用いて身の回りの世界をコントロールできるようになる輝かしい未来の入口のように思われたのである。実は問題を孕んだ選択だったのだが、それに気づくのはもっと後になってからのことだった。

三つ目のアプローチは、一見したところ、他の二つよりも簡単に見えたという側面もある。抗生物質メチシリンが安価で販売されるようになり、病院に行けばすぐに手に入った。それを使うのは簡単だった。何かを培養したり、接種したり、ガーデニングしたりする必要はないのだから。メチシリンは、ペニシリン耐性株に対抗するために化学合成された抗生物質の第一波だった。メチシリンを使えば、黄色ブドウ球菌80／81による感染症を治療することが可能だった。

しかし、そのような最初期の頃でさえ、新たな抗生物質を開発しても結局は、害虫や雑草が殺虫剤や除草剤に適応してしまうのと同様に、細菌がそれに適応してしまう、ということに気づいていたのはアイシエンワルドとシャインフィールドだけでなかった。抗生物質ペニシリンの発見者であるアレクサンダー・フレミングは、一九四五年のノーベル賞受賞記念講演でそのことを指摘している。[27] 抗生物質を使用すると、特に新生児に使用した場合には、病原菌を殺すだけでなく、あまり有益ではなさそうな珍しい細菌群に有利な状況をつくってしまうことが、科学者たちの間で広く知られていた。シャインフィールドは自身の研究でその点について触れており、まるで、誰もが知っている自明のことであるかのように述べている。

というわけで、初めのうちは抗生物質の使用が功を奏していても、長期的には問題が生じてくることが、注意を払っている人々の目には明らかだった。その問題とは、抗生物質は使うのは簡単だが、その副作用として、体表や体内に棲んでいる善玉菌も含めた他の微生物に悪い影響を与えてしまうこと、そして、耐性が進化してきて、いずれ効かなくなってしまうこと、である。抗生物質がどうしても必要なときにだけ節度をもって使用していれば、耐性が進化するのに長い時間がかかる。逆に、抗生物質を無節操に使っていると、たちまち耐性が進化してしまう。抗生物質の使用によってこうしたことが起きることを十分に認識した上で、殲滅策が取られたのだ。しかし、抗生物質は頻繁かつ大量に使用され、どうしても必要かどうか吟味されることはなかった。

フレミングをはじめとする人々が耐性の進化を予測したとき、それが起こりうることはわかっていても、どのようにして起こるのかはわかっていなかった。現在では、細菌が抗生物質に適応するメカニズムが詳しく解明されている。大きな細菌集団では、その中の一部の個体が、抗生物質の存在下でも生存できる突然変異を有する（または起こす）可能性が高い。そのような個体は、競争を勝ち抜かなくても生き延びられる。なぜなら、抗生物質が競争相手を殺してくれるからだ。そのような突然変異が発生し、抗生物質の存在下でその個体数を増やしていくことが、今では実験的に証明されている。

最近行なわれた実験を例にとると、ハーバード大学医学部のマイケル・ベイムとロイ・キッシヨーニらは、細長い長方形のシャーレ（六〇×一二〇センチ）に、細菌の栄養源を加えた寒天培地を作った。ベイムとキッショーニらは、これを使って細菌に、あるいたずらをしてみた。長方形のシャーレに入った寒天培地の一部に、抗生物質を加えてみたのである。ベイムらが細菌を植え付けたシャーレの左端と右端には、抗生物質は含まれていなかった。しかし、シャーレの中央部に向かうにつれて、抗生物質の濃度が高くなっていき、シャーレの真ん中では、医療で用いられる濃度をはるかに超え、微生物界では人間界での核爆弾投下にも匹敵する濃度になった。このシャーレでどんなことが起こるかを、科学者たちは時間を追って撮影していった。

まず、抗生物質を含まない寒天培地に細菌が増殖していった。まるで芝生のように、細菌が寒天培地を覆った。ところがやがて、そのエリアの栄養が乏しくなってきた。すると、細菌は分裂をやめてしまった。この抗生物質を含まないエリアの先には、栄養豊富な場所があるが、そこには抗生物質が加えてある。このような状況下で、もし抗生物質を含む栄養でも取り込める細菌が現れたならば、次世代まで生き延びて栄養源を独占できる可能性が高まる。初めに抗生物質を含まない豊富な栄養で増殖した細菌ほど優れていなくても、もっと好結果を出せるだろう。

実験開始時にシャーレに植え付けた細菌細胞のなかには、抗生物質に対処できる遺伝子をもつものは一つもなかった。最初の細菌細胞はどれもみな、これらの抗生物質に対して感受性を示していた。もしこの状態のままで変化がなければ、細菌の増殖は抗生物質の縁で止まり、実験はそこで終了していただろう。ところが細菌の増殖は止まらなかったのだ。

細菌が増殖していくうちに、短時間で突然変異が現れた。変異数は世代ごとにごくわずかでしかなかったが、増殖が非常に速くて世代時間が短いので、じきに、低濃度の抗生物質があっても増殖できる細菌が出現し、突然変異、細菌のセックス（プラスミドの接合伝達）、適者生存という一連の流れを通して、少数の細菌株がこの難所を突破したのだ。ところが、たちまち、低濃度の抗生物質を含んだ寒天培地の栄養を使い果たしてしまい、またしても、飢餓状態に陥ることとなった。しかしほどなく、一個の細菌が突然変異を起こし、さらに高濃度の抗生物質を含む寒天培地にもコロニーを形成できる能力を獲得するに至った。その後、もう一度突然変異が起きて、さらにいっそう高濃度の寒天培地にもコロニーを形成できるようになり、ついに、寒天培地全部から栄養分を吸収した細菌細胞が培地一面を覆い尽くしてしまった。このようなプロセスすべてが——天才的とも言える驚くべき進化の偉業が——一一日間で成し遂げられたのだ。一一日である。[28]

一一日と言うと速いように思えるが、病院で起きることに比べたら、まだまだゆっくりだと言える。病院（や家庭）では、細菌が突然変異を起こすまで待つ必要がない。というのも、抗生物質への耐性に関わる遺伝子が、細菌間の接合伝達によって他の細菌に伝えられるからである。つまり、現実の世界では、このような進化のプロセスが、一一日よりもはるかに短期間で起きるということなのだ。新生児への非病原性細菌の接種をやめて、抗生物質をますます多用するようになって以降、幾度となく繰り返されてきたのは、まさにこのような現象なのである。

抗生物質の過剰使用の結果、病院内での薬剤耐性菌の問題は、一九五〇年代に初めて80／81が出現した当時よりもはるかに悪化している。新生児だけでなく、広く一般の人々の間でも手に負えなくなっているのだ。当初、80／81株の一部はペニシリンで殺すことができた（殺せない株もあったが）。一九六〇年代末には、黄色ブドウ球菌感染症のほぼすべてが、ペニシリン耐性株によるものになっていた。それからほどなく、黄色ブドウ球菌の一部の菌株は、メチシリンその他の抗生物質に対する耐性をも進化させた。一九八七年には、アメリカ合衆国における黄色ブドウ球菌感染症の二〇パーセントが、ペニシリンとメチシリンの両方に耐性をもつ菌株によるものだった。一九九七年にはその割合が五〇パーセント以上に、二〇〇五年には六〇パーセントにまで達した。耐性菌による感染症の割合が増加しているだけでない。感染症の患者総数そのものも増加傾向にある。

抗生物質耐性菌による感染症の割合が増加すると共に、アメリカ合衆国でも世界的にも、耐性菌の生じた抗生物質の数が増えてきている。現在、多くの感染症を引き起こしているブドウ球菌株は、最後の手段の抗生物質――本当に深刻な症例に備えて医師たちが使用を控えているカルバペネム系抗生物質など――を除く、すべての抗生物質に対する耐性を獲得している。[29]ところが、その最後の手段の抗生物質さえ効かない感染症も現れている。このような感染症のせいで、アメリカ合衆国だけで、年間数十億ドルの負担が医療制度にのしかかり、毎年数万人の命が失われている。[30]アメリカ合衆国だけではない。同じような傾向が世界中の多くの地域に広がっている。それは黄色ブドウ球菌だけに限ったことではない。結核菌（マイコバクテリウム・チュベルクロシス）でも、また、大腸菌やサルモネラ菌など腸管感染症を引き起こす細菌でも、耐性の獲得がますます拡大している。主として人間での抗生物質の過剰使用が原因で、薬剤耐性が拡大していく場合もあれば、人間での過剰使用と、家畜への使用の両方が原因となっている場合もある（豚や牛をより早く太らせるために抗生物質が投与されているのだ）[31]。

このような進化は避けることができず、抗生物質を過剰使用すれば重大な結果を招くということがわかってもなお、多くの病院は細菌との戦いを強化し、雄叫びをあげて突進するというやり方で薬剤耐性菌の急増に対処してきた。手洗い方法が強化されてきたが、それは良い判断であり、少なくとも悪いことではない。石鹸を用いた手洗いは、知られている限り、皮膚の常在菌叢には影響を与えずに、新たに付着した細菌（病院では病原菌の可能性が高い）だけを洗い流してくれるからである。

しかし、抗生物質の積極的な使用は、「デコロナイゼーション」という無差別の掃討作戦を拡大させる結果にもなった。デコロナイゼーションでは、手術室や透析室や集中治療室に向かう患者の鼻孔に、抗生物質で猛攻撃を加えて、黄色ブドウ球菌を徹底的に取り除く。このアプローチは、短期的には、それを実施する病院の側からもてはやされてきた[32]。しかし長期的にみた場合に、それがどんな結果をもたらすかは言うまでもないだろう。デコロナイゼーションを行なうことによって、その患者の鼻に病院内の細菌が棲みついてしまうのだ。それはまた、さらなる薬剤耐性の出現に力を貸すことにもなる。

通常は、医学の歩みが患者の身体で再現される。ところが今回は、そうはなっていない。抗生物質の使い方や研究資金の配分のあり方のせいで、細菌が抗生物質への耐性を進化させるスピードが、新たな抗生物質を発見するスピードを凌いでおり、この傾向は今後も変わりそうにない[33]。

新たな抗生物質に切り替えることができないうちに、細菌が現在使っている抗生物質への耐性を進化させてしまうのである。しかし、アイシエンワルドとシャインフィールドの研究以降に生まれた医療文化では、人体、病院、家屋の病原菌を制御する方法が、それ以外ほとんど見つかっていない。この問題は病原菌だけに限ったことではない。家の中の昆虫や真菌の防除についても、やはり同じことが言える。しかし、私たちにはもっと別の方法が必要なのだ。

アイシェンワルドとシャインフィールドの計画を再開するのは難しいだろう。家全体や病院全体にガーデニングするという、さらに野心的な計画をスタートさせるのはもっと難しいだろう。リスクに対する私たちの考え方が変化してきており、ガーデニングの危険性ばかりが強調され、戦争に訴えることの危険性がほとんど顧みられなくなっているからだ。これは憂うべきことだが、その一方で新たな展望も開けている。

薬剤耐性菌は、殺虫剤抵抗性昆虫と同様に、競争には弱い。野生状態では、このような薬剤耐性をもつ生物のほとんどが虚弱者だ。それは、生態学で「里生物」と呼ばれているもの、つまり、他の生物種が定着できないほど慢性的に人為的攪乱(かくらん)が続く環境でしか生きられない生物種なのだ。ファン・エルザスは、土壌の微生物群集が多様性に富んでいる場合には、大腸菌はあまり個体数が増えず、なかなか定着できないことを明らかにしたが、この実験でエルザスが用いた大腸菌は、薬剤耐性の大腸菌ではなかった。それでも、生息空間をめぐり、重要な資源をめぐり、さらには他の細菌が産生する資源をめぐって競争が起きるのだ。ましてや、それが薬剤耐性の大腸菌であったなら、どう考えても、多様性に富む群集の中で生き残るのはさらにいっそう難しかったであろう。チャバネゴキブリと同様に、薬剤耐性菌は、人間がつくりあげた現代環境に合わせて、その生理生態を巧みに調節してきた。薬剤耐性菌は、抗生物質が投与されていて、競争者やウイルスや捕食者がいない人体や家屋で、またたくまに増殖してそれを乗っ取ってしまう。そのような環境は、耐性菌の天下なのである。しかし、耐性を付与する遺伝子によって産生される物質は、得てしてその細菌にとって高くつくものとなる。代謝や細胞分裂のために使えたはずのエネルギーを、その物質の産生に使うはめになるからである。無競争状態であれば、分裂が遅かろうが、高くつこうが、問題にはならない。しかし、競争が存在する場所で、そのような悠長なことをやっている耐性菌はたちまち不利な状況に追い込まれてしまう。

最もたちの悪い薬剤耐性菌が、もっぱら病院内で出現する理由の一つがまさにこれなのだ。病院内の細菌は常に抗生物質の脅威にさらされている。抗生物質への耐性をもたない細菌はたちまち排除されていくので、生き残った細菌は無競争状態に置かれることになる。抗生物質の使用をやめても、競争は依然として抑えられているので、病院内では他所では見られないほど耐性菌が活発に増殖して、歯止めが効かなくなる。まさに、屋内のチャバネゴキブリが競争から解放され、人間の攻撃に対する抵抗性を獲得していったのと同じだ。

競争に直面すると、このような生物種はひとたまりもない。多様性の中に置かれるとどうにもならなくなる。うまくやっていけるのは、人間が自らの身体や家屋につくり出した独特の状況下においてのみなのだ。ということは、この状況を改善するためには、身の回りの生物の完全なガーデニングは不要で、少しばかり自然に戻すだけでいいのかもしれない。

私たちは、生活の中で病原菌を遠ざけながら、生物多様性を取り戻す方法を見つける必要がある。命取りになる病原菌と戦う力を高めるために、生物多様性を取り戻す必要がある。アレルギーや喘息のような慢性炎症性疾患と戦う力を高めるために、生物多様性を取り戻す必要がある。その他にもさまざまな理由から、生物多様性を取り戻す必要がある。そしてそれは、極めてシンプルなことなのかもしれない。あまりに大きな失敗を犯してきた私たちには、中庸こそが万能薬のように思われる。あまりに大きな失敗を犯してきた私たちには、意外な場所や人々に――キッチンのような場所やパン職人のような人々に――進むべき新たな道を探るヒントがあるのかもしれない。

第12章 生物多様性の風味

家の中の生き物で勧められるものは一つもなし。

——ジム・ハリソン『リアリー・ビッグ・ランチ』

ムーサよ、私にあの男のことを語って下され。流浪の旅に明け暮れ、数多くの苦難を経験したあの男の物語を。

——ホメロス『オデュッセイア』

さまざまな種類の植物に覆われ、灌木では小鳥が囀り、さまざまな虫が飛び回り、湿った土中ではミミズが這い回っているような土手を観察し、互いにこれほどまでに異なり、互いに複雑なかたちで依存し合っている精妙な生きものたちのすべては、われわれの周囲で作用している法則によって造られたものであると考えると、不思議な感慨を覚える。

——チャールズ・ダーウィン『種の起源』（渡辺政隆訳）

いつの日にか私たち人類は、必要とされる生物種をぴったりと的確に、家や身体に植え付けられるようになるのかもしれない。必要不可欠な生物種をすっかり管理して、健康と美と崇高さとを同時にもたらしてくれる日々の収穫を手にするようになるのかもしれない。しかしその実現のためには、比類のない賢明さが必須であり、人体や家屋に棲んでいる生物種の（すべてではないにせよ）ほぼすべての生理生態をよく理解する必要がある。それは当分先のことだろう。だからといって、家中に撒くための細菌入りの瓶を売り出そうとするせっかちな連中が現れないとは限らない。たぶん現れるだろう。しかし、そのような細菌が本当に役立つのかどうか把握するのはなかなか難しい。ガーデニング（植え付け）よりも、まず家に自然に取り戻すことだ。少々選択的ではあっても、自然を取り戻す必要がある。

私たちと共に棲んでいる生物種を全く制御できないような、昔の暮らしに戻そうと言うのではない。私が提唱するのはもっと控え目なやり方だ。飲料水の病原体濃度は低く抑える必要がある。効果的な手洗いで、病原体が人から人にうつるのを食い止める必要がある。ワクチンがある病原体については、全員が予防接種を受ける必要がある。細菌感染症が発生したときは、抗生物質を使って治療することも必要だ。清潔な水や、有効な保健衛生システム、ワクチン、抗生物質が不足している世界の多くの地域では、まずその達成を目指すべきなのは当然だ。しかし、こうした事柄が達成されて、最も危険な獣たちを手なずけることができた地域では、その他の多種多様な生物が私たちの周囲で繁栄できるような方法を見つけることも必要になる。アントーニ・ファン・レーウェンフックのように、日々の暮らしの中で細菌や真菌や昆虫に喜びや驚きを見出すことも欠かせない。

それがうまくいって、生活の中に多種多様な生物を取り戻すことができれば、生物多様性の保全に役立つと同時に、その恩恵をもっと享受できるようになる。植物や土壌の生物多様性が、免疫系の正常な働きを助けてくれる可能性もある。水道システムの生物多様性が、水中の病原体の増殖抑制に役立つ可能性もある。家の中やその周りの生物多様性に注意を向ければ、レーウェンフックもそうだったし、私もそうだが、子どもたちの心に驚異の念が呼び覚まされるかもしれない。さまざまなクモ類、寄生バチ類、ムカデ類は、害虫防除に役立つ可能性がある。家の中に生息している多種多様な生物は、新種のビールを造るにせよ、廃棄物をエネルギーに変えるにせよ、私たち全員にとって有益な酵素、遺伝子、生物種を発見する機会も与えてくれる。危険な生物種を避けながら、同時に生物多様性を育むことは、ロケット科学ほど難しいことではない。むしろそれは、パンやキムチを作るのにずっと近い――そう実感したのは、最近、ジョー・クォンとその母、スヒ・クォンと共に昼食をとったときだ。

ジョーとスヒと私が集ったのは、韓国料理について語るためだった。ジョーは、国際的には、人気バンド、アヴェット・ブラザーズのチェロ奏者として最もよく知られている。アヴェット・ブラザーズは、ブルーグラスが身上のロックバンドで、ジョーはその音楽を支える低音部を担当している。その一方で、ジョーは、少なくともローリーでは、食通としても知られている。バンドメンバーとの不規則なツアー日程の合間に長期休暇がとれると、一日かけて、たとえば豚肉をじっくり焼き上げたりする。ジョーの作るローストポークは絶品だと評判なので、焼き上がるまでの間、彼と共に過ごそうとして人々が集まってくる。豚をじっくりと焼き上げるには、豚の美味しさや宇宙の壮大さについて考えをめぐらせるのに十分なほどの時間がかかる。

しかし、この日、私がジョーと席を共にした目的は、彼の音楽でも料理でもなく、彼の母親の料理だった。韓国で育ったジョーの母、スヒは、ヘムルパジョン（海鮮チヂミ）、チャジャンミョン（黒味噌のタレをかけた麺）、トッポッキ（甘辛いタレで炒めた餅）などの伝統的な韓国料理の作り方を身につけた。そのような料理を作るのに必要な技術を身につけた。そして、愛情に包まれた料理、愛情そのものであるような料理を作るようになった。スヒは、両手を使って料理を作る。韓国料理には、手が非常に重要な役割を果たすものが多い。手で白菜を巻いたり、手で魚を塩水につけたり。一つ一つの食材に触れて、それを巧みにさばく手が、極めて韓国的で、なおかつその人の個性が際立った繊細で独特の手仕事をこなしていく。

韓国料理には、「손맛（手味）」という重要な概念が体現されている（손は「手」を、맛は「味」を表す）。手味とは、料理そのものではなく、それを作った人が料理に添える風味を意味する言葉だ。字義通りに解釈すると「手によって加わる風味」となるが、もっと象徴的な意味合いも込めて、誰がどのように触れ、どのように歩き回り、どのように扱ったかという諸々の事柄によって加わる風味を表している。この手味という概念に刺激を受けた私は、ジョーやその母親と共に、ある仮説について考えてみたくなった。つまり、韓国料理のシェフ（伝統的には韓国女性）の身体についている微生物こそが、その料理に、その姉妹や従姉妹が作る料理とは異なる風味を添えている、という仮説である。

ジョー、スヒ、そして私は、ドリンクとランチを注文し、食事をしながら話し始めた。私は、ジョーの母親が手味についてどう考えているか、この言葉は彼女にとってどんな意味をもつのかを知りたかった。他の国々の料理と比べて韓国料理に特徴的なのは、食材の発酵というプロセス（糖類などの有機物が細菌や真菌によって化学的に分解されて、二酸化炭素、酸、アルコール、またはその混合物が作り出される現象）である。この発酵の副産物が食品に、酸味やヨーグルト臭などの風味や香りを添える。副産物としてアルコールが生成されることもある。

発酵の副産物には、その食品を他の微生物にとって有毒なものにするという働きもある。アルコールはほとんどの病原体を殺してくれるし、酸にも同じような働きがある。ロンドンでコレラが流行したとき、ビールを飲んでいた人々のほうが、水を飲んでいた人々よりもコレラで死亡する確率が低かった。ビールに含まれるアルコールがビールを、飲んでも安全なものにしてくれたのだ。ヨーグルトを食べても安全なのは、ヨーグルトに含まれている酸が他の微生物の定着を防いでくれるからだ。酸性の度合いはpHの値（0～14）で表される。pHが7ならば中性、pHが7よりも高ければアルカリ性、pHが7より低ければ酸性である。ヨーグルトのpHは通常4程度だが、これはヒヒの胃のpHにほぼ等しい。[1] サワー種（だね）〔パン種にする発酵生地〕、キムチ、ザウアークラウト〔塩漬け発酵キャベツ〕の酸性の度合いもだいたいそれくらいだ。酸を生成する発酵微生物（ラクトバチルス属細菌がその大部分を占める）は、こうした酸に耐えられるが、他のほとんどの微生物は耐えられない。発酵食品のなかには、日本の納豆のようにアルカリ性のものもあるが、このアルカリにも酸と同じ効果がある。病原菌を寄せつけないのだ。

アルコール、強酸、または強アルカリの存在下で（たいていゆっくりと）増殖するのに必要な遺伝子をもっている生物種は、ほとんどの場合、病原体に必要とされる迅速に増殖する遺伝子はもちあわせていない。というわけで、発酵は、ただ単に有益な効果をもつ生物種を食品に植え付ける方法ではなく、病原体を撃退する手段でもあるのだ。発酵食品は、食品自体から有害物を取り除いてしまう生態系なのである。

発酵にはさまざまなメリットがあるので、どんな文化にもたいがい発酵食品が存在する。私の手元には、世界各国の無数の発酵食品が掲載された事典があるが、その大多数は未研究のままだ。[2] 発酵食品のなかには、ハカール〔サメ肉を発酵させたもの〕やキビヤック〔ウミスズメを詰めたアザラシを発酵させたもの〕など、慣れないとなかなか食べにくいものもある。しかし、西洋人の舌になじんでいるものも少なくない。パン、ヴィネガー、チーズ、ワイン、ビール、コーヒー、チョコレート、ザウアークラウト。これらはみな発酵食品だ。そうと気づいていようがいまいが、私たちはいつも発酵食品を食べているのである。

最も複雑で多様性に富んだ発酵食品の一つに数えられるのが、韓国のキムチだ。キムチは韓国人の食卓に欠かせない。韓国人一人当たりの年間キムチ消費量は平均三六キログラムにのぼる。

キムチを作るにはまず、白菜を縦半分に切り、葉と葉の間に塩を振ってしんなりとさせる。数時間ねかせた後、水洗いして塩を落としたら、白菜をさらに縦にカットし、葉と葉の間に、餅米、魚醬（ぎょしょう）（すでに発酵している）、シュリンプペースト（これもすでに発酵済み）、生姜（しょうが）、にんにく、玉葱（たまねぎ）、大根などを合わせたキムチのタレ（ヤンニョム）を手で塗り込んでいく。キムチのタレは、指を使って、葉一枚一枚の間にまんべんなく塗り込んでいかなくてはならない。そして、味がしみこむように、全体をしっかりと手で揉むのだ。こうして出来上がったものを甕(かめ)に入れて（小さな甕もあるが、たいていは大きな甕に入れて）発酵させる。以上が基本的な作り方だが、さまざまなバリエーションが存在する。使用する香辛料も違えば、野菜も違い、さらに作る手順も違う数百種類のキムチが存在する。結局のところ、キムチを作る人の数と同じだけの種類のキムチが存在するのかもしれない。

キムチは私の感覚に快感をもたらしてくれる。ヒトはみな、舌などの味蕾(みらい)に、甘味、酸味、塩味、苦味、旨味の受容体をもっている。旨味受容体は、ごく最近になって発見されたものだ（したがって学校では学んでいないかもしれない）。旨味受容体は、多くの肉料理をはじめ、ダシの効いた味わい深い料理に含まれている旨味物質の受容体である。旨味物質のグルタミン酸が含まれたものをとても美味しく感じるのは、それが味蕾の旨味受容体を刺激するからなのだ。キムチは、旨味受容体を通して満足感を与えてくれる数少ない野菜主体の食品のひとつだ（天日干しトマトもそうだが）。キムチは私に喜びと幸せを運んでくれる。キムチを味わうとき、それは私にとって喜びの体験だ。

けれども、まだ幼いころのスヒにとって、キムチは必ずしも喜びではなかったという。その仕込みはきつい作業だった。キムチ用の白菜が採れるのは十一月だった。白菜と並んで用いられる大根の収穫もその頃だ。とてつもなく大量の白菜や大根を収穫し、それを唐辛子その他の材料と混ぜ合わせなくてはならない。白菜や大根で作るキムチは、冬を越すための主要な栄養源――米に添える野菜やタンパク質源――として重要な役割を担っていた。スヒが幼かったころ、韓国の冬は長く、寒さが厳しかった。美味しいキムチは、そんな冬を乗り切るサバイバル術の一つでもあったのだ。キムチは他の発酵食品と同じく、食品を貯蔵する手段だった。野菜が不足する厳寒期に備えた保存食だった。そしてキムチは、ジョーの母親が語ってくれたように、最も強い手味をもつ食品のひとつでもあった。それぞれのキムチには、作る人の手が生み出す独特の風味があった。

スヒはときどき料理教室でキムチの作り方を教えている。あるクラスでのこと、スヒが刻んでおいた材料を使って、大勢の生徒たちがスヒと一緒にキムチを作ったのだそうだ。どの生徒もみな、全く同じ手順でキムチを作った。使った材料は同じだった。どの生徒もみな、スヒの手の動きを学ぼうとした。スヒが実演して見せると、生徒たちがその動きをまねた。しかし、全く同じ動きにはならなかった。手の動かし方や、野菜をつかむときの力の入れ加減は人それぞれだった。

数週間後、出来上がったキムチの味には微妙な違いがあったとスヒは教えてくれた。それぞれのキムチには、作る人の手が生み出した風味の違いがあった。甘味が強いものもあれば、酸味が強いものもあった。ほのかにフルーティーな香りのするものもあれば、そうでないものもあった。美味しいキムチもあれば、そうでもないキムチもあったという。そんなスヒの話に、私は思わず前のめりになった。目の前の食べ物が目に入らなくなった。このような手味の一部は、キムチを作る人の身体やその家屋に棲みついている微生物が醸(かも)し出しているに違いない、と確信するようになった。

キムチにはさまざまな種類の微生物が生きている。その一部は、白菜や大根そのものに由来すると思われる微生物だ。しかし、キムチには、人体の常在微生物として知られる微生物も含まれている。たとえば、ラクトバチルス属細菌はキムチの要であり、スタフィロコッカス属細菌（ブドウ球菌）もまたしかりである。[3] ラクトバチルス属細菌はごく一般的な人体常在菌で、腸内細菌として知られている菌種や菌株もあれば、膣内細菌として知られているものもある。一方、ブドウ球菌は、ヒトの皮膚常在菌である。こうした属や種の細菌のそれぞれがさまざまな酵素や有機物を作り、風味を生み出している。出来上がったキムチの味に、それぞれが何らかの貢献をしている。

ジョーの母親がキムチ作りの手伝いをした子どものころ、冬の外気は冷たかった。白菜を漬けてしんなりさせる水もまた冷たかった。何もかもが冷たかった。それでも、キムチ作りをやめるわけにはいかなかった。スヒは何度も何度も巨大なバケツを相手に奮闘した。決して楽な仕事ではなかったとスヒは言う。けれども、キムチ作りは、スヒにとって自分の一部であり、豊かな発酵文化の礎をなすものだった。

スヒ・クォンが幼い少女だったころ、彼女の家では、冬場のキムチ以外にもさまざまな発酵食品を作っていた。冬場とは異なる野菜をやはり発酵させて、夏場のキムチも作っていた。カニがたくさん獲れて余ると、発酵させて保存した。魚の場合もそうだった。自宅で発酵させるのではなく、どこか近くの場所で発酵させる場合もあった。[4] 大豆を、豆自体についている微生物で発酵させて、味噌（テンジャン）や醤油（グクガンジャン）を作る場合もあれば、特殊な細菌で発酵させて清麴醤（チョングッチャン）を作ることもあった。

唐辛子もやはり発酵させて、調味料として使う唐辛子味噌（コチュジャン）を作った。発酵食品にすれば、最も過酷な季節まで保存しておくことができた。

このような発酵食品を作る過程で、その食品についている微生物が、家中のあちこちに波及していったに違いない。空気中にも立ち上ったに違いない。ジョーの母親の家に棲みついている微生物、ジョーの母親（やその家族）の身体に棲みついている微生物、そして食品自体に付いているの微生物が、すべて一連のものであったことは想像するにかたくない。キムチの風味はおそらく、微生物が醸す手味だけでなく、韓国語にはない「家味」によっても生み出されたのだろう。そしておそらく、微生物が醸す手味と家味とが相俟って、キムチなどの食品をいつも発酵させている家の人々の暮らしや心身の健康に影響を及ぼしているのだと思われる。私はそれまでずっと、屋内や体内および体表に棲んでいる多種多様な有用微生物を大事にする方法を見つけようとしてきたが、もしかすると、キムチという形でその一つが見つかったのかもしれない。

ジョー・クォンとその母から話を聞いた私は、手味や家味をはじめとするさまざまな味を生物学的に解明するための新プロジェクトを起ち上げたくなった。キムチは、身の回りの微生物や身体に棲んでいる微生物が、食品に影響を及ぼすことを示す恰好の例だ。しかし、キムチは、初の大規模食品研究の対象とするのにふさわしい食品とは思えなかった。その味には、韓国の文化、歴史、そして地域ごとの特色が色濃く反映されているからである。

チーズならば、研究対象にできるかもしれない。キムチと同じく、チーズもさまざまな微生物の働きで作られる。たとえば、フランスのミモレットは、人体に棲む細菌と、チーズダニ（ケナガコナダニ）に棲みついている細菌の力で熟成させる。[5] また、イタリアのサルデーニャ地方の有名なチーズ、カース・マルツゥは、人体に棲む細菌と、家にいるチーズバエ（ピオフィラ・カゼイ）の透明な蛆を利用して熟成させる。[6] これらを研究することも可能だが、このようなチーズは、キムチと同様に、生物学的に極めて複雑な食品であり、職人ほど造詣の深くない科学者にはハードルが高い。チーズはまた、万人受けする食品ではない（カース・マルツゥは、まだ市場に出回ってはいるが、実を言うと生産・販売することは違法行為なのだ）。まず手始めに取り上げる食品は、人体や家屋に棲みついている微生物と関わりがありそうで、しかも、シンプルで実験しやすく、なおかつ、ほとんど万人に好まれる食品でなくてはならない。というわけで、私たちはまずパンから始めることにした。

発酵させたパン生地が膨らむのは、生地の中の微生物が生成・排出した二酸化炭素が気泡となって、生地中に形成されたグルテンの膜に包み込まれるからだ。発酵させたパン生地を半分に切ってみると、細かな気泡の一つ一つが、グルテンドームに包まれた酵母菌群からの放出ガスであることがわかる。微生物がいなければ、パン生地から二酸化炭素が発生することはない。また、粘り気に富むグルテンがなければ、微生物が生成した二酸化炭素が、パン生地から抜けてしまう。

最初のパンの原料は大麦だったが、大麦には生地を膨らませられるほどのグルテンが含まれていないので、最初のパンは膨らまなかった。[7] しかし、遅くとも紀元前二〇〇〇年頃には、エジプ

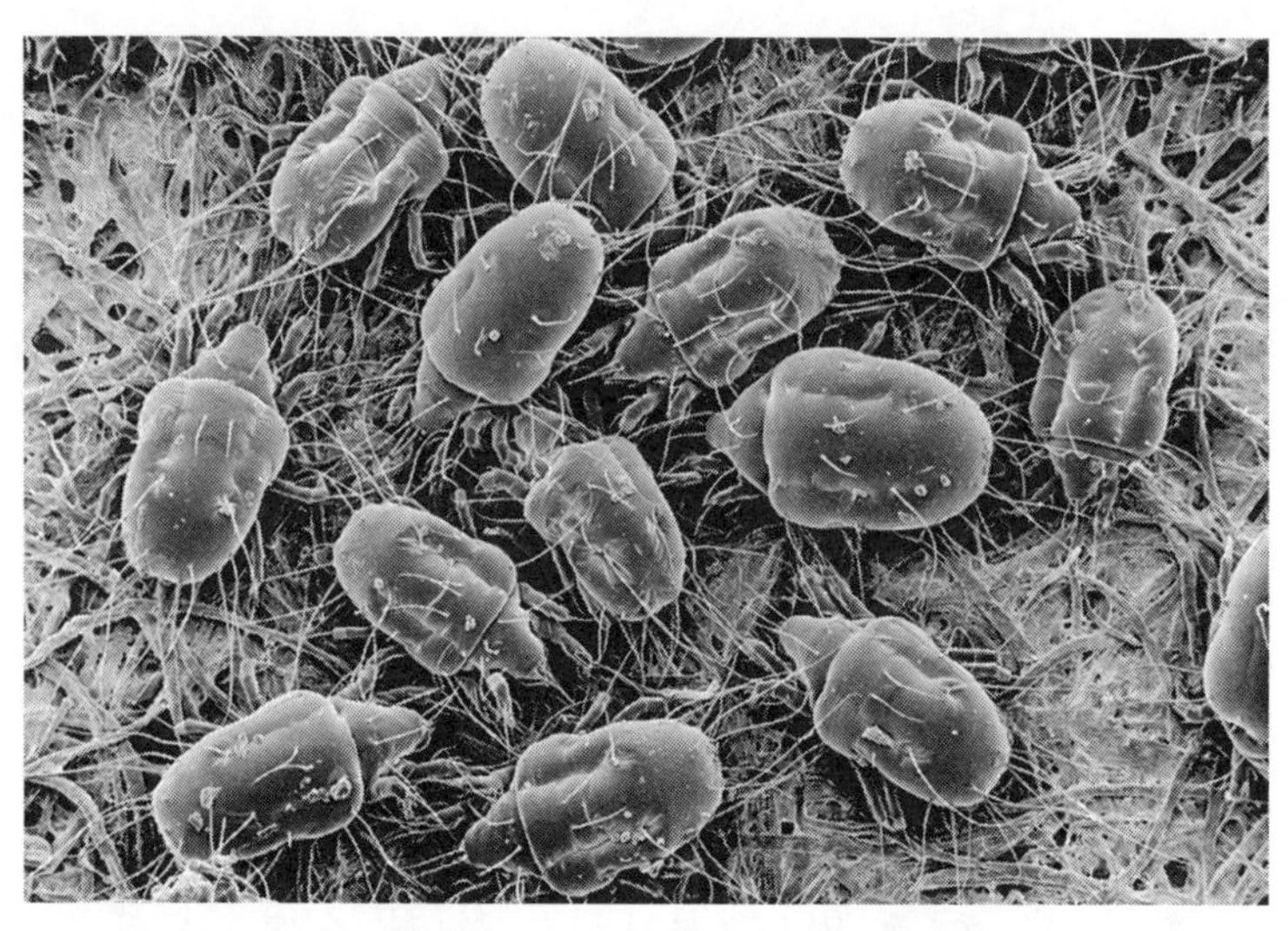

図12.1　チーズ職人の見習いとして元気に仕事に励んでいるチーズダニ。（写真提供はアメリカ合衆国農務省農業研究局）

トのパン職人が、エンマーコムギを用いたパンの製法を編み出していた。エンマーコムギはグルテンを含んでおり、エンマーコムギで作られた生地は、適切な微生物が存在している限り、膨らんでくれる。[8] エジプトの絵画を見ると、ぺたんこパンから、ふっくらパンへと変わっていく様子がわかる。初期のエジプト絵画には平坦なパンが描かれているが、その後、同じような場面に登場するパンは丸く盛り上がっている。そのようなパンの中にいて、パンを膨らませる働きをしている微生物は、酵母だった。昔ながらのパンの中の酵母は、二酸化炭素を生成する。

一方、そのような初期のパンの中にいた細菌は、パンを酸っぱくしたであろう。伝統的なふっくらパンのほぼすべてに、少なくとも若干の酸味があるが、この

（ほぼ例外なしの）酸味はだいたいが、ヨーグルトにいるのと同じ種類のラクトバチルス属の細菌によるものだ。古代エジプト人が、パンに用いる酵母や細菌の活動をどのように制御していたのかはわかっていないが、[9] エジプト絵画に描かれたふっくらパンを見る限り、制御されていたことは間違いない。

今日、パンを膨らませるのに用いられる微生物群は、スターター（元種）と呼ばれている。スターターを起こすには、シンプルな材料（たいてい小麦粉と水だけ）を混ぜ合わせ、容器に入れて放置しておくだけでよい。[10] 微生物が小麦粉の中の澱粉（でんぷん）を分解して発酵させるのだ。[11] 水と小麦粉を何度も与えていると、スターターは一種の定常状態に到達する。比較的シンプルな微生物群が、泡立って粘り気のある酸っぱい生地の中で何とか生き残っているという状態である。発酵飲料の紅茶キノコ、ザウアークラウト、キムチの場合と同じく、スターターの酸性度が強くなればなるほど、その中の病原体は生きていられなくなる。[12] これこそまさに、身の回りの生物を御するうえで広く一般に望まれること。つまり、人間にメリットをもたらす生物種を大事にしながら、同時に、問題となる生物種を阻止するシンプルな方法である。[13] だとすれば、スターターは、私たちの研究対象として恰好の微生物群であろう。生物学的に多様であり、その多様性によって病原体を阻止するのだから。

今から一〇〇年前、ふっくらしたパンはほぼすべて、さまざまな細菌や酵母が混在しているスターターを用いて作られていた。しかし、現在ではそうではない。

一八七六年に、細菌説（病原菌が病気を引き起こすという考え）を提唱したフランスの科学者、ルイ・パスツールが、ビールやワインを作る微生物のなかに、パンを膨らませる力をもつ微生物がいることを発見した。それからほどなくして、デンマークの真菌学者、エミール・クリスチャン・ハンセンが、ビールの醸造に不可欠な微生物は、サッカロマイセス属の真菌であることを突きとめた。その後、このサッカロマイセス・セレビシエを加えただけで、新しいタイプのパン――酸味が全くなく、細菌の作用を全く受けずに、それでも膨らむパン――が作れることが明らかになった。科学者たちは、サッカロマイセス・セレビシエという単一の酵母を実験室で大量に純粋培養し、それをフリーズドライして世界中に送る方法を考え出した。このフリーズドライ酵母の出現によって、パン製造の大規模化が可能になった。今日、市販されているパンのほとんどは、わずかな種類の小麦のうちのどれかと、大量培養されてパン製造会社に販売される単一品種の酵母を用いて作られている。[14] この酵母は、さまざまな名前で呼ばれているので、まるでいくつもの種類があると思ってしまうが、そうではないのだ。

自家製のサワー種で作るサワードウブレッドから、大量生産の柔らかな白パンに切り替わる過程で起きたことは、栄養面でも、風味の面でも、必ずしも進歩ではなかったことくらい、栄養士でなくてもわかる。パンをこのように大規模に工業生産する必要はないのに、ほとんどがそうやって生産されている。私たちは、日々の糧とするパンのもつ独特の食感や、奥深い味と香り、豊かな栄養、そして、その元になる多様な微生物を失ってしまったのだ。

幸いなことに、家庭や製パン所でパンを焼いている多くの人々が、古いスターターを保存しながら新しいスターターを育て続けている。こうした人々は、一〇〇年前、いや一〇〇〇年前に先人たちがやっていたのと同じように、小麦粉に水を加えて混ぜ合わせたのち、放置して待つのだ。[15]先人たちがスターターを作るときにやっていたことを、手順も動作も寸分の違いなく繰り返す場合もある。インターネット上で見つけた作り方を参考にして独自のスターターを作る場合もある。いずれにしても、微生物が生地にコロニーを形成し始めるまで待たなくてはならない。そして、その微生物を育てていくのである。

製パン所ごと、家庭ごとに全く異なるスターターが見られるのだが、それがなぜなのか、実際のところ、誰もわかっていない。これまでに、六〇種類を超える乳酸菌と六種類の酵母が、いずれかのスターターから見つかっている。そこで私たちは、それぞれのスターターがこれほど異なる理由を解明するために、ある研究を行なうことにしたのである。研究は二部構成とした。第一部（実験の部）では、一四か国一五人のパン職人それぞれに、同じ材料を使って同じスターターを作ってもらう。唯一コントロールされていない要素は、パン職人の身体と家屋および製パン所の空気だ。そこに注目する。スヒ・クォンと話していてひらめいた仮説、すなわち、パン職人の身体の微生物や、家屋や製パン所内の微生物がスターター中の微生物に影響を及ぼす、という仮説を検証することになる。研究の第二部（調査の部）では、世界中から集めたスターター中の微生物群の構成などを調べる。

第一部では、ベルギーのザンクト・フィートにある、ピュラトス社のブレッド・フレーバー・センターと提携して実験を行なった。二〇一七年の春、ピュラトス社の協力を得て、一四か国一五人のパン職人全員に、全く同じサワー種の材料を送った。どのパン職人も、小麦粉に水を加えて混ぜ合わせたのち、放置して待った。起こしたスターターの活動が活発になったら、そこに私たちが送った小麦粉を与え続けた。夏が終わる頃、私たちは、それぞれのスターター中の微生物を同定し、小麦粉、水、またはパン職人の手指や家屋がそれに寄与しているかどうかを調べた。ここでの「私たち」とは、酵母菌の生態と進化の専門家、アン・マッデンと私だ。

パン職人たちにスターターの材料を送るのと同時に、研究の第二部、スターターのグローバルサーベイにも着手した。イスラエル、オーストラリア、タイ、フランス、アメリカ合衆国、その他さまざまな地域の人々に、スターターを分けてくれるように依頼した。世界中のサンプルを調査してみれば、ある地域にだけ、またはある家庭にだけしか存在しないような新たな種類のスターター微生物が見つかるのではないかと考えたのだ。ザンクト・フィートでの実験では、パン職人以外の要因をすべて一定にした場合に、スターターがどれほど変化するかに焦点を当てることができた。それに対し、グローバルサーベイでは、一定に保たれているものは何もない。スターターの多彩さが際立つことだろう。

グローバルサーベイの参加者たちは、サワー種を起こしてパンを焼くことを通じて、伝統の存続と微生物の存続の両方に貢献している人々だった。パン作りに活躍する多種多様な微生物を保存管理しているキュレーターたちだった。そして、グローバルサーベイを実施するのに必要な科学者チームは大規模で学際的なものとなる。またしても登場するノア・フィエールのほか、アン・マッデン、リズ・ランディス、ベン・ウルフ、食品微生物が専門のエリン・マッケニー、穀物の微生物が専門のローリ・シャピロ、さらに、塩基配列の解読と分析担当のアンジェラ・オリヴェイラ、人々の食にまつわるエピソードの記録を手伝ってくれるマシュー・ブッカー、雑務一般を手伝ってくれるリー・シェルとローレン・ニコルズ、その他大勢、特にサワー種を分けてくれた人たちだ。サワー種を送ってくれた自家製パンを焼く人々やプロのパン職人たちは、私たちがこれまでのプロジェクトで経験したことがないほど、研究の各段階で案内役を買って出てくれた。

グローバルサーベイでは、送ってくれた人たちとそのスターターについて話すうちに、よくわからない点や疑問に思うことがどんどん増えていった。スターターの多くは、数百年前にまでさかのぼるとされる歴史をもっており、ほとんどのスターターには名前が付けられていた。まるでペットについて語るような口調だったが、愛情の深さは、それをも凌ぐように感じられた。ある母親がこねているスターターは、彼女の母親が大事に育てていたのと同じもので、それはまた、その祖母、さらには曾祖母が大事にしていたものと同じものかもしれない。スターターにまつわる話をするとき、人々はあたかも家族の歴史の中のほとんど不滅の誰かについて語っているようだった。一例を挙げると、あるスターターは「ハーマン」と呼ばれていた。そのスターターを送ってくれた女性は、次のような手紙を添えてくれていた。

一九七八年に両親はアラスカに出かけました。私が大のサワードウブレッド好きなのを知っている両親は、私のためにサワードウブレッドのスターター（サワー種）を持ち帰ってくれました。すでに一〇〇歳を越えているスターターでした。私はそのスターターを水で戻し、餌を与えて成長させてから使い始めました。このスターターは生き物ですから、私たちは彼をハーマンと名付けて冷蔵庫に入れました。ハーマンはそこで何年も生きてきました。それ以来ずっと、ハーマンを使ってパンやロールパンやワッフルなどを焼いてきました。

でも、この話にはまだその先があるのです。一九九四年、うちの家族が衝撃を受ける出来事が二つ起こりました。一つ目はノースリッジ地震（ロサンゼルス地震）です。このあたりは甚大な被害を受けました。二つ目は、その地震の直前に――こんなことは初めてなんですが――ハーマンがピンク色に変色してしまったことです！[16] それは大切なハーマンに細菌が入り込んでしまった証拠ですから、もう諦めて廃棄するほかありませんでした。でも、私はそれほど落ち込んではいませんでした。というのは、友人もハーマンを持っていたからです。地震のあと、ようやく時間の余裕ができて、友人にハーマンを少し分けてほしいと頼みに行ったところ、彼女はとたんにうつむいてしまいました。よく話を聞いてみると、地震のあと、旦那さんが後片付けをしているときに、冷蔵庫の奥に灰白色の粘っこいものが入っている瓶を見つけ、古くなって傷んだものだと勘違いした彼は、なんとそれを捨ててしまったのだとか！　取り返しのつかないことが、またもや起きてしまった！　うちの家族はもうがっくりでした。愛する家族の一員を失ってしまったみたいでした。新しいスターターを買ってきたり、起こしたりしてみたのですが、どうしてもハーマンで作るパンと同じ味や香りにはなりませんでした。

その少し前の一九九三年末に母が亡くなりました。母は、お客さまを呼んでもてなすのが大好きな人で、亡くなる直前まで、夏の別荘でパーティーを催す計画を立てていました。翌一九九四年の八月、父と私のきょうだい、そして夫と私は夏の別荘に赴いて、母が計画していたパーティーを開くことにしました。別荘に到着してみて私は、とにかく冷蔵庫の掃除が必要だと気づきました。母が急に倒れて、そのままになっていましたから。冷蔵庫の前の床に腰を下ろして、庫内のものを整理していて、私は思わず笑いだしてしまいました。それから涙がこぼれてきました。そのねばねばしているものを見るなり、もう一目でわかりました。母は、いつだったか私が渡したハーマンの瓶を保管していたのです！　本当にハーマンなの、と子どもたちは半信半疑でしたが、蓋を開けたとたんに、ハーマンのつんとくる独特の香りが顔を直撃しました。まるで母が手を差し出して、私たちにハーマンを返してくれたようでした！　現在、私はハーマンの瓶を四つ持っています。子どもたちやあちこちの友人も持っています――保険ですね。どうかこれからも、うちの家族の何世代にもわたって、この物語が続いていきますようにと願っています。

ハーマンの持ち主を含め、この研究の参加者たちはさまざまな疑問を抱いていた。スターターは時間が経つにつれて変化していくのだろうか？　自分のスターターには、一〇〇年前に含まれていたのと同じ種類の微生物が含まれているのだろうか？　スターターを保管する温度によって、何か違いが生じるのだろうか？　どうすれば、酸味の強いパンや、酸味を抑えたパンになるスターターを起こせるのだろうか？　そのような諸々のことを知りたがっていた。

グローバルサーベイから得られたスターターを研究する中で、こうした疑問のできるだけ多くに答えようとした。このスターター集団の中に存在する微生物群の正体を突きとめることによって、その歴史を系統的にたどることができるかもしれない（あるいは、それとは逆に、しょっちゅう別の細菌や酵母が棲みついたり死んだりするために、「祖母のスターター」はもうそれほど祖母とはつながりがないことが明らかになるかもしれない）。地勢、気候、経年数、成分、その他諸々の要因がどの程度まで、スターター中の微生物種に影響を及ぼすかを明らかにしようとした。スターターに棲みついている微生物には地域差があるかもしれない。地元産の微生物ではスターターを起こせない地域が存在する可能性もある。たとえば、熱帯地方では、伝統的なサワードウブレッドのスターターは起こせないと言われてきたが、本当にそうなのかどうか調べてみた者は（熱帯地方のパン職人以外）一人もいないようだ。

そうこうする間も、ザンクト・フィートの実験で解明したいと思っている疑問が頭を離れなかった。サワー種の微生物はそもそもどこから来るのかという疑問だ。サワー種を起こすためには、小麦粉に水を加えて混ぜる。店で買ってきた紙袋入りの安い小麦粉と水道水を混ぜる場合もあれば、パン職人が自分で挽いた自家製小麦粉と、春分後の初の満月のあとのタンポポの葉の雫を混ぜる場合もある。するとどういうわけか、細菌類と真菌類がうまい具合に合わさったものが、ふっと出現するのである！

二〇一七年八月、一五人のパン職人が全員、それぞれ自分で起こした一五の実験用スターターを携えてザンクト・フィートにやって来た。若手のパン職人もいれば、年輩のパン職人もいた。

毎日数千軒の店舗にバゲットを供給している製パン工場で働いている人もいた。一日の生産量を数百個以内にとどめ、風味のよさで定評のある高価なパンを販売している人もいた。多数のスターターを用い、パンの種類ごとに使い分けている人たちもいた。一つのスターターだけを用い、それには人格があると考えて名前を付けている人たちもいた。そのようなパン職人全員に共通しているのは、偉大なるパンを、深く、熱く、取り憑かれたように愛していることだった。

私たちはピュラトス社のブレッド・フレーバー・センターでその全員と顔を合わせた。建物には鍵がかかっていた。パン職人たちはセンターの外に集まって、中に入るのを待っていた。さまざまな言語で、緊張した様子で会話が交わされていた。緊張しているのは、その翌日にパンを焼くことになっていたからだが、そのときに使用するのは、各自が起こしてきた実験用のスターターであって、普段用いているスターターではなかった。パン職人の矜持にかけて、まずいパンは焼きたくなかった。出来の悪いスターターではないことを誰もが願っていた。

ピュラトス社のブレッド・フレーバー・センターのドアが開いて、全員が建物内に入った。挨拶を交わしたあと、アンと私が各スターターをテーブルに置いて、綿棒でサンプリングする準備を始めた。すると、パン職人たちが(後ろで眺めているかと思いきや)周りに集まってきて身を乗り出した。彼らは、スターターによってではなく、スターターを使って作るものによって評価されるのに慣れていた。パン職人たちは、今すぐにでもスターターの世話をしたい、それに栄養補給したいと思っており[17]、こんなふうに待たされたくなかったのだ。パン職人たちは、より優れた、より完璧なスターターの起こし方について口々に語り合った。そうやって活発な意見交換が続いている間に、アン・マッデンは手袋をはめ、私も手袋をはめてノートを取り出し、二人でサンプリングを始めた。一つずつ順に、スターターが生きている容器の蓋を開け、スターターに綿棒を深く挿入してから、その綿棒を滅菌ケースに収納していった。この作業を実行しているうちからすでに、サワー種はそれぞれ互いに異なることがよくわかった。酸性臭が極度に強いものもあれば、フルーティーなものや、刺激がマイルドなものもあった。アンと私が綿棒でのサンプリングを終えたところで、パン職人たちにスターターへの栄養補給を許可した。職人たちはほっとした様子だった。それはスターターたちも同じだった。大喜びでしゅわしゅわと泡を出し、みるみるうちに膨らみ始めた。

パン職人たちが、ベルギービール（修道士たちが細菌と酵母で醸造するようになったのが始まり）を飲み、パンを讃える歌（実際にそういう歌がある）を歌いながら一夜を過ごし、スターターたちも新しい餌の中で贅沢に耽(ふけ)りながら一夜を過ごしたその翌朝、アンと私がパン職人たちの手からスワブサンプリング〔綿棒などでこすってサンプルを採取すること〕を行なった。片手ずつ、ゆっくりと時間をかけ、しわや亀裂を見逃すことなく徹底的にサンプリングした。

そして、両手ともサンプリングが完了したところで、パン職人たちに自分のスターターを使ってパン生地を作ってもらった。どのパン職人も、同じやり方でパン生地を作った。正確に言うと、どのパン職人にも、同一の手順書に従ってパン生地を作ってもらった。しかし、パン職人が生地をどのように扱うかについては手順書には書ききれない部分が多かったため、パン職人ごとの違いが、想定以上に影響力をもつはめになった。パン生地を穏やかに扱い、慈愛の念を込めてこねる者もいれば、攻撃的な者もいた。やさしく扱われる生地もあれば、叩きつけられる生地もあった。スプーンを使う者もいれば、それは絶対に避けるという者もいた。[18] 結局のところ、この実験もやはり、パン作りの伝統や流儀の細かな違いの影響を受けることになった。

最後の晩に、ピュラトス社の主催で、パンとビールのテイスティング会が開かれた。テーブル上にすべてのパンが並べられた。私たちは、一つずつ順番に、パンの皮のにおいを嗅いでいった。パンを強く押して、パンの柔らかい中身のにおいも嗅いだ。パンを耳に近づけて、押しつぶしたときにどんな音がするか（あるいは、しないか）を聴いた。パンをつついて、その弾力を調べた。パンだけを口に入れて咀嚼し、次に、ビールを一口飲んで一緒に咀嚼した。そうやって、それぞれのパンの中に存在する、わずかに異なる微生物の風味を味わった。

このときすでに私たちは、パンはキムチと同様に、家ごとの微妙な生物相の違いを感じとる術の一つだと考えるようになっていた。家屋や人体についての調査からすでに、家によって、人によって、棲んでいる微生物がどう違うかが明らかになっていた。おそらく、そのような微生物がスターターの中に入り込んだに違いない。だとするならば、私たちは、気づいていようがいまいが、パンを味わいながら、日々身の回りを漂っている微生物を味わっていることになる。肉眼では見えない微生物さえも味わうことができるのだ。一個のパン、一杯のビール、一口のキムチやチーズの中に、身の回りの微生物が私たちのためにやっている仕事のかすかな気配が感じとれるのである。

ある土地の土壌、生物多様性、歴史に由来する風味を、フランス語で「テロワール」と言う。

何かをかじったり、すすったりしながら、私たちは「テロワール」を味わっているのだ。生態学では、生物多様性から得られる自然の恵みのことを、味気のない言葉で「生態系サービス」と呼んでいる。家の内外の多種多様な生物がもたらす生態系サービスにはどんなものがあるかというと、生物多様性に触れることで湧き起こる感動もその一つ。生物多様性が人間の免疫系に及ぼす好影響もその一つ。新たなテクノロジーが生まれる可能性（チャバネゴキブリの腸内細菌を産業廃棄物の処理に利用するなど）もその一つだ。また、帯水層の多種多様な生物の働きで水道水が濾過（ろか）されるなど、遠く離れた地の生態系サービスの恩恵を受けている場合もある。

　そんなことをあれこれ考えながら私は、次のパン、次のビール、さらに次のパン、さらに次のビールを試していった。そんなことを考えながら、「パンのため（トゥー・ブレッド）」そして「微生物のため（トゥー・マイクロウブズ）」と乾杯した。そんなことを考えながら、ザンクト・フィートの研究データから明らかになることに思いを馳（は）せていると、パン職人たちがまた歌い始めた。「トゥー・ブレッド・アンド・トゥー・マイクロウブズ！」そして、美味なるものが育まれる家のために。「トゥー・ブレッド・アンド・トゥー・マイクロウブズ！」そして、誰もが健やかでいられる住まいのために。「トゥー・ブレッド・アンド・トゥー・マイクロウブズ！」そして、野生生物の恵み豊かな生活のために。いまだ研究も解明もなされておらず、人間の周囲を幽（かす）かに漂いながら、やっと評価され始めたばかりの恵みをもたらしてくれている生き物たちがいる。パンのため、微生物のため、そして野生生物のために、乾杯！

しばらくの間、ザンクト・フィートでの実験の物語はそこでストップしていた。サワー種が起こされて、パンが焼かれ、さらに、サンプリングした試料がコロラド大学にいる微生物学の共同研究者、ノア・フィエールの研究室に送られた。そこでDNA塩基配列の決定と生物種の同定が行なわれることになっていた。コロラド大学には、ザンクト・フィートのサンプルと並んで、グローバルサーベイのサンプルも届けられた。本書が出版される時点で語れるのはそこまでだろうと思っていた。

しかし、もしかしたらという思いから、私はノアをせかした。ノアは、実験助手のジェシカ・ヘンリーをせかした。ジェシカは、ノアの研究室の新入り学生、アンジェラ・オリヴェイラをせかした。二〇一七年十二月、アンジェラが、ザンクト・フィートとグローバルサーベイ両方の解析結果を送ってきた。解析結果の意味を完全に理解するのには、ふつう数か月を要する。けれども、アン・マッデンも私もわくわくして、いてもたってもいられなかった。私たちはさっそく分析を開始した。私がいるのはドイツだった。すでに夜が更けていた。アン・マッデンがいるのはボストンだった。これから長い一日が待っていた。私たちは腰を据えて取りかかった。

私たちはザンクト・フィートのプロジェクトについてパン職人たちに説明したとき、スターターのサンプルに関する研究にはなかなか難しい側面があることを強調した。この説明は正確さを欠いていた。むしろ、ザンクト・フィートでの実験は、グローバルサーベイと同様に、失敗に終わる可能性もあると言うべきであった。失敗すれば、信頼できる結果を得ることができず、すべての努力は楽しい思い出にはなっても（実に楽しかった）科学的には無意味なものとなってしまう。

プロジェクトが失敗に終わる原因の一つとして、サンプルから十分なDNAが得られていなかった場合が想定される。そうなる可能性はいくらでもあったが、幸い、それは免れた。プロジェクトが失敗に終わる原因としてもう一つ、私の皮膚の微生物、アンの皮膚の微生物、または「滅菌」綿棒ケースの製造過程で入り込んだ微生物によって、サンプルが汚染された場合が想定される。しかし、対照群を調べたところ、汚染は起きていないことが明らかになった。このようなタイプの実験は、もっとつまらない理由で失敗に終わることがある。発送した荷物が到着しなかった場合だ（実験サンプルにはそういうことがしょっちゅう起こる）。輸送中にDNAが劣化している可能性もある。あるいは、サンプルのシークエンシングを行なう際に、不運なアクシデントや技術的、人的ミスで失敗する可能性もある。しかし、今回はそのようなことがいっさい起こらずに済んだ。サンプルは無事に到着。輸送中の箱の破損はなし。サンプルの漏れもなし。シークエンシングは成功。何の問題もなくデータを処理することができた。幸運、努力、そしてさらなる幸運がめでたく重なってくれたようだった。

しかし、私たちが何より懸念していたのは、そのいずれでもなかった。何よりも懸念していたのは、研究の結果から、特にザンクト・フィートでの実験の結果から、これと言った結論が出せないまま終わることだった。これはパン職人たちには伝えなかったことだが、実験結果は得られたとしても、彼らの手指、生活、製パン所がそのスターターに少しでも影響しているかどうか、わからずに終わる可能性もあった。よしんばパン職人の手指がスターターに強く影響していたとしても、他のさまざまな変動要因を考慮すると、必ずしも影響ありとは言いきれない可能性もあったのだ。ところが、蓋を開けてみると、それも杞憂であることが明らかになった。

データの検討を始めると、ザンクト・フィートのスターターから検出された細菌や真菌は、スターターのグローバルサーベイで見つかった細菌や真菌の一部分であることがわかってきた。グローバルサーベイでは、数百種の酵母と、数百種のラクトバチルス属の細菌および類縁細菌が見つかった。スターター微生物は、土壌や家屋や人間の皮膚の微生物ほどではないものの、食品科学者やパン職人がそれまで認識していたよりも多様性に富んでいた。検出された微生物には地域差があった。たとえば、ある真菌はほとんどオーストラリアだけから見つかった。それがオーストラリアのパンに独特の風味を添えているのだろうか？　もしかするとそうかもしれない。

ザンクト・フィートに集まった一五人のパン職人が起こしたスターターからは、一七種の酵母と二二種のラクトバチルス属細菌が検出された。スターターのサンプル数が比較的少数で、しかも、それを作るための材料が一定だったことを考えると、ザンクト・フィートのスターターの細菌や真菌の多様性は、だいたい予想していた通りだった。次に、パン職人の手指からのサンプリング結果について検討した。

それまでの研究から、どんな人の手も（手だけではなく、鼻、臍、肺、腸、および体表面すべてが）微生物叢で覆われていることがわかっていた。手を洗えば、そうした微生物がすべてが除去されるように思いがちだが、そうはならない。誰かの手の微生物を採取したあと、手をごしごし洗ってもらい、それから再び微生物を採取しても、微生物の全体構成には何の変化も起こらない。このような実験を初めて行なったのがノア・フィエールだ。実験の結果は明快であり、異議を唱える者はまだ現れていない。

手洗いは、病原体が蔓延するのを防いで多くの命を救っているが、それは手を洗うことによって、手が無菌状態になるからではない。手洗いによって除去されるのは、手にくっついたばかりで、まだ定着していない微生物だけのようだ。たとえば、実験的に非病原性大腸菌を人の手に付けた場合、石鹸と水で手を洗えば、大腸菌のほとんどが除去される。水でも湯でも、結果に差はなかった。手洗いの時間は(二〇秒間以上かけて洗えば)、結果には影響しなかった。ちなみに、大腸菌を除去するのには、抗菌性石鹸よりも通常の固形石鹸のほうが効果があった[19]。これからも手洗いを励行し、石鹸と水で手を洗おう。

ノアの研究や、他の研究室で実施された研究で、手指から最もよく検出された微生物は、スタフィロコッカス属(皮膚全般で優位を占めている細菌で、ある種のチーズに多いがパンにはいない)、コリネバクテリウム属(腋の下のにおいの原因になる細菌)、そしてプロピオニバクテリウム属の細菌だった[20]。手指にはラクトバチルス属の細菌も存在していた。サワー種を起こすのに役立っているのではないかと私たちが考えたのは、このラクトバチルス属細菌とその類縁種だ。しかし、通常は、ラクトバチルス属の細菌が手指から検出されるのは比較的珍しく、ノアの研究では、男性の手指から見つかる微生物のおよそ二パーセント、女性の場合はおよそ六パーセントでしかない[21]。真菌が手指に棲んでいることもあるが、数も種類も多くはない。パン職人の場合もやはりそうだろうと予測していた。違った予測を立てる理由などない。手は手なのだから。そう考えながら、さっそく解析結果に目を通した。

まず最初に驚いたのは、パン職人たちの手は、それまでに私たちが見てきたどの手とも全く違っているということだった。パン職人の手指に棲みついている全細菌のうち、平均で二五パーセント、最高で八〇パーセントが、ラクトバチルス属細菌とその類縁種だった。同様に、パン職人の手指の真菌のほぼすべてが、サッカロマイセス属の真菌のような、サワー種の中に見つかる酵母だった。全く予想していなかったことで、その理由はまだ十分に解明できていない。これは私の推測にすぎないが、パン職人は手で小麦粉（やスターター）を扱っている時間が非常に長いので、いつも触れている細菌や真菌が手指に定着するのではないだろうか。また、パン職人の手の表面では、ラクトバチルス属細菌とサッカロマイセス属の酵母がそれぞれ酸とアルコールを産生することにより、他の微生物を打ち負かしているのではないかとも想像される。ひょっとしたら、そのような微生物群のおかげで、パン職人は他の人々よりも病気に罹りにくいかもしれない。

勝手な想像ではあるが、今回の成果は全く新しい知見なので、私たちをいろいろと新しい方向へと導いてくれる。食品を扱う人々はみな、独特の手指微生物を育てているのではないだろうか。今から一〇〇年前あるいは五〇〇〇年前、もっと多くの人々が自らの手で料理をしていた時代には、食品と手指微生物の間に、今日よりもはるかに密接な連続性が存在していたのではないだろうか。さまざまな疑問が私の頭をよぎる。それを解明するには、まだまだ多くの実験が必要になるだろう。しかし、刺激的な解析結果はこれだけにとどまらなかった。

どのスターターにどんな細菌がいるかを調べたところ、小麦粉にいる細菌のほとんどすべてが、スターターにもいることが明らかになった。小麦粉由来の細菌すべてを含んでいるスターターはなかったが、小麦粉由来の細菌のほとんどが、スターターの少なくとも一つには含まれていた。小麦粉によってスターターに植え付けられた微生物のなかには、小麦種子の内部にいて種子の成長を助けている微生物も含まれていた（小麦を挽いてもこうした微生物は生き残るのだ）。小麦が育った土地の土壌微生物も含まれていた。しかし、それらよりも優位を占めていたのが、ラクトバチルス属細菌など、小麦や小麦粉の糖分で生きることができる細菌だった。酵母についても結果は同様で、スターターから検出された酵母菌種のおよそ半分が、小麦粉由来の酵母だった。

スターターから検出された細菌や酵母で、水由来のものは皆無のようだった。水の中によくいる微生物の種類はすでにわかっているが、そうした微生物は、元気に育っているスターターにはいなかった。たとえば、金を析出する能力をもつデルフチア属細菌は全く検出されなかった。マイコバクテリウム属細菌も全く検出されなかった。スターターごとの違いの原因は、使用した水の違いではなかった。ではなぜ、スターターごとに違いが生じたのだろう?

このような違いが生じたのは、一つには、小麦粉由来の微生物でたまたま定着したものが違っていたからだった。このような違いが生じたのは、一つには、パン職人の手指の微生物が違っていたからだった。私たちが立てた仮説のとおり、パン職人の手指や生活が、その職人の作るスターターに影響を及ぼしていた。各スターター中の細菌が、そのスターターを作ったパン職人の手指の細菌と一致する確率は、それ以外のパン職人の手指の細菌と一致する確率よりも高かった。

真菌についてもやはり、細菌ほどではないにせよ、同じことが言えた。パン職人の手指は、スターターの細菌や真菌に、（そしておそらくは、細菌や真菌が添える「手味」にも）寄与していたのだ。

さらに詳しく調べていくと、興味を引く事実が見つかった。今回のパン職人たちの一人は、スターターの中に比較的珍しい真菌、ウィッカーハモマイセス属の酵母がいることでちょっと知られていた。今回の実験で、そのパン職人が起こしたスターターから、ウィッカーハモマイセス属の酵母が検出され、彼の手からもそれが検出された。この真菌が見つかったスターターは、彼のスターターだけで、この真菌が見つかった手は、彼の手だけであった。また、スターターから検出された酵母や細菌のなかには、小麦粉や水やパン職人の手指由来ではないもの、つまり、製パン所内の生物に由来する可能性の高い微生物も含まれていた。

全く同じ材料（ただし微生物以外は）で作ったスターターを用いてパンを焼いたところ、そのスターターの違いがパンの風味に影響を及ぼすこととなった。パンの風味に関する専門家チームの判定によると、酸味の強いパンもあれば、クリーミーな味わいのパンもあった。小麦粉、職人の手指、そして製パン所の微生物に、偶然の作用も加わって、どのパンにも独特の「微生物の風味」が感じられた。グローバルサーベイでは、職人たちにパンを焼いてもらったとき以上に多様なスターターが見つかっており、それを詳しく検討すれば、よりいっそうユニークなパンが作れるだろう。乞うご期待。

ところで、ここまでの成果から、パン作りではスターター中の微生物が重要であること、そし

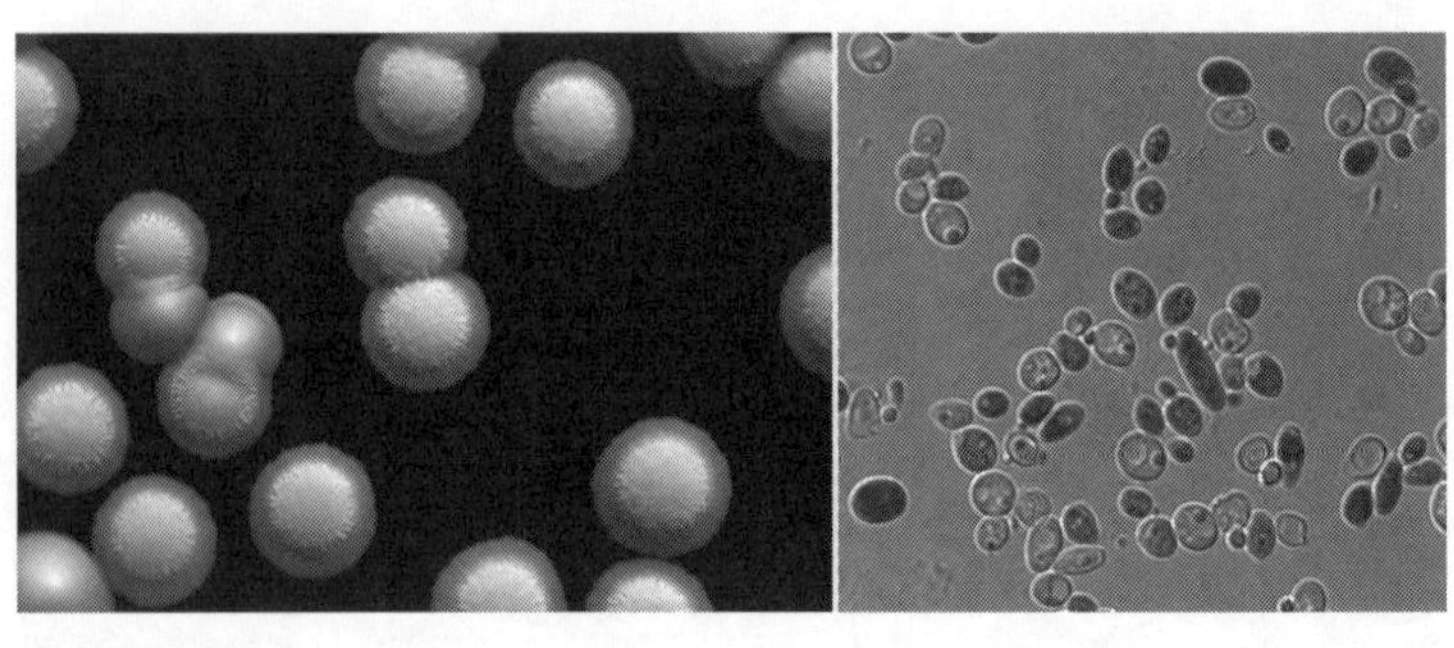

図12.2 酵母ウィッカーハモマイセス・アノマルスのコロニー（左）および個々の細胞（右）の写真。（写真撮影はエリザベス・ランディス）

てその微生物の源はだいたい誰もが考える通りであることが示唆された。しかし、このこと全体をちょっと別の角度から考え直してみる必要がある。家屋、人体、パンの関係についての当初の問いの立て方は、食品と生活全般の両方で今起きていることについて、ある重要な視点を欠いているからだ。パンを作る際には、人体や家屋に棲んでいる微生物がスターターを形成する。しかし同時に、そのスターターが手指の（そしておそらくは家屋の）微生物を形成する。ということはつまり、パンを作るという行為は、一種の復元行為――食品、人体、家屋にある種の生物多様性を取り戻させ、それらすべてを結びつける行為――なのである。サワー種を起こすときには、人体や家屋が日々のパンに風味を添える。サワー種を起こすなかで、小麦粉やスターターやパンが人体や家屋を豊かにしてくれる。この関係はサワー種だけに限ったことではないはずだ。チーズ、ザウアークラウト、キムチ、その他、家庭で発酵させて作るさまざまな食品についても同じことが言える可能性が高い。

私たちの研究では、現時点で、家々からおよそ二〇万種の生物が見つかっている。異なる時期に、異なる方法で実施された調査をもとに、生物種を正確に数え上げるのは難しいが（しかも、下位分野や分類方法などによって種の定義が異なるが）、二〇万種というのは妥当なところだと思われる。おそらくその四分の三が、ホコリ、人体、水、食品、および腸内で見つかった細菌だろう。およそ四分の一が真菌。そして残りが、節足動物、植物、その他である。ウイルスについては数えてすらいない。それはともかく、多様性に富んでいる家もあれば、乏しい家もあり、おおむね有益と思われる生物種に満ちている家もあれば、問題を孕んだ生物種がたくさんいそうな家もあった。

当初、本書を執筆するにあたっては、建築家や建築技師など、人間にとって有益な生物種に満ちた、健やかな家を建てる方法を編み出した人々の物語で本書を締めくくりたいと考えていた。そして、そのための調査に数千時間を費やしてきた。しかしそのような人々は見つからなかった。そのような建物も見つからなかった。確かに、最近現れた革新的な家屋や都市のなかには、以前よりも巧みに生物多様性や有益な生物種を味方につけているところもあるが、未来を見据えるのではなしに、過去の簡素な生活に戻すという形でそれを達成している。持続可能な素材を使って、より開放的なデザインの家を建てるのだ。確かにすばらしい取り組みではあるが、それで万事解決とはいかない。

最初に気づくべきだったのだが、建築に解決策を求めた場合に一つ問題なのは、とびぬけて革新的な建築家が提供するものの多くが、家にせよ、街にせよ、数が少なくて高額だということだ。そのような革新的建築物が、大勢の「私たち」全員に提供されることはまずありそうにない。私が望むような家、生物多様性の恩恵にあずかれるような新しい家をすぐに建てられるわけではないのだ。そして実際、私が本書のことを話した人たちから尋ねられたのは、どうすれば完璧な家を建てられるかではなかった。「家の中の生き物の研究をしてみて暮らし方が変わったか?」ということだった。

そういう質問なら答えやすい。以前よりも窓を開けておくことが多くなった。できるだけエアコンはつけないようにしている。時間があるときは食器類を手で洗い、食器洗浄機に棲みついている真菌が家中に飛散するのを避けている。[22] 湿ったものはすべて外に出す。イヌを飼おうかと考えたが、やめておいた(出張も多いので)。うちのネコがやや疎ましくなり、トキソプラズマ原虫をうつされたのではないかと夜更けまで眠れないこともあった。庭に果樹を植えた。わが家にいる虫や、よその家の虫をじっくりと観察するようになった。さらに、息子と一緒に虫の絵を描くようになり、当然ながら、それぞれの虫にどんな新たな価値があるかを考えるようになった(目下、シミの潜在能力に惹かれている)。深層地下水の滞水層のすぐれた働きにも感銘を受けるようになった。生物学的多様性に富む水道水のテロワールを味わっている。農場の微生物にまだ覆われていそうな新鮮な食材を地元の農家から買うようになった。日々の生活がそんなふうに変化した。シャワーヘッドの交換はしていないが、出てくる湯にやや疑いの目を向けるようになっている。

パン職人の方々からも刺激を受けた。子どもたちと一緒にサワードウブレッドをよく焼くようになった。研究室ではまた違ったスターターの実験も始めた（スターターを屋外に持ち出して、何か面白い屋外真菌が付くかどうかを調査している）。

スターターから学んだことは、私にひらめきを与えてくれた。つまり、生物多様性の恩恵を受けながら病原体を寄せつけずにおくシンプルな方法、バランスの取れた穏当な手段があるかもしれないと気づいたのだ。だからといって、生活が変化するまでには至っていないが、生活についての考え方に変化が生じている。

パン職人の実験で最も印象的だったのは、パン職人の手指はサワー種の細菌や真菌で覆われているという予期せぬ結果が出たことだ。パン職人の皮膚には日々の活動が反映されている。実を言えば、どんな人間の皮膚にも日々の活動が反映されているのであって、家の中の生物についても同じことが言える。ヨーロッパ中世の暗黒時代には、神が人々の心臓の中に住んでいて、善行も罪もことごとく心臓内部に記録していると信じられていたこともある。現代の私たちは、心臓が律儀なポンプであることを知っている。しかし、パン職人の手指の細菌が、パンを焼いてきた時間の証（あかし）であるのと同じように、あなたの身体や家に棲んでいる生物は、あなたの生活を記録したものなのだ。ひとこと言い添えておくと、パン職人たちは、手指がスターターの細菌に覆われていることを知らされると、細菌が一番多いのは誰なのかを、みな知りたがった。その中で一番、パンにどっぷり浸かっている生活を送ってきたのは誰なのかを知りたがったのだ。

家に棲んでいる生物種は、私たちの暮らし方を物語っている――このことは私にとって最大の教訓であった。人類の祖先が描いた初期の洞窟壁画には、祖先たちが目にしたり、狙ったり、恐れたりした生物種が記録されていた。ひるがえって私たちの家の壁のホコリには、日々寝起きを共にしている生物種が記録されている。それは、私たちがどんな生物種に曝露しているか、曝露できずにいるかを物語っている。日々をどのように過ごしているかを物語っている。わが家のホコリに、どんな生活を送っていると語ってほしいかは、もうわかっている。生物多様性に根ざした生活、屋内と同じくらい屋外で家族と共に過ごす生活、生物多様性のすばらしさを実感し、その恵みを享受する生活、身の回りの生物が日々、最初の微生物学者アントーニ・ファン・レーウエンフックが感じたような驚きで私を満たしてくれる生活、である。レーウエンフックは毎朝、自宅で目を覚まし、ほとんどの生物は人間にとって無害または有益であること、そして、ほとんどの生物は、どこにいようとも、まだ未研究であることに気づいていた。レーウエンフックは、身の回りの多種多様な生物の研究が、まだ緒についたばかりの時代に生きていた。そして、私たちもまたしかりである。

謝辞

謝辞を読むとき、私はいつも、著者のちょっとした手の内が隠されていないかどうかを探しながら読んでいる。もしあなたもそうだとしたら、私がここでまず明かすことができるのは、これまでに書いたどの本にも増して、本書は食卓から生まれた本だということだ。本書に出てくる話の多くは、身の回りの生き物について、妻のモニカ・サンチェスや子どもたちと語り合う中で生まれたものだ。自宅だけではなく、家族で滞在した世界中の家々や、家族で訪ねたさまざまな考古学的遺跡で過ごした時間にひらめいたことも本書にはたくさん盛り込まれている。住まいの歴史を理解するために、うちの子たちは十数か国に及ぶ古代の住居跡を歩いた。古代の住居を復元したものを見るために、あちこちの博物館を巡った。両親と共にクロアチアの農場を駆け回って、いまだ調査されたことのない古代ローマ時代の隠れ別荘を探した。シミを探すために、ぬかるんだ洞窟にかがんで入って行った。パンを讃える歌を歌うパン職人に囲まれながら、一日がかりのパン作り実験を最後まで見届けた。そしてもちろん、裏庭のアリ、地下室のカマドウマ、サワー種の微生物やその他諸々の新プロジェクトの起ち上げを励ましてくれた。

というわけで、第一の秘密は、本書の執筆に家族が力を貸してくれたことだ。そして第二の秘密は、うちの「ラボ」や他の機関のなじみのラボで一緒に研究している何十人、何百人という人たちがやはり力を貸してくれたことだ。

ちょっと説明しておくと、科学者が「ラボ」という言葉を使うときには、単なる研究実験スペースという意味で――つまり、実験台があり、他の備品と同様にそこに配置された人員がいる空間という意味で――使うこともある。しかし、生態学者はあまりそういう意味では使わない。生態学者の研究は安上がりなものが多く、高額な機器と同じくらい泥バケツがよく使われるので、生態学者にとってのラボとは、物理的空間を共有する者だけにとどまらず、世界中に広がっている人々の集団であることが多い。私のラボとは、共通の探究課題で結ばれた頭脳集団である。私のラボとは、すばらしい新発見をしようと、そして、その新発見に公衆を参加させようと、ひたむきに取り組む人々の集団である。

うちのラボの研究活動や考え方は、コロラドのノア・フィエールのラボ、マサチューセッツのベン・ウルフのラボ、サンフランシスコのミシェル・トラウトワインのラボ、その他数か所のラボの研究活動や考え方とつながっている。このような頭脳のネットワークのメンバーたちが、どの章でも大きな力になってくれた。そのなかには本書に登場する人々もいるが、その多くが本書のページには出てこない。なぜかと言うと、一つには、あまりにも中心的役割を担っていて、ほぼすべての事柄に関わっているため、どのような役割を果たしているかを説明するのが難しいからなのだ。これが科学の厄介なところだ。誰がやったのかということが常に問われるが、実際に仕分けしようとすると大変なことになる。

本書の執筆にご助力いただいたにもかかわらず、本書のページにはごくわずかしか、あるいは全く登場していない方々をここで何人か紹介したい（敬称略）。アンドレア・ラッキーとユリー・フルクラは、夫婦で私のラボにやって来た。二人はうちのラボに、これまでにない種類のコミュニティを生み出す力になってくれた。アンドレアは、一般市民にアリの調査に参加してもらうための「スクール・オブ・アンツ」プロジェクトを起ち上げた。アンドレアとユリーは、学部生のブリトン・ハケットと共に、「臍の生物多様性プロジェクト」を起ち上げて、世界中の人々の臍から試料を採取し、どんな微生物が多くて、どんな微生物が稀か（そして、それはなぜか）の解明に乗り出した。それと同時期に、メグ・ローマンがノースカロライナ自然科学博物館にやって来て、ネイチャー・リサーチ・センターの活動を先導するようになった。メグは熱意あふれる研究者で、パブリック・エンゲージメント（公衆関与）の活動に深い関心をもっていた。私たちがアリや臍の調査に第一歩を踏み出すことができたのも、彼女がいたからこそだった。メグや博物館との共同研究を支援してくれたのが、当時ノースカロライナ州立大学理学部長だったダン・ソロモンと、当時ノースカロライナ自然科学博物館長だったベッツィ・ベネットであり、二人が政治的・財政的基盤を築いてくれたおかげで、一般市民参加型の極めて大規模な研究を容易に実施することができた。アリや臍について行なった研究については、本書ではほとんど触れていないが、家の中で実施することになる調査の大部分が、この研究によってお膳立てされていた。本書執筆のお膳立てもそこでなされていたのだ。

その後、アンドレアとユリーは共に、うちのラボを離れてフロリダ大学へと向かった。二人が去る前に、私はホーリー・メニンガーを採用し、一般市民や大学生を科学研究に引き入れるプロジェクトを担当してもらった。ホーリーこそまさに、実際どのようにプロジェクトを組織すれば、世界中の人々に働きかけて私たちの調査に参加してもらえるかを探り当ててくれた人物なのだ。新たな資金も、時間も、人員もなしに、私がさらにまた無茶なプロジェクトをラボに持ち込んだときも、ホーリーが理性の声になってくれた。ホーリーがいなければ、私たちが実施した家屋の生物相調査は、ほとんど何の結果も出すことができなかっただろう。彼女は現在、ミネソタ大学のベル博物館でパブリック・エンゲージメントおよびサイエンス・ラーニングを担当している。これはベル博物館にとっても、ミネソタ州全体にとっても幸いなことだ。ホーリーは本書にはあまり登場しない。それは、彼女の功績がありとあらゆる事柄の中心をなしていたからなのだ。数千人を結びつけて共に科学研究を行なっていくための社会的・知的基盤を構築することが、常に彼女の職務なのである。

時が経つにつれて（ミネソタ大学に移籍する前から）ホーリーは、ノースカロライナ州立大学のパブリック・サイエンス群（公衆の科学研究への関与に力を入れる新学部群）をまとめる手伝いなど、新たな役割を担うようになり、それにつれて、ローレン・ニコルズとリー・シェルが、ニール・マコイと共に、公衆を科学研究に関与させる仕事に携わることが増えていった。ローレンとニールは、本書掲載の写真のほぼすべてを撮影してくれただけでなく、屋内環境生物に関する講演で使用するその他の資料の多くを作成してくれた。ローレンは本書の準備も手伝い、話の筋道が通っていない部分や、筋道が通っていそうで整合性が取れていない部分がないかどうかチェックしてくれた。ローレンは何度も何度も本書を読み返し、文献引用をまとめてくれた。また、意味が伝わりにくいパラグラフを練り直し、複雑な話をわかりやすく説明するのを手伝ってくれた。「ゲラを送りますが、校正期限は五日。最優先でお願いします」といったメールにも対応してくれた。どうもありがとう、ローレン。リー・シェルは最初から最後まで通して読んで、プロジェクト参加者たちが一番知りたがっている事柄が網羅されているかどうか、確認するのを手伝ってくれた。リーは、数千人に及ぶ本プロジェクト参加者たちが、家の中の生き物について、どんな疑問に答えてほしいと思っているかを調査した。その答えがここ、本書の中に織り込まれている。きっと、あなたの知りたいことも載っているのではないかと思う。

本書は、私のラボの面々に加え、共同研究者の方々のお力添えがあってこそ実現したもので、そうした方々の多くには今もお世話になっている。本書にも登場したノア・フィエールは、非常に優れた共同研究者で、その協力には心より感謝している。本書を最初から最後まで注意深く読んでくれたうえに、意味が正しく伝わるかどうか、私が不安に思う箇所があると、そこをもう一度読んでくれた。カルロス・ゴラーは、うちのラボの正規メンバーではないが、ラボで行なわれる特に面白い科学研究の一端を担ってくれることが少なくない。カルロスは、大学の学生たちをこの研究に参加させるにはどうすればよいか、いろいろアイディアを出してくれた。ジョナサン・エイゼンは本書を最後まで通して読んで、細々した点に批評的な目を向けてくれた。ローラ・マーティンは、人間活動が生態系に影響を及ぼしてきた歴史を考察するのに力を貸してくれた。キャサリン・カルデルス、ケイティー・フリン、ショーン・メンケは、大学の授業に本書をどのように組み込みかについて、思慮に富んだ見解を示してくれた。

本書に登場する科学者や、関連する分野の科学者の多くが、本書の誕生に力を貸してくれた。該当章を読んでくれた方もある。ばかげた質問に答えてくれた方もある。レスリー・ロバートソンが私をデルフトに招いてくれたおかげで、レーウェンフックとその業績について語ったり考えたりしながら二日間を過ごすことができた。ダグ・アンデルセンはレーウェンフックの章を読んで、レスリーと同じく、彼がどんな人物だったのかを考察するのを助けてくれた。デイヴィッド・コイルとジェンナ・ラングは、国際宇宙ステーションの微生物学について理解を深めるのを助けてくれた。シャワーヘッドの章は、ノアの研究室の学生、マット・ゲーベルトの意見で修正を加えた。実際にマットに会ったことはないが、慎重で優れた研究を行なう学生だ。ジェン・ホンダは、医学的見地からマイコバクテリウム属の細菌の生理生態を考えるのを助けてくれた。アレクサンダー・ヘルビッヒとヨハネス・クラウスは、マイコバクテリウム属の細菌にまつわる古代人類史について洞察に富んだ見方を示してくれた。クリストファー・ロウリーには、マイコバクテリウム属の細菌のメリットについて教示してもらった。クリスチャン・グリーブラーは、帯水層の偉大な力について説いて私を感服させ、シャワーヘッドの章を読んでくれた。フェルナンド・ロザリオ＝オルティスは同章を読んで、私が水処理について考えるのを助けてくれた。

イルッカ・ハンスキは本書を目にしてはいないが、彼の研究について取り上げた章の旧バージョンを読んでくれた。イルッカとのメールのやりとりが彼の研究について考えるのを助けてくれた。イルッカと直接顔を合わせたのは一度だけ、私が大学院生のときだった。ラボ仲間のサーシャ・スペクターと私は、糞虫についてイルッカと話すのを心待ちにしていたのだが、彼は期待にたがわぬすばらしい研究者だった。その後何年も経ってから、再び、家の中の生物について考えたり語ったりするようになろうとは想像もしていなかった。イルッカの元学生の一人、ニクラス・ウォルバーグが、イルッカの物語が正確に伝わるように協力してくれた。タリ・ハーテラとリーナ・フォン・ヘルツェンは、二人の研究を理解して、さらにそれをカレリア地方の物語の文脈の中で捉えるのを助けてくれた。ミーガン・トームス、ヒャルマー・クール、フィオナ・スチュワート、アレックス・ピールは、野生のチンパンジーの生態を、人類の祖先の生態と関連づけて考えるのを助けてくれた。エリン・マッケニーはいつもながら、食品や糞便について洞察力に富んだ批判を加えてくれた。

　カマドウマの章には、カマドウマのプロジェクトで協力してくれたほぼ全員が登場する。全員がこの章を読んでくれた。ありがとう、ＭＪエップス、ステファニー・マシューズ、エイミー・グルンデン。ジェニファー・ウエルネグリーンは、ジュリー・アーバンと同じく、昆虫に関連する細菌の進化について考えるのを再三にわたって助けてくれた。ジュヌヴィエーヴ・フォン・ペッツィンガーは、ジョン・ホークスと同じく、洞窟に暮らす旧石器時代人の生活を思い返すのを助けてくれた。真菌に関する章は、宇宙ステーションに関する私の考えとも合い、余人をもって代えがたい仕事をしているビアギッテ・アンデルセンの助言で（何度も）修正を加えた。ビアギッテはまた、屋内の真菌の基本的な生理生態について慎重に考えるように促してくれた。あの憎つくきスタキボトリス属の真菌にさえ、ある種の美があることを思い出させてくれたのも彼女だ。マーティン・タウベルは、屋内のスタキボトリスがもたらす深刻な被害や、一般に知られていること、いないことについて考察するのを助けてくれた。レイチェル・アダムズは、屋内ではどんな真菌が生息し代謝を行なっているかについて、実際にどれほど認識されているか、検討してみるように促してくれた。宇宙ステーションについて検討するように最初に導いてくれたのもレイチェルだった。

昆虫の章は、マット・ベルトーネ、イーヴァ・パナギオタコプル、ピオトル・ナスクレキ、アリソン・ベイン、ミーシャ・レオン、キース・ベイレスに読んでもらって協力を仰いだ。マットは再三にわたって力を貸してくれた。ありがとう、マット。ミシェル・トラウトワインとは、屋内環境生物の共同研究を始めて以来、五年間にわたって、折に触れ本書について話し合ってきた。家に棲んでいる節足動物の研究を始めたのも、また、節足動物や生物全般について語り合うようになったのも、ミシェルがまだノースカロライナ自然科学博物館にいた頃のことだ。ミシェルがカリフォルニア科学アカデミーに移った今もなお、それを続けていられるのは、私にとってたいへんありがたいことだ。クリスティン・ホーンは、生物学的防除におけるクモ類の役割について話してくれた。ゴキブリの章は、私の周囲の昆虫学者全員に修正を加えてもらったが、そのうちのエド・ヴァーゴ、ウォーレン・ブース、コービー・シャル、勝又（和田）綾子、ジュールズ・

シルヴァーマンは、大多数の昆虫学者にさえ嫌われる害虫の最適な防除方法の探究に研究のすべて、または一部を捧げている研究者たちだ。エレノア・スパイサー・ライス（ジュールズの学生の一人）は、チャバネゴキブリの研究がジュールズ・シルヴァーマンにとってどれほど重要かを考えるのを助けてくれた。本書の執筆中、学部長だったお二人（ディレク・アディとハリー・ダニエルズ）に感謝する。

私がハインツ・アイシエンワルドの章を書き始めたのは五年以上前のことだ。しかし、的を射たものではなかった。アイシエンワルドの実験は私たちの社会が選択しなかった道を示してくれていたのだと理解するに至ったのは、ピーター・ジョルゲンソンとスコット・キャロルが率いるアメリカ国立社会・環境統合センター（SESYNC）のワーキンググループに参加してからだ。SESYNC、ありがとう。スコットや、特にピーター、そして、ディディエ・ヴェルンリをはじめとするワーキンググループのメンバー全員に大いに感謝している。細菌の気持ちがわかるクリティ・シャルマにも感謝している。最後に、豊かな見識をもち、私をヘンリー・シャインフィールドにつないでくれたポール・プラネットに感謝を述べたい。ヘンリーは事の顚末（てんまつ）を忌憚（きたん）なく話してくれて、この章が的確に伝わるように力を貸してくれた。ヘンリーは今もなお、親切で先見性にあふれる人物である。

ヤロスラフ・フレグル、アンナマリア・タラス、トム・ギルバート、ローランド・ケイズ、デイヴッド・シュトルヒ、メレディス・スペンス、マイケル・レイスキンド、キルステン・ジェンセン、リチャード・クロプトン、そしてジョアン・ウェブスターはイヌとネコの章を読んで協力してくれた。長い年月をかけてイヌの寄生虫と病原体のリストを作成したメレディス・スペンスにも（そして、メレディスを励ましたニーマ・ハリスにも）感謝したい。メレディス、このリストが役に立ち始めましたよ！　ネイト・サンダーズ、ニール・グランサム、ブアイアン・ライヒ、ブノア・ゲナール、マイク・ギャヴィン、ジェン・ソロモン、ジョアナ・リコー、アネット・リッチャー、そしてアン・マッデンは、最終的に本書から割愛されることになった、法医学、蜂と酵母、および鳩の巣原理の章を手伝ってくれた。本書は当初、二〇万ワードの長さだった。つまり、ここに入りきらないほどの屋内生物の話が盛り込まれていたのだ。ノースカロライナ州立大学図書館、および図書館に勤務しているすばらしい方々に特にお礼を申し上げたい。カレン・チコーネは本書を最初から最後まで読み、全体を通して有益なコメントを寄せてくれた。スヒ・クオン、ジョー・クォン、ジョシー・ベイカー、ステファン・カペレ、アスペン・リース、アン・マッデン、そしてエミリー・マイネケは、食品の章に力を貸してくれた。本書の内容をふるいにかけ、執筆を促してくれたのは、エージェントのヴィクトリア・プライアーだ。トーリーもありがとう。本書はさらに編集者ＴＪケラハーの人間離れしたセレクションにかけられた。私の初の著書『生きとし生けるもの（*Every Living Thing*）』の編集を担当してくれたのもＴＪだ。今回、また一緒に仕事ができて嬉しく思っている。キャリー・ナポリターノにもたいへん感謝している。ＴＪとキャリーは、出版界のご多分に漏れず、読み込んで編集すべきものが多すぎて、かけられる時間が少なすぎるという状況に常に置かれているにもかかわらず、極めて丁寧に本企画を管理してくれた。優秀な校正者のコリン・トレーシーとクリスティーナ・パライアが、たどたどしい文を整え、おかしな節を直し、全般にわたって文字、カンマ、ピリオド、コロンに誤りがないことを確認してくれた。本書はスローン財団からの資金援助を受けた。スローン財団に、特にポーラ・オルシエフスキにお礼を申し上げたい。本書の執筆作業は、多様性科学総合センター（sDiv）のサバティカル休暇を利用して、ドイツ総合生物多様性研究センター（iDiv）の科学者たちと日々会話を交わし、その力を借りながら行なわれた。ジョン・チェイス、ニコ・アイゼンハワー、マーティン・ウィンター、スタン・ハーポール、ティファニー・ナイト、エンリケ・ペレイラ、アレッタ・ボン、アウロラ・トーレスをはじめ、iDivの多くの方々が、基礎生態学の理論や知見に照らして屋内の生物相を再検討することに力を貸してくれた。

最後になったが、何年にもわたって私たちのプロジェクトに参加してくれた大勢の方々に心より感謝したい。何千人もの方々が、家屋を調査するプロジェクトに協力してくれた。好奇心の強い私たちに、自らの生活を開放して、奇妙極まりない調査に加わってくれた。そして、調査の枠組みの変更につながるような質問を投げかけてくれた。発見の喜びと、それにもまさる多くの人々と共に発見する喜びを、私たちに何度も気づかせ、意欲をかき立ててくれた。どうもありがとう。

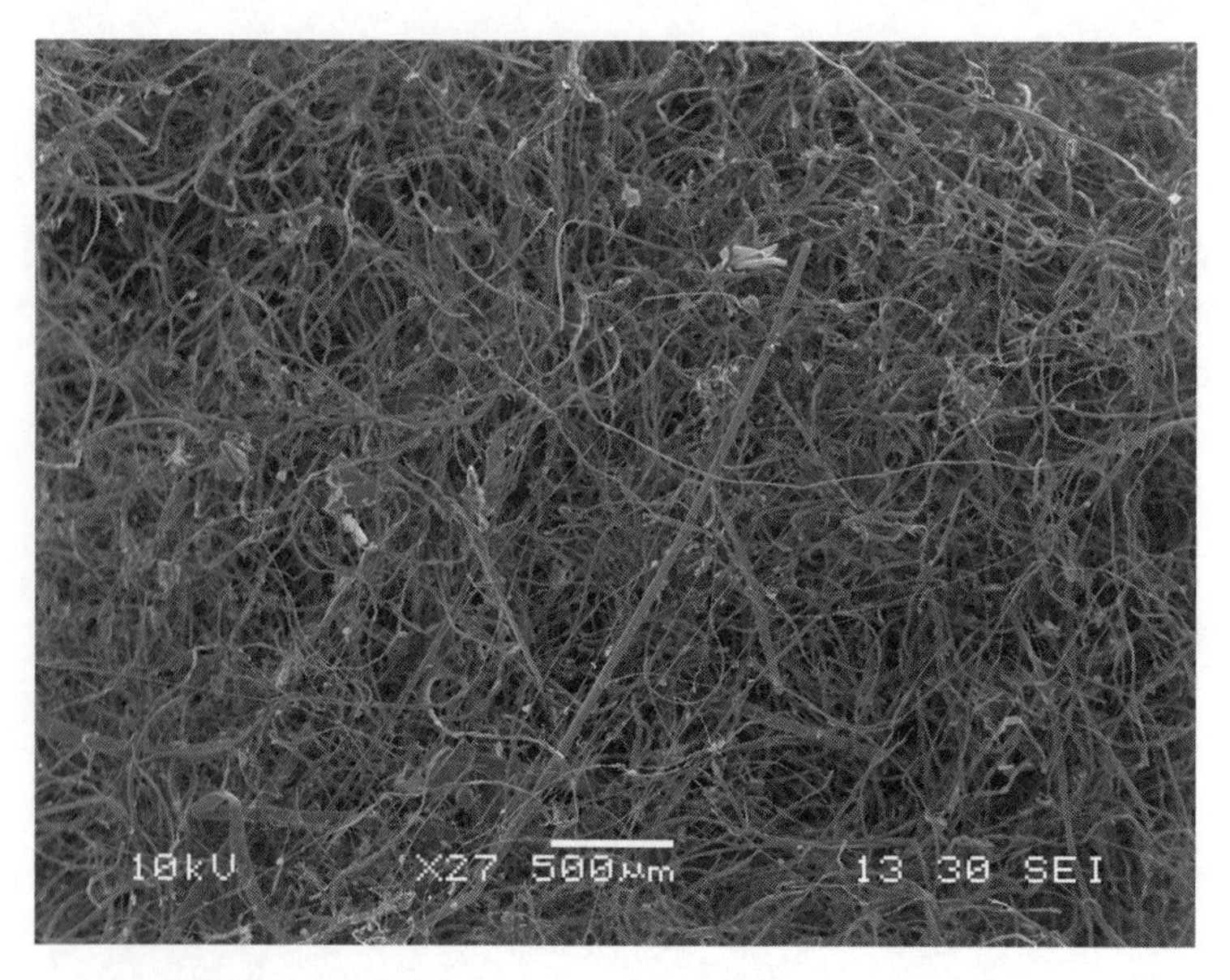

ホコリの顕微鏡画像。本書が非常に多くの人々の影響を受けて出来上がっているように、ホコリも多くのものから構成されている。（コロラド大学（コロラド州ボルダー）のナノ材料評価施設の協力を得て、アン・A. マッデンが撮影）

訳者あとがき

『ネバー・ホーム・アローン』というのが本書の原題である。直訳すれば「家に一人ぼっちではない」というような意味だが、それどころか、実は、私たちの家には、細菌、真菌、節足動物、その他、夥しい数の生き物たちが棲みついている。著者らが行なった最近の調査によると、現在までに、家々から二〇万種もの生物が見つかったという。人体の垢や、食物のかけら、そして家屋そのもので餌にしてしまう生物にとって、私たちの家は恰好の棲み処なのである。

それにしてもなぜ、そのようなことが最近になってわかったのだろう？　一つには、これまで身近すぎる家屋にはあまり目が向けられてこなかったということもある。生態学者たちは熱帯雨林の生き物を研究することに熱心で、身の回り、特に屋内の生物はほとんど研究してこなかったのだ。しかし、微生物について言うならば、DNAの塩基配列の解読を可能にしたPCR（ポリメラーゼ連鎖反応）法の登場が何よりも大きい。この手法によって、屋内環境生物の研究に革命がもたらされた。以前は、培養方法がわからない微生物は種を同定することさえできなかったのに、PCR法に基礎を置く塩基配列解読技術が開発されたおかげで、培養不能な種でも、いきなりその塩基配列を解読し、遺伝子を解析することが可能になったのだ。十七世紀に顕微鏡が登場したことで、人類は初めて、目に見えない微生物の世界の存在を知るようになったが、このPCR法の登場は、それに匹敵するほどの画期的な出来事なのである。本書の初めのほうで、PCR法の技術的ブレークスルーをもたらした微生物の発見の経緯も語られる。

二〇万種もの生物がいるなどと知らされると、何だか恐ろしくなって、たいていの人は家を徹底的に清掃して、クリーンな世界を、できることなら無菌状態の世界をつくりたいと考えがちだ。けれども、それは絶対に不可能なことらしい。国際宇宙ステーションでそれを試みた結果、実際にどのような状況が生まれたかが詳しく紹介されていて興味深い。とにかく、無菌状態を目指しても、所詮無理であるどころか、あの手この手で不快なものを排除しようとすればするほど、むしろさまざまな問題を引き起こしてしまう。なぜかと言えば、「家は生態系」だから、なのである。

たとえば、家や庭に殺虫剤を撒いて多様な生物を殺すと、競争相手がいなくなったのをいいことに、薬剤抵抗性を獲得した害虫が棲みついてしまう。また、人体や家屋の表面の微生物を死滅させて、無菌状態に近づけると、むしろ競争から解放された病原菌が定着しやすくなってしまう。地下水中に存在するさまざまな生物も病原体を殺すのに役立っているのだが、水処理の過程で殺生物剤を使用すると、人間の健康に良くない抗酸菌が増えてしまう。つまり、身の回りにいる生物のほとんどは無害なのに、それらを殺すことによって、有害な生物がのさばる環境をうっかりつくり出してしまうのだ。また、人間は多種多様な生物にさらされなくなると、免疫系がうまく機能しなくなり、慢性炎症性疾患に罹りやすくなるという。

身の回りの生き物に矛先を向けると、さらにいっそう厄介な問題が生じてくる。殲滅を企てて、激しく攻撃を加えれば加えるほど、相手は進化のスピードを速めて抵抗性を身につけていき、やがて人間の手に負えなくなってしまうのだ。抗生物質が効かなくなった耐性菌や、あらゆる殺虫剤への抵抗性を進化させたチャバネゴキブリとの戦いで、それはすでに経験済みだ。今や、私たちが暮らす家の中は、進化のスピードが地球上で最も速い場所の一つとなっているという。生物の進化のメカニズムを考えると、今後さらに都市化が進んで、家屋が密集し、人や物の移動が頻繁になるにつれて、このような傾向はますます強まっていくだろうと著者は推測する。そして、豊かな野生生物や人間の役に立っている生物がどんどん姿を消していき、その結果、薬剤抵抗性を身につけて生き残った病原菌や害虫ばかりに囲まれて暮らすことにもなりかねないと警鐘を鳴らす。

著者ロブ・ダン氏は、ノースカロライナ州立大学の応用生態学の教授であり、また、コペンハーゲン大学のデンマーク自然史博物館の教授も兼任している。すでに、『世界からバナナがなくなるまえに――食糧危機に立ち向かう科学者たち』、『わたしたちの体は寄生虫を欲している』など、四冊の著書が邦訳されている。

ロブ・ダン氏は、一般市民に調査に参加してもらう、パブリック・エンゲージメントの手法を積極的に採り入れている。本書の柱をなす研究のデータも、友人や知人、さらには、国外も含めて、SNSを通じて参加を募った人々に、家の中のホコリやシャワーヘッドのぬめりを綿棒で採取してもらったサンプルから得られたものだ。そのデータの分析にも多数の研究者が関わっており、本書には、特殊な分野を専門にする人々や、独自の技をもった人々が数えきれないほど登場する。

見方を変えると、本書は、人並み外れた熱意をもって屋内環境生物と真正面から向き合う、大勢のユニークな研究者たちの物語でもある。ほんの一例を挙げると、採集された昆虫を、アリの触角の節数やコメツキムシのペニスの毛深さといった特徴に注目しながら、時間をかけて丹念に同定していく昆虫学者。ゴキブリ駆除剤が効かなくなった理由を突きとめようと、ゴキブリの口器にある味覚感覚毛の一本一本に電極を接続して感覚ニューロンの応答を調べるという実験を、三年以上にわたって二〇〇〇匹のゴキブリについて繰り返した日本人研究者。半世紀ほど前、アメリカ合衆国の病院の新生児室で病原性黄色ブドウ球菌が蔓延したとき、善玉菌をわざわざ植え付けるという、従来とは全く異なる方法でこれに対処しようと奮闘した医師たち。そして、今から三五〇年ほど前に、自作の顕微鏡を用いて初めて微生物を発見し、その後、五〇年にわたって身の回りの生き物たちをつぶさに観察し、記録し続けたオランダ人……。

どちらかと言うと嫌われ者の生き物たちが、これでもか、というくらい多数登場する話なのだが、本書全体からは、多種多様な生物と、それに向き合う研究者、その調査に協力する人々が織りなす、楽しいオーケストラの響きが聞こえてくるような気がする。

本書が扱うのは、私たちの生活に密着した領域であり、当然ながら、そこにはそれぞれの国や地域の文化が色濃く反映されてくる。したがって、家の造りにせよ、食生活にせよ、入浴習慣にせよ、日本とはかなり事情が異なる面もあるように思う。しかし、昔に比べて、屋内で過ごす時間が格段に長くなっているのは、全世界共通の傾向のようで、そのような現代人を著者は「ホモ・インドアラス」（屋内人）と呼んでいる。本書は、私たちホモ・インドアラスが、屋内に暮らす多数の生き物たちとうまく付き合いながら、どんな家を作っていくかを考えるうえで、頼れる道しるべになってくれるに違いない。

最後になりますが、翻訳に当たりまして、原稿を丁寧にチェックして下さるなど、さまざまな面でたいへんお世話になりました白揚社編集部の筧貴行様に深く感謝申し上げます。

二〇二〇年十二月　今西康子

くなる。工業的規模でのサッカロマイセスの生産および利用によって起こる微生物の均一化を、さらに進めてしまう要因となるのだ。F. Minervini, A. Lattanzi, M. De Angelis, G. Celano, and M. Gobbetti, "House Microbiotas as Sources of Lactic Acid Bacteria and Yeasts in Traditional Italian Sourdoughs," *Food Microbiology* 52 (2015): 66–76 を参照。

16. 何が原因でハーマンがピンク色に変色したのかはわからない。おそらく地震とは無関係の原因だと思われる。
17. 私たちがサンプリングを行なう前に、スターターに栄養補給するのは避けてほしかった。というのは、キッチンでスターターに栄養補給すると（いずれはするのだが）、うっかりキッチンの微生物をスターターに混入させてしまうおそれがあったからだ。混入はどうしても起きてしまう。それは避けられないことだが、混入する前にサンプリングを行なうことによって、各パン職人の労作、身体、家屋に特有の微生物を検出するのに最適な機会を得ることができた。
18. 大きな違いが出ないように管理したが、それには常時見張っている必要があった。パン職人たちがどうしてもパンに加えたいと思っている他の材料（摩訶不思議にもポケットやスモックから出てくるらしい）を追加したりしないように、目を光らせていなければならなかった。「ガーリックを少しだけ。ほんのちょっとです。ゴマならいいですか？」
19. D. A. Jensen, D. R. Macinga, D. J. Shumaker, R. Bellino, J. W. Arbogast, and D. W. Schaffner, "Quantifying the Effects of Water Temperature, Soap Volume, Lather Time, and Antimicrobial Soap as Variables in the Removal of *Escherichia coli* ATCC 11229 from Hands," *Journal of Food Protection* 80, no. 6 (2017): 1022–1031.
20. A. A. Ross, K. Muller, J. S. Weese, and J. Neufeld, "Comprehensive Skin Microbiome Analysis Reveals the Uniqueness of Human-Associated Microbial Communities among the Class Mammalia," *bioRxiv* (2017): 201434.
21. N. Fierer, M. Hamady, C. L. Lauber, and R. Knight, "The Influence of Sex, Handedness, and Washing on the Diversity of Hand Surface Bacteria," *Proceedings of the National Academy of Sciences* 105, no. 46 (2008): 17994–17999.
22. A. Döğen, E. Kaplan, Z. .ksüz, M. S. Serin, M. Ilkit, and G. S. de Hoog, "Dishwashers Are a Major Source of Human Opportunistic Yeast-Like Fungi in Indoor Environments in Mersin, Turkey," *Medical Mycology* 51, no. 5 (2013): 493–498.

ンのDNAを採取して解析した者は一人もいない。このような墓所は、大昔の日常生活についてすでに非常に多くのことを教えてくれているが、わかることはまだまだたくさんある。エジプト人たちがそんな来世を想定していたかどうかはわからないが。

10. このプロセスの細部は人によっていろいろ異なる。蒸留水を使う人もいれば、雨水だけを使うという人もいる。また、使用する小麦粉の種類、スターターを寝かせる温度、さらには微生物を含む食品（果物など）を加えるかどうかについても、パン職人ごとに異なる。
11. L. De Vuyst, H. Harth, S. Van Kerrebroeck, and F. Leroy, "Yeast Diversity of Sourdoughs and Associated Metabolic Properties and Functionalities," *International Journal of Food Microbiology* 239 (2016): 26–34.
12. 製パン所に関するある研究で、使用する小麦粉にエンテロバクター属細菌（病原性を示しうる糞便細菌）が含まれていても、サワードウブレッドのスターター（サワー種）の中では決して定着しないことが明らかになった。サワー種の中の細菌や、細菌が生成した酸によって、殺されてしまうようだ。同研究では、小麦粉、ミキシングボウル、パン保存容器の中の細菌は極めて多様だったが、サワー種の中の細菌はそうではなく、シンプルで安定した細菌ガーデンが育っていた。
13. 冷蔵庫や冷凍庫が発明されて、従来の方法に代わる新たな食品保存方法となったが、その効果はほとんどの場合、発酵に及ばない。購入した時点で、どんな食品にも（真空パックの食品でさえ）微生物がたくさんいる。冷蔵庫に入れておけば、食品中の微生物の栄養摂取や増殖のペースが落ちる。食品の冷蔵庫内での「賞味期限」とはそもそも、その食品中の微生物が、低温条件下であっても分裂と代謝によってその食品を乗っ取ってしまうのにかかる時間を示したものなのだ。「賞味期限」ではなく、本来は「1月4日までは微生物でびっしりになることはありません」と書くべきなのだ。ただし、実際にどれだけもつかは、瓶を開けるたびに、キッチン、手指、呼気に由来するどんな微生物が食品に定着するかによって違ってくる。要するに、「賞味期限1月4日」は、毎日を無事に過ごすのに役立つ大ざっぱな目安となるものなのだ。
14. これらのパンのなかには、齧歯類の糞便由来のラクトバチルス・ロイテリの菌株を添加することで、酸味をつけているものもある。信じられない方はM. S. W. Su, P. L. Oh, J. Walter, and M. G. Gänzle, "Intestinal Origin of Sourdough *Lactobacillus reuteri* Isolates as Revealed by Phylogenetic, Genetic, and Physiological Analysis," *Applied and Environmental Microbiology* 78, no. 18 (2012): 6777–6780を読まれたし。
15. そうしている限り、サッカロマイセス・セレビシエがスターターの微生物群に加わることはめったにないようだ。ところが製パン所でパッケージ入りの酵母を使うようになると、すぐにそれが製パン所の屋内酵母菌群に加わって（攪拌機、小麦粉、保存容器などに広がり）、たちまち新たなスターターを「汚染」してしまうようだ。だからと言ってスターターの仕事が妨げられるわけではないが、スターターの多様性は乏し

第12章

1. D. E. Beasley, A. M. Koltz, J. E. Lambert, N. Fierer, and R. R. Dunn, “The Evolution of Stomach Acidity and Its Relevance to the Human Microbiome,” *PloS One* 10, no. 7 (2015): e0134116.
2. G. Campbell-Platt, *Fermented Foods of the World. A Dictionary and Guide* (Oxford: Butterworth Heinemann, 1987).
3. キムチには、それ以外のほとんどの食品に比べて、はるかに多様な微生物が含まれている。ある1種類のキムチの中に数十種ないしは数百種の微生物が含まれていることがある（作り手によっても異なるようだ）だけでなく、異なる種類のキムチにはまったく異なる微生物が含まれている。E. J. Park, J. Chun, C. J. Cha, W. S. Park, C. O. Jeon, and J. W. Jin-Woo Bae, “Bacterial Community Analysis During Fermentation of Ten Representative Kinds of Kimchi with Barcoded Pyrosequencing,” *Food Microbiology* 30, no. 1 (2012): 197–204を参照。キムチによく含まれているのは、スタフィロコッカス属やラクトバチルス属のほか、ロイコノストック属やその近縁のワイセラ属（いずれも冷蔵庫内に多数見つかる）、エンテロバクター属（糞便細菌）、およびシュードモナス属の細菌である。
4. 足の臭さのもとになる細菌と同じ（そして国際宇宙ステーションで多数見つかる）バチルス・サブチリス（枯草菌）。韓国の発酵食品に関する詳しい情報は、J. K. Patra, G. Das, S. Paramithiotis, and H.S. Shin, “Kimchi and Other Widely Consumed Traditional Fermented Foods of Korea: A Review,” *Frontiers in Microbiology* 7 (2016)を参照。
5. 1903年制作の記録映画『チーズダニ』（チャールズ・アーバン製作、F. マーティン・ダンカン監督）を是非ともご覧いただきたい。ある食品を別の食品に変えるのを助けてくれる動物のすばらしさに焦点を当てた映画である。www.youtube.com/watch?v=wR2DystgByQ.
6. L. Manunza, “Casu Marzu: A Gastronomic Genealogy,” in *Edible Insects in Sustainable Food Systems* (Cham, Switzerland: Springer International, 2018).
7. パンの初期の歴史を見事に描き、古代のパン作りの技術を再現しようと挑む物語はE. Wood, *World Sourdoughs from Antiquity* (Berkeley, CA: Ten Speed Press, 1996)を参照。
8. このようなパンは、一種の通貨であり、配給品であり、ビールのように取引の単位だった。製パンは、扱いにくい穀物を、貯蔵、取引、販売、摂取しやすい食品に変える方法だったのだ。D. Samuel, “Bread Making and Social Interactions at the Amarna Workmen’s Village, Egypt,” *World Archaeology* 31, no. 1 (1999): 121–144を参照。
9. この点について本格的な研究がなされたこともない。たとえば、古代エジプトの墓所にはミイラとともに多数の干からびたパンが埋葬されているが、そのような大昔のパ

Microbial Ecology 49 (2005): 257–264 を参照。

26. 社会が行なってきた選択を振り返ると、不思議に思うことがよくある。なぜ、誤った判断が下されたとき、誰かが警告を発しなかったのだろうかと。私たちはすぐに、数十年前、数百年前、数千年前の先祖たちは、賢明な選択ができるほど物事を理解できていなかったのだと言いだす。このケースに関して言えば、私たちの理解が足りなかった。しかし、シャインフィールドとアイシェンワルドは1965年の時点で、抗生物質だけに頼ったらどんな問題が生じてくるかをはっきりと述べている。Shinefield et al., "V. An Analysis and Interpretation," 683–688 を参照。
27. フレミングは次のように述べている。「無知な人が必要量以下の用量で内服して、体内の微生物に非致死量の薬剤を曝露させることで、薬剤耐性菌を生み出してしまうおそれがあります。たとえば、こんな場合です。X氏は喉が痛かった。そこで、ペニシリンを買ってきて飲んだ。レンサ球菌を死滅させるには不十分な量だが、レンサ球菌にペニシリン耐性を獲得させるには十分な量だった。その後、X氏の妻がこの菌に感染する。X夫人は肺炎になってしまい、ペニシリンで治療を受ける。ところが、レンサ球菌はすでにペニシリン耐性を獲得しているので、薬が全く効かない。X夫人は死亡する。この場合、X夫人を死に至らしめたそもそもの責任は誰にあるのでしょうか？　ペニシリンを中途半端に使用して、微生物の性質を変えてしまったX氏ではないでしょうか？」
28. M. Baym, T. D. Lieberman, E. D. Kelsic, R. Chait, R. Gross, I. Yelin, and R. Kishony, "Spatiotemporal Microbial Evolution on Antibiotic Landscapes," *Science* 353, no. 6304 (2016): 1147–1151.
29. F. D. Lowy, "Antimicrobial Resistance: The Example of *Staphylococcus aureus*," *Journal of Clinical Investigation* 111, no. 9 (2003): 1265.
30. E. Klein, D. L. Smith, and R. Laxminarayan, "Hospitalizations and Deaths Caused by Methicillin-Resistant *Staphylococcus aureus*, United States, 1999–2005," *Emerging Infectious Diseases* 13, no. 12 (2007): 1840.
31. 抗生物質を使用するとなぜウシやブタが早く太るのかは、完全には解明されていない。
32. S. S. Huang, E. Septimus, K. Kleinman, J. Moody, J. Hickok, T. R. Avery, J. Lankiewicz, et al., "Targeted versus Universal Decolonization to Prevent ICU Infection," *New England Journal of Medicine* 368, no. 24 (2013): 2255–2265.
33. R. Laxminarayan, P. Matsoso, S. Pant, C. Brower, J.-A. Røttingen, K. Klugman, and S. Davies, "Access to Effective Antimicrobials: A Worldwide Challenge," *Lancet* 387, no. 10014 (2016): 168–175. 耐性菌問題の対策についての詳細はP. S. Jorgensen, D. Wernli, S. P. Carroll, R. R. Dunn, S. Harbarth, S. A. Levin, A. D. So, M. Schluter, and R. Laxminarayan, "Use Antimicrobials Wisely," *Nature* 537, no. 7619 (2016); K. Lewis, "Platforms for Antibiotic Discovery," *Nature Reviews Drug Discovery* 12 (2013): 371–387 を参照。

すでに別のブドウ球菌が定着していた。Shinefield et al., "Bacterial Interference: Its Effect on Nursery- Acquired Infection," 646–654を参照。

16. H. R. Shinefield, J. M. Sutherland, J. C. Ribble, and H. F. Eichenwald, "II. The Ohio Epidemic," *American Journal of Diseases of Children* 105, no. 6 (1963): 655–662.
17. H. R. Shinefield, M. Boris, J. C. Ribble, E. F. Cale, and Heinz F. Eichenwald, "III. The Georgia Epidemic," *American Journal of Diseases of Children* 105, no. 6 (1963): 663–673. M. Boris, H. R. Shinefield,J. C. Ribble, H. F. Eichenwald, G. H. Hauser, and C. T. Caraway, "IV. The Louisiana Epidemic," *American Journal of Diseases of Children* 105, no. 6 (1963): 674–682も参照。
18. H. F. Eichenwald, H. R. Shinefield, M. Boris, and J. C. Ribble, " 'Bacterial Interference' and Staphylococcic Colonization in Infants and Adults," *Annals of the New York Academy of Sciences* 128, no. 1 (1965): 365–380.
19. D. Janek, A. Zipperer, A. Kulik, B. Krismer, and A. Peschel, "High Frequency and Diversity of Antimicrobial Activities Produced by Nasal *Staphylococcus* Strains against Bacterial Competitors," *PLoS Pathogens* 12, no. 8 (2016): e1005812.
20. これは、ポール・プラネットの考え。
21. C. S. Elton, *The Ecology of Invasions by Animals and Plants* (London: Methuen & Co, 1958).
22. 引用語句についてはJ. D. van Elsas, M. Chiurazzi, C. A. Mallon, D. Elhottovā , V. Krištů fek, and J. F. Salles, "Microbial Diversity Determines the Invasion of Soil by a Bacterial Pathogen," *Proceedings of the National Academy of Sciences* 109, no. 4 (2012): 1159–1164を参照。概説はJ. M. Levine, P. M. Adler, and S. G. Yelenik, "A Meta - Analysis of Biotic Resistance to Exotic Plant Invasions," *Ecology Letters* 7, no. 10 (2004): 975–989を参照。
23. J. M. H. Knops, D. Tilman, N. M. Haddad, S. Naeem, C. E. Mitchell, J. Haarstad, M. E. Ritchie, et al., "Effects of Plant Species Richness on Invasion Dynamics, Disease Outbreaks, and Insect Abundances and Diversity," *Ecology Letters* 2 (1999): 286–293.
24. J. D. van Elsas, M. Chiurazzi, C. A. Mallon, D. Elhottovā , V. Krištů fek, and J. F. Salles, "Microbial Diversity Determines the Invasion of Soil by a Bacterial Pathogen," *Proceedings of the National Academy of Sciences* 109, no. 4 (2012): 1159–1164.
25. ファン・エルザスらの実験結果は、大腸菌の場合に限った偶然ではない。緑膿菌の小麦根圏土壌への侵入について考察した研究でも、同様の結果が得られている。A. Matos, L. Kerkhof, and J. L. Garland, "Effects of Microbial Community Diversity on the Survival of *Pseudomonas aeruginosa* in the Wheat Rhizosphere,"

7. これらは、同僚たちと私がのちに、臍において優位であることを発見することになる細菌だった。J. Hulcr, A. M. Latimer, J. B. Henley, N. R. Rountree, N. Fierer, A. Lucky, M. D. Lowman, and R. R. Dunn, "A Jungle in There: Bacteria in Belly Buttons Are Highly Diverse, but Predictable," *PLoS One* 7, no. 11 (2012): e47712を参照。
8. マイクロコッカス属やコリネバクテリウム属といった他種の細菌が80/81の撃退を助けている可能性もあったが、アイシェンワルドとシャインフィールドは、類縁種間での競争のほうが、遠縁種間での競争よりも熾烈だろうと考えたのだった。この点において、皮膚にいる微生物は草原や森林の植物種に似ている。より近縁の植物ほど、生態学的な類似度が高く、互いに競い合って相手を排除しようとする傾向がある。J. H. Burns and S. Y. Strauss, "More Closely Related Species Are More Ecologically Similar in an Experimental Test," *Proceedings of the National Academy of Sciences* 108, no. 13 (2011): 5302–5307を参照。
9. D. Janek, A. Zipperer, A. Kulik, B. Krismer, and A. Peschel, "High Frequency and Diversity of Antimicrobial Activities Produced by Nasal *Staphylococcus* Strains against Bacterial Competitors," *PLoS Pathogens* 12, no. 8 (2016): e1005812.
10. たとえばアリ類の間で、ノボメソール・コッケレリ（*Novomessor cockerelli*）（フタフシアリ亜科のアリ）が、その競争者であるシュウカクアリ属のアリの巣の入口を石でふさいで、その採餌行動のじゃまをするのは、典型的な干渉型競争である。
11. 一人だけ例外は、ルネ・デュボスである。H. L. Van Epps, "René Dubos: Unearthing Antibiotics," *Journal of Experimental Medicine* 203, no. 2 (2006): 259.
12. Shinefield et al., "Bacterial Interference: Its Effect on Nursery-Acquired Infection," 646–654.
13. これは、ポール・プラネットという、人並み外れた科学者とその同僚たちが行なった研究である。D. Parker, A. Narechania, R. Sebra, G. Deikus, S. LaRussa, C. Ryan, H. Smith, et al., "Genome Sequence of Bacterial Interference Strain *Staphylococcus aureus* 502A," *Genome Announcements* 2, no. 2 (2014): e00284-14.
14. これと同じことが——つまり、定着の成功を予測する最大の因子は、移入する個体数（または移入を試みる個体数）であるということが——別種の生物の定着に関しても言える。たとえば、移入種のアリが定着に成功するかどうかを予測する最大の因子の一つは、移入された回数である。A. V. Suarez, D. A. Holway, and P. S. Ward, "The Role of Opportunity in the Unintentional Introduction of Nonnative Ants," *Proceedings of the National Academy of Sciences of the United States of America* 102, no. 47 (2005): 17032–17035を参照。
15. 興味深いことに、502Aがつかなかった少数の事例ではたいてい、赤ん坊の鼻や臍に

C. Johnson, "Subgroup Differences in the Associations between Dog Exposure During the First Year of Life and Early Life Allergic Outcomes," *Clinical and Experimental Allergy* 47, no. 1 (2017): 97–105.

41. S. J. Song, C. Lauber, E. K. Costello, C. A. Lozupone, G. Humphrey, D. Berg-Lyons, J. G. Caporaso, et al., "Cohabiting Family Members Share Microbiota with One Another and with Their Dogs," *Elife* 2 (2013): e00458; M. Nermes, K. Niinivirta, L. Nylund, K. Laitinen, J. Matomäki, S. Salminen, and E. Isolauri, "Perinatal Pet Exposure, Faecal Microbiota, and Wheezy Bronchitis: Is There a Connection?" *ISRN Allergy* 2013 (2013).
42. M. G. Dominguez-Bello, E. K. Costello, M. Contreras, M. Magris, G. Hidalgo, N. Fierer, and R. Knight, "Delivery Mode Shapes the Acquisition and Structure of the Initial Microbiota across Multiple Body Habitats in Newborns," *Proceedings of the National Academy of Sciences* 107, no. 26 (2010): 11971–11975.

第11章

1. ファージ型は52/52aと呼ばれることもある。
2. もっと正確には、公衆衛生システム、廃棄物処理体制、および手洗い習慣が確立している国々においては、他のいかなる微生物よりも。H. R. Shinefield, J. C. Ribble, M. Boris, and H. F. Eichenwald, "Bacterial Interference: Its Effect on Nursery-Acquired Infection with *Staphylococcus aureus*. I. Preliminary Observations on Artificial Colonization of Newborns," *American Journal of Diseases of Children* 105 (1963): 646–654.
3. 最新の推定によると、その時期はもう少し早かった。P. R. McAdam, K. E. Templeton, G. F. Edwards, M. T. G. Holden, E. J. Feil, D. M. Aanensen, H. J. A. Bargawi, et al., "Molecular Tracing of the Emergence, Adaptation, and Transmission of Hospital-Associated Methicillin-Resistant *Staphylococcus aureus*, " *Proceedings of the National Academy of Sciences* 109, no. 23 (2012): 9107–9112を参照。
4. 二人は以前から、このような感染症事例では、病原菌の生理生態を詳細に調べることが解決につながると述べていた。それでこの任務を負うことになったのだ。H. F. Eichenwald and H. R. Shinefield, "The Problem of Staphylococcal Infection in Newborn Infants," *Journal of Pediatrics* 56, no. 5 (1960): 665–674を参照。
5. Shinefield et al., "Bacterial Interference: Its Effect on Nursery-Acquired Infection," 646–654.
6. H. R. Shinefield, J. C. Ribble, M. B. Eichenwald, and J. M. Sutherland, "V. An Analysis and Interpretation," *American Journal of Diseases of Children* 105, no. 6 (1963): 683–688.

33. A. C. Y. Lee, S. P. Montgomery, J. H. Theis, B. L. Blagburn, and M. L. Eberhard, "Public Health Issues Concerning the Widespread Distribution of Canine Heartworm Disease," *Trends in Parasitology* 26, no. 4 (2010): 168–173.
34. R. S. Desowitz, R. Rudoy, and J. W. Barnwell, "Antibodies to Canine Helminth Parasites in Asthmatic and Nonasthmatic Children," *International Archives of Allergy and Immunology* 65, no. 4 (1981): 361–366.
35. このように、一緒に家に棲んでいる生物種にイヌが影響を与えるのは、今に始まったことはない。パリの人類博物館でミイラの保存管理を担当している昆虫学者（ミイラの来世の守護者）、ジャン＝ベルナール・ユシェは、最近、古代エジプトのエル・ディル遺跡（カイロからさほど遠くない、ナイル川デルタにある紀元前332～前30年ころの遺跡）のイヌのミイラを細かく調べた。そのうちの1匹は、胃の中にナツメヤシの種子やイチジクが入っており、そのイヌが人間の集落の果実に依存していたことを示していた。また、そのイヌの両耳は、クリイロコイタマダニ――イヌの広まりに伴い、現在では世界中に伝播しているダニ――に覆われていた。このダニは、人間にもうつる病原体を体内に保有していた可能性が非常に高い。この種のダニからは、十数種近い病原体が見つかっている。これらの病原体がみな、ある程度までイヌを介してエジプトの町々や家々に持ち込まれた。J. B. Huchet, C. Callou, R. Lichtenberg, and F. Dunand, "The Dog Mummy, the Ticks and the Louse Fly: Archaeological Report of Severe Ectoparasitosis in Ancient Egypt," *International Journal of Paleopathology* 3, no. 3 (2013): 165–175を参照。
36. アルスロバクター属、スフィンゴモナス属、アグロバクテリウム属の種など。
37. A. A. Madden, A. Barberán, M. A. Bertone, H. L. Menninger, R. R. Dunn, and N. Fierer, "The Diversity of Arthropods in Homes across the United States as Determined by Environmental DNA Analyses," Molecular Ecology 25, no. 24 (2016): 6214–6224; M. Leong, M. A. Bertone, A. M. Savage, K. M. Bayless, R. R. Dunn, and M. D. Trautwein, "The Habitats Humans Provide: Factors Affecting the Diversity and Composition of Arthropods in Houses," *Scientific Reports* 7, no. 1 (2017): 15347.
38. C. Pelucchi, C. Galeone, J. F. Bach, C. La Vecchia, and L. Chatenoud, "Pet Exposure and Risk of Atopic Dermatitis at the Pediatric Age: A Meta-Analysis of Birth Cohort Studies," *Journal of Allergy and Clinical Immunology* 132 (2013): 616–622.e7.
39. K. C. Lødrup Carlsen, S. Roll, K. H. Carlsen, P. Mowinckel, A. H. Wijga, B. Brunekreef, M. Torrent, et al., "Does Pet Ownership in Infancy Lead to Asthma or Allergy at School Age? Pooled Analysis of Individual Participant Data from 11 European Birth Cohorts," *PLoS One* 7 (2012): e43214.
40. G. Wegienka, S. Havstad, H. Kim, E. Zoratti, D. Ownby, K. J. Woodcroft, and C.

23. E. F. Torrey and R. H. Yolken, "The Schizophrenia–Rheumatoid Arthritis Connection: Infectious, Immune, or Both?" *Brain, Behavior, and Immunity* 15, no. 4 (2001): 401–410.
24. J. P. Webster, P. H. L. Lamberton, C. A. Donnelly, E. F. Torrey, "Parasites as Causative Agents of Human Affective Disorders? The Impact of Anti-Psychotic, Mood-Stabilizer and Anti-Parasite Medication on *Toxoplasma gondii* 's Ability to Alter Host Behaviour," *Proceedings of the Royal Society B: Biological Sciences* 273, no. 1589 (2006): 1023–1030.
25. D. W. Niebuhr, A. M. Millikan, D. N. Cowan, R. Yolken, Y. Li, and N. S. Weber, "Selected Infectious Agents and Risk of Schizophrenia among US Military Personnel," *American Journal of Psychiatry* 165, no. 1 (2008): 99–106.
26. R. H. Yolken, F. B. Dickerson, and E. Fuller Torrey, "*Toxoplasma* and Schizophrenia," *Parasite Immunology* 31, no. 11 (2009): 706–715.
27. C. Poirotte, P. M. Kappeler, B. Ngoubangoye, S. Bourgeois, M. Moussodji, and M. J. Charpentier, "Morbid Attraction to Leopard Urine in *Toxoplasma*-Infected Chimpanzees," *Current Biology* 26, no. 3 (2016): R98–R99.
28. したがって、ネコをやたらたくさん飼っている男性の行動は、トキソプラズマ感染で説明がつくのだが、ネコをやたらたくさん飼っている女性の行動は説明がつかない。J. Flegr, "Influence of Latent *Toxoplasma* Infection on Human Personality, Physiology and Morphology: Pros and Cons of the *Toxoplasma*–Human Model in Studying the Manipulation Hypothesis," *Journal of Experimental Biology* 216, no. 1 (2013): 127–133を参照。
29. といっても、地域差がある。中国では、最近までネコをペットとして飼うことが稀だったので、トキソプラズマ原虫に曝露したことを示す抗体陽性率も非常に低い。こうした国々では感染状況の変化を捉えやすいので、トキソプラズマ感染が特定の疾患にどんな影響を及ぼすかの調査を、どこよりも実施しやすいかもしれない。E. F. Torrey, J. J. Bartko, Z. R. Lun, and R. H. Yolken, "Antibodies to *Toxoplasma gondii* in Patients with Schizophrenia: A Meta-Analysis," *Schizophrenia Bulletin* 33, no. 3 (2007): 729–736. doi:10.1093/schbul/sbl050を参照。
30. M. S. Thoemmes, D. J. Fergus, J. Urban, M. Trautwein, and R. R. Dunn, "Ubiquity and Diversity of Human-Associated Demodex Mites," *PLoS One* 9, no. 8 (2014): e106265.
31. もちろん、メレディスはその年月の間、この研究だけをやっていたわけではない。
32. たとえば F. J. Márquez, J. Millán, J. J. Rodriguez-Liebana, I. Garcia-Egea, and M. A. Muniain, "Detection and Identification of *Bartonella* sp. in Fleas from Carnivorous Mammals in Andalusia, Spain," *Medical and Veterinary Entomology* 23, no. 4 (2009): 393–398を参照。

らに詳しく調査した。イムノアッセイの結果は、簡便な抗原検査の結果を裏づけるものだった。

12. つまり、脳を操る寄生虫に感染すると、学科長や学部長にはなりにくくなるということだ。私ならば正反対のことを考えるのだが。
13. K. Yereli, I. C. Balcioğ lu, and A. Özbilgin, “Is *Toxoplasma gondii* a Potential Risk for Traffic Accidents in Turkey?” *Forensic Science International* 163, no. 1 (2006): 34–37.
14. J. Flegr and I. Hrdý, “Evolutionary Papers: Influence of Chronic Toxoplasmosis on Some Human Personality Factors,” *Folia Parasitologica* 41 (1994): 122–126.
15. J. Flegr, J. Havlícek, P. Kodym, M. Malý, and Z. Smahel, “Increased Risk of Traffic Accidents in Subjects with Latent Toxoplasmosis: A Retrospective Case-Control Study,” *BMC Infectious Diseases* 2, no. 1 (2002): 11.
16. ネズミによる貯蔵穀物の被害は甚大だったので、現在栽培されている穀物は獣害に強い。ネズミに食われずに生き残った穀物だからである。C. F. Morris, E. P. Fuerst, B. S. Beecher, D. J. Mclean, C. P. James, and H. W. Geng, “Did the House Mouse (*Mus musculus* L.) Shape the Evolutionary Trajectory of Wheat (*Triticum aestivum* L.)?” *Ecology and Evolution* 3, no. 10 (2013): 3447–3454 を参照。
17. 初期農耕民はしばしば、気づかずに来世にまで寄生虫を連れて行った。M. L. C. Gonçalves, A. Araújo, and L. F. Ferreira, “Human Intestinal Parasites in the Past: New Findings and a Review,” *Mem.rias do Instituto Oswaldo Cruz* 98 (2003): 103–118 を参照。
18. J.-D. Vigne, J. Guilaine, K. Debue, L. Haye, and P. Gérard, “Early Taming of the Cat in Cyprus,” *Science* 304, no. 5668 (2004): 259.
19. J. P. Webster, “The Effect of *Toxoplasma gondii* and Other Parasites on Activity Levels in Wild and Hybrid *Rattus norvegicus*, ” *Parasitology* 109, no. 5 (1994): 583–589.
20. M. Berdoy, J. P. Webster, and D. W. Macdonald, “Parasite-Altered Behaviour: Is the Effect of *Toxoplasma gondii* on *Rattus norvegicus* Specific?” *Parasitology* 111, no. 4 (1995): 403–409 を参照。
21. E. Prandovszky, E. Gaskell, H. Martin, J. P. Dubey, J. P. Webster, and G. A. McConkey, “The Neurotropic Parasite *Toxoplasma gondii* Increases Dopamine Metabolism,” *PloS One* 6, no. 9 (2011): e23866.
22. V. J. Castillo-Morales, K. Y. Acosta Viana, E. D. S. Guzmán-Marín, M. Jiménez-Coello, J. C. Segura-Correa, A. J. Aguilar-Caballero, and A. Ortega-Pacheco, “Prevalence and Risk Factors of *Toxoplasma gondii* Infection in Domestic Cats from the Tropics of Mexico Using Serological and Molecular Tests, ” *Interdisciplinary Perspectives on Infectious Diseases* 2012 (2012): 529108 を参照。

に利益を与え、どの生物種がそうでないかを検討するのには用いるべきでないのかもしれない。人間に幸福感や満足感(「満足」の意味合いは人によって異なる)を与えてくれる生物種は、適応度を高めることはなくても、現代社会ではやはり共生種と言えるのではないだろうか。

3. J. McNicholas, A. Gilbey, A. Rennie, S. Ahmedzai, J.-A. Dono, and E. Ormerod, "Pet Ownership and Human Health: A Brief Review of Evidence and Issues," *BMJ* 331, no. 7527 (2005): 1252–1254.
4. この寄生虫、トキソプラズマ・ゴンディは、パスツール研究所の研究員たちによって、チュニジアのチュニスで初めて発見された。アトラスグンディという齧歯類から発見された。なぜアトラスグンディを調べていたのかというと、それがリーシュマニア原虫の宿主だからである。研究者たちがリーシュマニア原虫を探していたら、たまたまトキソプラズマ・ゴンディが見つかったのだ。「グンディ」は、この齧歯類を意味する北アフリカのアラビア語らしい。「トキソプラズマ」は、ギリシャ語で「弓」を意味するトキソと、「形」を意味するプラズマから成る言葉で、この寄生虫の弓状の形態を表している。というわけで、この歴史の詰まったトキソプラズマ・ゴンディという学名は、「アトラスグンディという齧歯類から見つかった弓状の形の寄生虫」という意味なのだ」。
5. J. Hay, P. P. Aitken, and M. A. Arnott, "The Influence of Congenital Toxoplasma Infection on the Spontaneous Running Activity of Mice," *Zeitschrift für Parasitenkunde* 71, no. 4 (1985): 459–462.
6. 実際、これまでに調査されたほぼすべての(ことによるとすべての)哺乳類に感染する。
7. マラリア原虫(プラスモジウム属原虫)と同じ、アピコンプレックス門に属する原生生物。
8. トキソプラズマの耐久力については A. Dumètre and M. L. Dardé, "How to Detect *Toxoplasma gondii* Oocysts in Environmental Samples?" *FEMS Microbiology Reviews* 27, no. 5 (2003): 651–661 を参照。
9. 捨てられるものは、それだけではない。エイミー・サヴェッジが率いる研究で、ゴミ箱の中には、ほとんど研究されていない新奇な生物が何百種も含まれていることが明らかになった。
10. ヨーロッパでは、新生児1万人あたり1〜10人がトキソプラズマ原虫に感染している。その1〜2パーセントが死亡または学習困難となり、4〜27パーセントが網膜病変がもとで視覚障害をわずらう。A. J. C. Cook, R. Holliman, R. E. Gilbert, W. Buffolano, J. Zufferey, E. Petersen, P. A. Jenum, W. Foulon, A. E. Semprini, and D. T. Dunn, "Sources of *Toxoplasma* Infection in Pregnant Women: European Multicentre Case-Control Study," *BMJ* 321, no. 7254 (2000): 142–147 を参照。
11. 参加者41人の血液は、費用のかさむイムノアッセイ(免疫学的測定法)を用いてさ方、アメリカ合衆国で報告されているドクイトグモ咬傷被害のほとんどは、このクモが生息していない地域で起きている（つまり、これらはドクイトグモに咬まれたわけではなく、そもそもクモ咬傷ではない可能性が極めて高いということだ）。R. S. Vetter and D. K. Barger, "An Infestation of 2,055 Brown Recluse Spiders (Araneae: Sicariidae) and No Envenomations in a Kansas Home: Implications for Bite Diagnoses in Nonendemic Areas," *Journal of Medical Entomology* 39, no. 6 (2002): 948–951 を参照。

36. M. H. Lizée, B. Barascud, J.-P. Cornec, and L. Sreng, "Courtship and Mating Behavior of the Cockroach *Oxyhaloa deusta* [Thunberg, 1784] (Blaberidae, Oxyhaloinae): Attraction Bioassays and Morphology of the Pheromone Sources," *Journal of Insect Behavior* 30, no. 5 (2017): 1–21.
37. コービーはこのにおいの正体を突きとめた。しかし、それを大量に作り出す方法はまだ見出せていない。もし、成功したら、コービーには近寄らないほうがいい。彼がちょっとでもそれを体にこぼそうものなら、ハーメルンの笛吹き男のように、チャバネゴキブリがぞろぞろ集まってきてしまうからだ。
38. A. Wada-Katsumata, J. Silverman, and C. Schal, "Changes in Taste Neurons Support the Emergence of an Adaptive Behavior in Cockroaches," *Science* 340 (2013): 972–975.
39. 人類が思い描くどんな災難も——核戦争も、極端な気候変動でさえ——地球上の生命を終わらせることはないだろう。ショーン・ニーが述べているように、人類が地球に対して行なってきたありとあらゆる酷い行為は、人類が依存している生物種も含めた多数の生物種を不利な状況に陥れてしまうが、一部の新奇な微生物には有利に作用する。森林破壊、気候変動、核戦争といったものが人類を向かわせる先にあるのは、微生物がまたしても勢いを盛り返してきた世界、原始の地球のような世界、ねばねばした微生物の膜に覆われた世界なのである。S. Nee, "Extinction, Slime, and Bottoms," *PLoS Biology* 2, no. 8 (2004): e272 を参照。

第10章

1. 興味がある方のために、ジムの論文の一部を紹介する。J. A. Danoff-Burg, "Evolving under Myrmecophily: A Cladistic Revision of the Symphilic Beetle Tribe Sceptobiini (Coleoptera: Staphylinidae: Aleocharinae)," *Systematic Entomology* 19, no. 1 (1994): 25–45.
2. 進化生物学者が、ある生物種が別の生物種に及ぼす利益を検討することによって、それが寄生関係なのか共生関係なのかを判断するのに用いるのは、きまってダーウィンの適応度である。生物種Ａのおかげで、生物種Ｂが生き残ってより多くの子孫を残す可能性が高まるのであれば、生物種Ａは生物種Ｂに利益を与えていると判断される。しかし、自然選択に関わる利害だけに基づくこの解釈は、もはや、どの生物種が人間

"Predation on Mosquitoes by Common Southeast Asian House-Dwelling Jumping Spiders (Salticidae)," *Arachnology* 16, no. 4 (2014): 122–127を参照。ケニアでは、家屋に棲んでいるまた別のクモが、マラリアを媒介するハマダラカを——そのなかでも特に、すでに血を吸っていてマラリアを媒介する可能性が高くなっているハマダラカを——選択的に捕食してくれる。R. R. Jackson and F. R. Cross, "Mosquito-Terminator Spiders and the Meaning of Predatory Specialization," *Journal of Arachnology* 43, no. 2 (2015): 123–142を参照。X. J. Nelson, R. R. Jackson, and G. Sune, "Use of Anopheles-Specific Prey-Capture Behavior by the Small Juveniles of *Evarcha culicivora* , a Mosquito-Eating Jumping Spider," *Journal of Arachnology* 33, no. 2 (2005): 541–548も参照。X. J. Nelson and R. R. Jackson, "A Predator from East Africa That Chooses Malaria Vectors as Preferred Prey," *PLoS One* 1, no. 1 (2006): e132も参照。

32. G. L. Piper, G. W. Frankie, and J. Loehr, "Incidence of Cockroach Egg Parasites in Urban Environments in Texas and Louisiana," *Environmental Entomology* 7, no. 2 (1978): 289–293.
33. A. M. Barbarin, N. E. Jenkins, E. G. Rajotte, and M. B. Thomas, "A Preliminary Evaluation of the Potential of *Beauveria bassiana* for Bed Bug Control," *Journal of Invertebrate Pathology* 111, no. 1 (2012): 82–85. また、通常のトコジラミや、その熱帯性の近縁種であるネッタイトコジラミに、別の真菌を試している研究室もある。一例として Z. Zahran, N. M. I. M. Nor, H. Dieng, T. Satho, and A. H. A. Majid, "Laboratory Efficacy of Mycoparasitic Fungi (*Aspergillus tubingensis* and *Trichoderma harzianum*) against Tropical Bed Bugs (*Cimex hemipterus*) (Hemiptera: Cimicidae)," *Asian Pacific Journal of Tropical Biomedicine* 7, no. 4 (2017): 288–293を参照。一方、デンマークでは、イエバエの蛹を攻撃する捕食寄生者を繁殖させて、乳牛の飼育小屋に実験的に放っている。サシバエだけでなくイエバエも駆除して、近隣の家々への流出を防ぐのがこの試みの目的である。H. Skovgård and G. Nachman, "Biological Control of House Flies *Musca domestica* and Stable Flies *Stomoxys calcitrans* (Diptera: Muscidae) by Means of Inundative Releases of *Spalangia cameroni* (Hymenoptera: Pteromalidae)," *Bulletin of Entomological Research* 94, no. 6 (2004): 555–567を参照。
34. D. R. Nelsen, W. Kelln, and W. K. Hayes, "Poke but Don't Pinch: Risk Assessment and Venom Metering in the Western Black Widow Spider, *Latrodectus Hesperus*, " *Animal Behaviour* 89 (2014): 107–114.
35. クモがめったに咬もうとしないことは、最近の事例からも明らかだ。カンザス州レネクサでは、ある古い家屋から6か月間に、強い毒をもつドクイトグモが2055匹除去された。これほど多数のドクイトグモがいたのに、この家やその近隣で咬傷被害は起きていなかった。何千匹ものクモがいても、咬傷事故は1件も起きていないのだ。一ている。蛙は別として、現代の家屋内における自然選択の作用の表題にぴったりのように思われる。J. W. Goethe, *Faust: A Tragedy*, trans. B. Taylor (Boston: Houghton Mifflin, 1898), 1:86 を参照。

26. V. Markó, B. Keresztes, M. T. Fountain, and J. V. Cross, "Prey Availability, Pesticides and the Abundance of Orchard Spider Communities," *Biological Control* 48, no. 2 (2009): 115–124. さらに L. W. Pisa, V. Amaral-Rogers, L. P. Belzunces, J. M. Bonmatin, C. A. Downs, D. Goulson, D. P. Kreutzweiser, et al., "Effects of Neonicotinoids and Fipronil on Non-target Invertebrates," *Environmental Science and Pollution Research* 22, no. 1 (2015): 68–102 も参照のこと。
27. 害虫駆除のために、家の中にいる捕食者を利用しようと考えたのは、私たち人類が最初ではない。巣を作る生物種の多くが、その巣に棲んでいる別の種から恩恵を得ている。ある種のフクロウは、ひなを捕食する昆虫を駆除するために、巣にヘビを連れてくる。同様に、モリネズミの巣にはたいてい、モリネズミを悩ますダニを常食とするカニムシがいる。F. R. Gehlbach and R. S. Baldridge, "Live Blind Snakes (*Leptotyphlops dulcis*) in Eastern Screech Owl (*Otus asio*) Nests: A Novel Commensalism," *Oecologia* 71, no. 4 (1987): 560–563 を参照。O. F. Francke and G. A. Villegas-Guzmán, "Symbiotic Relationships between Pseudoscorpions (Arachnida) and Packrats (Rodentia)," *Journal of Arachnology* 34, no. 2 (2006): 289–298 も参照。
28. O. F. Raum, *The Social Functions of Avoidances and Taboos among the Zulu*, vol. 6 (Berlin: Walter de Gruyter, 1973). ヴォールトレッカーたちがこのやり方をまねた。ヴォールトレッカーとは、オランダ東インド会社と共に、南アフリカのケープタウンに入植したオランダ系移民（ボーア人）で、その後、イギリスの植民地政府に対する不満から、北東部の奥地へと大移動（「グレート・トレック」）を開始した。
29. J. J. Steyn, "Use of Social Spiders against Gastro-intestinal Infections Spread by House Flies," *South African Medical Journal* 33 (1959).
30. J. Wesley Burgess, "Social spiders." *Scientific American* 234, no. 3 (1976): 100–107. このなかなか賢いクモは、網にかかっている死んだハエを菌床兼栄養源にして酵母を育て、その酵母を使って生きたハエをおびき寄せるらしい。その酵母を突きとめた者も、研究した者もまだいない。W. J. Tietjen, L. R. Ayyagari, and G. W. Uetz, "Symbiosis between Social Spiders and Yeast: The Role in Prey Attraction," *Psyche* 94, nos. 1–2 (1987): 151–158.
31. 社会性クモは分布域が限られており（フランスでは導入を試みているが）、誰でも利用できるわけではない。けれどもご心配なく。別の方法もある。タイの家屋に棲んでいるハエトリグモは、デング熱など致命的な感染症を媒介するネッタイシマカを1日に120匹も食べてくれる。R. Weterings, C. Umponstira, and H. L. Buckley,

付いて来る。トコジラミ、イエバエ、クマネズミ（学名はそれぞれ、シメックス・レクチュラリウス・リンネウス、ムスカ・ドメスティカ・リンネウス、ラットゥス・ラットゥス・リンネウス）など、屋内に生息する種の多くがみなそうだ。

15. P. J. A. Pugh, "Non-indigenous Acari of Antarctica and the Sub-Antarctic Islands," *Zoological Journal of the Linnaean Society* 110, no. 3 (1994): 207–217.
16. その他のどんな種類のゴキブリが屋内で見つかるかは、屋外の気候や地勢によって大きく異なる。熱帯性の環境のほうが繁殖しやすい種もあれば、寒冷な環境のほうが向いている種もある。
17. L. Roth and E. Willis, *The Biotic Association of Cockroaches*, Smithsonian Miscellaneous Collections, vol. 141 (Washington, DC: Smithsonian Institution, 1960).
18. Qian, "Origin and Spread of the German Cockroach."
19. J. Silverman and D. N. Bieman, "Glucose Aversion in the German Cockroach, *Blattella germanica*, " *Journal of Insect Physiology* 39, no. 11 (1993): 925–933.
20. こうした繁殖スピードはたいてい、新たなゴキブリが建物間を移動するスピードよりも速いので、ある系統のチャバネゴキブリが、あるアパートを占拠し、別の系統がまた別のアパートを占拠するということになる。
21. J. Silverman and R. H. Ross, "Behavioral Resistance of Field-Collected German Cockroaches (Blattodea: Blattellidae) to Baits Containing Glucose, " *Environmental Entomology* 23, no. 2 (1994): 425–430.
22. 一例として J. Silverman and D. N. Bieman, "High Fructose Insecticide Bait Compositions," US Patent No. 5,547,955 (1996) を参照。
23. S. B. Menke, W. Booth, R. R. Dunn, C. Schal, E. L. Vargo, and J. Silverman, "Is It Easy to Be Urban? Convergent Success in Urban Habitats among Lineages of a Widespread Native Ant," *PLoS One* 5, no. 2 (2010): e9194 を参照。
24. S. Lengyel, A. D. Gove, A. M. Latimer, J. D. Majer, and R. R. Dunn, "Ants Sow the Seeds of Global Diversification in Flowering Plants," *PLoS One* 4, no. 5 (2009): e5480 を参照。S. Lengyel, A. D. Gove, A. M. Latimer, J. D. Majer, and R. R. Dunn, "Convergent Evolution of Seed Dispersal by Ants, and Phylogeny and Biogeography in Flowering Plants: A Global Survey," *Perspectives in Plant Ecology, Evolution and Systematics* 12, no. 1 (2010): 43–55 も参照。また、種子と間違えてアリに運んでもらうナナフシの卵などについてはL. Hughes and M. Westoby, "Capitula on Stick Insect Eggs and Elaiosomes on Seeds: Convergent Adaptations for Burial by Ants," *Functional Ecology* 6, no. 6 (1992): 642–648 を参照のこと。
25. 戯曲『ファウスト』の中で、ヨハン・ヴォルフガング・フォン・ゲーテは、悪魔メフィストフェレスに、自らを「大鼠、小鼠、蠅、南京虫、蛙、虱らの主人」と紹介させシロアリの巣に居候している種も少なくない。母乳のようなものを分泌して赤ん坊に与える種までいる。花粉を媒介してくれる種もある。さらに、最近の研究で、シロアリ類は実は、ゴキブリ類の進化系統樹から分岐して社会性を進化させた特殊な系統であることが確認された。シロアリは、社会性ゴキブリなのだ。R. R. Dunn, "Respect the Cockroach," *BBC Wildlife* 27, no. 4 (2009): 60を参照。

7. 単為生殖（parthenogenesis）は、ギリシャ語で「処女」を表すparthenosと、「発生」を表すgenesisを組み合わせた言葉。
8. オガサワラゴキブリはその極端な例だ。この種のオスが野生の状態で見つかったことはまだない。実験室のコロニーでは、時折オスが生まれるものの、機能不全がひどくてたちまち死んでしまう。
9. もちろん、チャバネゴキブリは好んで食べても、私たち人間は好まないものもある。チャバネゴキブリは、穀物、切手、カーテン、本の表紙、糊など、デンプンを含むほとんどありとあらゆるものを食べることが報告されている。
10. チャバネゴキブリは、他の多くのゴキブリとは異なり、1匹だけではうまく生きられない。孤立症候群と呼ばれるものに苦しむのだ（この言葉に、私は、孤独と実存的絶望が入り交じったような響きを感じてしまう）。1匹だけの場合には、変態が遅くなり、性的成熟も遅れる。また、どうすればゴキブリになれるのか、よくわからなくなってしまったかのように、異常な行動をとるようになる。そして、正常なゴキブリの活動にも、さらにはセックスにさえ、興味をもたなくなってしまうのだ。チャバネゴキブリの孤独については多数の文献があるが、まずはM. Lihoreau, L. Brepson, and C. Rivault, "The Weight of the Clan: Even in Insects, Social Isolation Can Induce a Behavioural Syndrome," *Behavioural Processes* 82, no. 1 (2009): 81–84を読まれたし。
11. チャバネゴキブリ属50種ほどのうちの半分が、アジア地域に生息している。
12. 熱帯アジアで農耕が始まって間もない時期に、そのようなことが起きたのかもしれない。しかし、もっとずっと後だった可能性もある。
13. 最も古いチャバネゴキブリの標本はデンマークで採集されたものなので、デーン人をのろってもいいが、実際には、チャバネゴキブリはもっとずっと早くにヨーロッパに来ていたのではないかと私は推測している。T. Qian, "Origin and Spread of the German Cockroach, *Blattella germanica* " (PhD diss., National University of Singapore, 2016)を参照。
14. このゴキブリはその報いを受けている。チャバネゴキブリの学名は、略さずに書くと実は「ブラッテラ・ゲルマニカ・リンネウス」となる。種小名の後ろに付記されている「リンネウス」（リンネのラテン語読み）は、リンネが命名者であることを示している。属名（この場合ブラッテラ）と種小名（この場合ゲルマニカ）を組み合わせてすべての生物種の学名を表す命名法と共に、この命名者を付記する習慣もリンネによって考案された。その結果、チャバネゴキブリがどこに行こうとも、永遠にリンネが

Journal of Archaeological Science 31, no. 12 (2004): 1675–1684.

19. E. Panagiotakopulu, P. C. Buckland, P. M. Day, and C. Doumas, "Natural Insecticides and Insect Repellents in Antiquity: A Review of the Evidence," *Journal of Archaeological Science* 22, no. 5 (1995): 705–710.

第9章

1. R. E. Heal, R. E. Nash, and M. Williams, "An Insecticide-Resistant Strain of the German Cockroach from Corpus Christi, Texas," *Journal of Economic Entomology* 46, no. 2 (1953).
2. 一部のゴキブリ駆除用のベイト剤（毒餌剤）や、一部のノミ駆除用のスプレー・粉剤・錠剤の殺虫活性物質であるフィプロニルでそのようなことが起きた。G. L. Holbrook, J. Roebuck, C. B. Moore, M. G. Waldvogel, and C. Schal, "Origin and Extent of Resistance to Fipronil in the German Cockroach, *Blattella germanica* (L.) (Dictyoptera: Blattellidae)," *Journal of Economic Entomology* 96, no. 5 (2003): 1548–1558 を参照。
3. これらの殺虫剤は極めて強力なので、（特に当時使用されていた濃度では）鳥類や子どもたちにも危険をもたらした。レイチェル・カーソンは著書『沈黙の春』で、こうした化学物質の危険性を訴えた。しかし、そのような殺虫剤でさえ、チャバネゴキブリを全滅させるほどの力はなかった。
4. そう、プレザントンといえば、ゴキブリその他の害虫の研究で名高い。そのプレザントンで、ジュールズはすでに3年前から別の害虫、ネコノミの研究をしていた。ネコノミは、古代エジプトの都市、アマルナの民家にもすでに棲みついていた。ネコノミの幼虫は、成虫の血まみれの糞を食べて生きていること、そして不足分は、その糞に養分を与えてくれる環境中の微生物によって補われているらしいことをジュールズは発見した。J. Silverman and A. G. Appel, "Adult Cat Flea (Siphonaptera: Pulicidae) Excretion of Host Blood Proteins in Relation to Larval Nutrition," *Journal of Medical Entomology* 31, no. 2 (1993): 265–271 を参照。
5. このようなゴキブリの一般名の大半は、その来歴について知られている事実とはほとんど関係がない。たとえば、ワモンゴキブリ（アメリカン・コックローチ）の原産地はアフリカらしい。トウヨウゴキブリ（オリエンタル・コックローチ）もやはりアフリカ原産で、まずフェニキア人と、次にギリシャ人と、その後はほぼすべての人々と旅をしたようだ。R. Schweid, *The Cockroach Papers: A Compendium of History and Lore* (Chicago: University of Chicago Press, 2015) を参照。古典的な文献としては J. A. G. Rehn, "Man's Uninvited Fellow Traveler— the Cockroach," *Scientific Monthly* 61 no. 145 (1945): 265–276 を参照。
6. これらの種は、信じられないほど生活スタイルが変化に富んでいる。野生種のゴキブリの多くは昼行性で、昼間に活動する。たいてい森林の落ち葉を食べている。アリや

"Metals in Mandibles of Stored Product Insects: Do Zinc and Manganese Enhance the Ability of Larvae to Infest Seeds?" *Journal of Stored Products Research* 39, no. 1 (2003): 65–75.

11. ノースカロライナ州立大学のコービー・シャルと勝又（和田）綾子はチームを組んで、昆虫が触角を掃除するのに用いるこうしたブラシについて調べた。その結果、カンポノータス・ペンシルバニカス（オオアリ属の一種）、イエバエ、チャバネゴキブリといった昆虫が触角を掃除すると、嗅覚が鋭くなることが明らかになった。触覚が汚れていると、外界をぼんやりとしか感知できないのだ。K. Böröczky, A. Wada-Katsumata, D. Batchelor, M. Zhukovskaya, and C. Schal, "Insects Groom Their Antennae to Enhance Olfactory Acuity," *Proceedings of the National Academy of Sciences* 110, no. 9 (2013): 3615–3620 を参照。
12. E. L. Zvereva, "Peculiarities of Competitive Interaction between Larvae of the House Fly *Musca domestica* and Microscopic Fungi," *Zoologicheskii Zhurnal* 65 (1986): 1517–1525. K. Lam, K. Thu, M. Tsang, M. Moore, and G. Gries, "Bacteria on Housefly Eggs, *Musca domestica*, Suppress Fungal Growth in Chicken Manure through Nutrient Depletion or Antifungal Metabolites," *Naturwissenschaften* 96 (2009): 1127–1132 も参照のこと。
13. D. A. Veal, Jane E. Trimble, and A. J. Beattie, "Antimicrobial Properties of Secretions from the Metapleural Glands of *Myrmecia gulosa* (the Australian Bull Ant)," *Journal of Applied Microbiology* 72, no. 3 (1992): 188–194.
14. C. A. Penick, O. Halawani, B. Pearson, S. Mathews, M. M. López- Uribe, R. R. Dunn, and A. A. Smith, "External Immunity in Ant Societies: Sociality and Colony Size Do Not Predict Investment in Antimicrobials," *Royal Society Open Science* 5, no. 2 (2018): 171332.
15. I. Stefanini, L. Dapporto, J.-L. Legras, A. Calabretta, M. Di Paola, C. De Filippo, R. Viola, et al. "Role of Social Wasps in *Saccharomyces cerevisiae* Ecology and Evolution," *Proceedings of the National Academy of Sciences* 109, no. 33 (2012): 13398–13403.
16. これは、面白い新種の酵母を嗅ぎつけて探し出すアン・マッデンの能力と、ジョン・シェパードの醸造家としての才能があってこそ実現したものだ。このプロジェクトに関する詳細は次のサイトを参照のこと。www.pbs.org/newshour/bb/wing-wasp-scientists-discover-new-beer-making-yeast/.
17. A. Madden, MJ Epps, T. Fukami, R. E. Irwin, J. Sheppard, D. M. Sorger, and R. R. Dunn, "The Ecology of Insect–Yeast Relationships and Its Relevance to Human Industry," *Proceedings of the Royal Society* B 285, no. 1875 (2018): 20172733.
18. E. Panagiotakopulu, "Dipterous Remains and Archaeological Interpretation,"

「二次共生」とは区別している。

4. J. J. Wernegreen, S. N. Kauppinen, S. G. Brady, and P. S. Ward, "One Nutritional Symbiosis Begat Another: Phylogenetic Evidence That the Ant Tribe Camponotini Acquired *Blochmannia* by Tending Sap-Feeding Insects," *BMC Evolutionary Biology* 9, no. 1 (2009): 292; R. Pais, C. Lohs, Y. Wu, J. Wang, and S. Aksoy, "The Obligate Mutualist *Wigglesworthia glossinidia* Influences Reproduction, Digestion, and Immunity Processes of Its Host, the Tsetse Fly," *Applied and Environmental Microbiology* 74, no. 19 (2008): 5965– 5974. 次の文献も参照のこと。G. A. Carvalho, A. S. Corrêa, L. O. de Oliveira, and R. N. C. Guedes, "Evidence of Horizontal Transmission of Primary and Secondary Endosymbionts between Maize and Rice Weevils (*Sitophilus zeamais* and *Sitophilus oryzae*) and the Parasitoid *Theocolax elegans*, " *Journal of Stored Products Research* 59 (2014): 61–65. 次の文献も参照のこと。A. Heddi, H. Charles, C. Khatchadourian, G. Bonnot, and P. Nardon, "Molecular Characterization of the Principal Symbiotic Bacteria of the Weevil *Sitophilus oryzae*: A Peculiar G+C Content of an Endocytobiotic DNA," *Journal of Molecular Evolution* 47, no. 1 (1998): 52–61.
5. C. M. Theriot and A. M. Grunden, "Hydrolysis of Organophosphorus Compounds by Microbial Enzymes," *Applied Microbiology and Biotechnology* 89, no. 1 (2011): 35–43.
6. パエニバチルス・グルカノリティカスSLM1という細菌。ステファニーとエイミーは、ノースカロライナ州立大学にある古紙再生実証装置の黒液貯蔵タンク内の廃液からこの細菌を単離した。そう、同大学に古紙再生実証装置があるのだ。
7. 加えて、自然に秘められた力、とくに細菌本来の性質が、問題を解決してくれるという強い確信があった。
8. さらに、節足動物以外のさまざまな無脊椎動物、たとえば微小な線虫類などについて調べてみてもいい。家の中には、肉眼では見えないこの線虫類がびっしりと棲みついているので、家本体を取り除いて線虫を可視化したならば、うねうねと動く虫たちに縁取られて家の輪郭がくっきり浮かび上がるという。それはそうかもしれない。しかし、家の中にいる線虫、クマムシ（緩歩動物）、その他多くの主要な生物グループに関する研究は見つからなかった。これらの生物は確かに存在しているのに、いまだ記載されておらず、ましてやその潜在的利用価値が検討されたことは全くない。
9. F. Sabbadin, G. R. Hemsworth, L. Ciano, B. Henrissat, P. Dupree, T. Tryfona, R. D. S. Marques, et al., "An Ancient Family of Lytic Polysaccharide Monooxygenases with Roles in Arthropod Development and Biomass Digestion," *Nature Communications* 9, no. 1 (2018): 756.
10. T. D. Morgan, P. Baker, K. J. Kramer, H. H. Basibuyuk, and D. L. J. Quicke,

Project in Los Angeles (California, USA)," *Biodiversity Data Journal* 4 (2016).
18. J. A. Feinberg, C. E. Newman, G. J. Watkins-Colwell, M. D. Schlesinger, B. Zarate, B. R. Curry, H. B. Shaffer, and J. Burger, "Cryptic Diversity in Metropolis: Confirmation of a New Leopard Frog Species (Anura: Ranidae) from New York City and Surrounding Atlantic Coast Regions," *PLoS One* 9, no. 10 (2014): e108213; J. Gibbs, "Revision of the Metallic *Lasioglossum* (Dialictus) of Eastern North America (Hymenoptera: Halictidae: Halictini)," *Zootaxa* 3073 (2011): 1–216; D. Foddai, L. Bonato, L. A. Pereira, and A. Minelli, "Phylogeny and Systematics of the Arrupinae (Chilopoda Geophilomorpha Mecistocephalidae) with the Description of a New Dwarfed Species," *Journal of Natural History* 37 (2003): 1247–1267, https://doi.org/10.1080/00222930210121672.
19. Y. Ang, G. Rajaratnam, K. F. Y. Su, and R. Meier, "Hidden in the Urban Parks of New York City: *Themira lohmanus*, a New Species of Sepsidae Described Based on Morphology, DNA Sequences, Mating Behavior, and Reproductive Isolation (Sepsidae, Diptera)," *ZooKeys* 698 (2017): 95.
20. H. W. Greene, *Tracks and Shadows: Field Biology as Art* (Berkeley: University of California Press, 2013) に収録されている。
21. I. Kant, *Critique of Judgment. 1790* , trans. W. S. Pluhar (Indianapolis: Hackett 212, 1987) を参照。

第8章

1. 洞窟生物のもう一つの特徴は、餌がなくても長期間生きられることだ。ある民族誌学者は、ズールー族の家々にシミ（ローリーでもよく見つかるセイヨウシミ属の一種）がたくさんいるのを見つけた。興味半分で、これらのシミの１匹を捕まえてワイングラスに入れておいたところ、グラスの底にたまったホコリ以外、食べるものは何もない状態で、少なくとも３か月間は生きていた。L. Grout, *Zulu-Land; or, Life among the Zulu-Kafirs of Natal and Zulu-Land, South Africa* (London: Trübner & Co., 1860) を参照。
2. A. J. De Jesús, A. R. Olsen, J. R. Bryce, and R. C. Whiting, "Quantitative Contamination and Transfer of *Escherichia coli* from Foods by Houseflies, *Musca domestica* L. (Diptera: Muscidae)," *International Journal of Food Microbiology* 93, no. 2 (2004): 259–262 を参照。N. Rahuma, K. S. Ghenghesh, R. Ben Aissa, and A. Elamaari, "Carriage by the Housefly (*Musca domestica*) of Multiple-Antibiotic-Resistant Bacteria That Are Potentially Pathogenic to Humans, in Hospital and Other Urban Environments in Misurata, Libya," *Annals of Tropical Medicine and Parasitology* 99, no. 8 (2005): 795–802 も参照。
3. 進化生物学者は、これらを「一次共生」と呼び、後から細菌（共生生物）を取り込む生殖器と、非常に幅広い頭部および肛門であることも知っておく必要がある。D. Clayton, R. Price, and R. Page, “Revision of *Dennyus (Collodennyus)* Lice (Phthiraptera: Menoponidae) from Swiftlets, with Descriptions of New Taxa and a Comparison of Host–Parasite Relationships,” *Systematic Entomology* 21, no. 3 (1996): 179–204 を参照。

9. もし、昆虫学者に来世があったなら、過重労働気味の神様が、ピンを刺すのに適した状態かどうかを判断するまで、しばらくガラス瓶の中に置かれることになるだろう。
10. A. A. Madden, A. Barberán, M. A. Bertone, H. L. Menninger, R. R. Dunn, and N. Fierer, “The Diversity of Arthropods in Homes across the United States as Determined by Environmental DNA Analyses,” *Molecular Ecology* 25, no. 24 (2016): 6214–6224.
11. このハチとアリマキの関係は、初めてレーウェンフックにより、デルフトの自宅のすぐ外にいるアリマキで観察された。F. N. Egerton, “A History of the Ecological Sciences, Part 19: Leeuwenhoek's Microscopic Natural History,” *Bulletin of the Ecological Society of America* 87 (2006): 47–58 を参照。
12. たとえば次の文献を参照。E. Panagiotakopulu, “New Records for Ancient Pests: Archaeoentomology in Egypt,” *Journal of Archaeological Science* 28, no. 11 (2001): 1235–1246; E. Panagiotakopulu, “Hitchhiking across the North Atlantic—Insect Immigrants, Origins, Introductions and Extinctions,” *Quaternary International* 341 (2014): 59–68; E. Panagiotakopulu, P. C. Buckland, and B. J. Kemp, “Underneath Ranefer's Floors—Urban Environments on the Desert Edge,” *Journal of Archaeological Science* 37, no. 3 (2010): 474–481; E. Panagiotakopulu and P. C. Buckland, “Early Invaders: Farmers, the Granary Weevil and Other Uninvited Guests in the Neolithic,” *Biological Invasions* 20, no. 1 (2018): 219–233.
13. A. Bain, “A Seventeenth-Century Beetle Fauna from Colonial Boston,” *Historical Archaeology* 32, no. 3 (1998): 38–48.
14. E. Panagiotakopulu, “Pharaonic Egypt and the Origins of Plague,” *Journal of Biogeography* 31, no. 2 (2004): 269–275.
15. さらに詳しい話はJ. B. Johnson and K. S. Hagen, “A Neuropterous Larva Uses an Allomone to Attack Termites,” *Nature* 289 (5797): 506 を参照。
16. E. A. Hartop, B. V. Brown, R. Henry, and L. Disney, “Opportunity in Our Ignorance: Urban Biodiversity Study Reveals 30 New Species and One New Nearctic Record for Megaselia (Diptera: Phoridae) in Los Angeles (California, USA),” *Zootaxa* 3941, no. 4 (2015): 451–484.
17. E. A. Hartop, B. V. Brown, R. Henry, and L. Disney, “Flies from LA, the Sequel: A Further Twelve New Species of Megaselia (Diptera: Phoridae) from the BioSCAN

そういうことにしておいてもいい。しかし本当のことを言うと、背中がラクダ（キャメル）のこぶのように湾曲していることから、キャメル・クリケットと呼ばれているのだ。

3. カマドウマはもはやフレンチ・ピレネーでは見つかっていない。そのことがまた別の疑問を投げかける。カマドウマを描いた初期人類は、カマドウマを見て描いたのだろうか？　一つ考えられるのは、昔はフレンチ・ピレネーにカマドウマが生息していたが、今はもういないということだ。それもありえなくはないが、その可能性は低い。当時のフランスの洞窟は、現在よりもはるかに寒かったと考えられる。そして、トログロフィルス属カマドウマの現代の分布域にフランスは含まれていない。もっとずっと南方にしかいないのである。もう一つ考えられるのは、もっと南方の洞窟でカマドウマに出遭った画家が記憶を頼りに描いたということだ。あるいは、どこか別の場所で暮らしていた画家が、それを身体くっつけてやって来たのかもしれない。
4. S. Hubbell, *Broadsides from the Other Orders* (New York: Random House, 1994).〔『虫たちの謎めく生態――女性ナチュラリストによる新昆虫学』（早川書房）〕
5. カマドウマの餌からカマドウマの捕食者へと続く資源利用のカスケードは、あまりにも複雑な場合がある。一例として、ハリガネムシの特殊ケースを参照。ハリガネムシはカマドウマに寄生して、その行動を支配することができる。T. Sato, M. Arizono, R. Sone, and Y. Harada, "Parasite-Mediated Allochthonous Input: Do Hairworms Enhance Subsidized Predation of Stream Salmonids on Crickets?" *Canadian Journal of Zoology* 86, no. 3 (2008): 231–235. 次の文献も参照のこと。Y. Saito, I. Inoue, F. Hayashi, and H. Itagaki, "A Hairworm, *Gordius* sp., Vomited by a Domestic Cat," *Nihon Juigaku Zasshi: The Japanese Journal of Veterinary Science* 49, no. 6 (1987): 1035–1037.
6. 彼女は、採用選考の推薦状の一通に書かれていたとおり、才能豊かなフィドル（弦楽器の一種）奏者でもある。次のサイトで彼女の演奏が聴ける。https://youtu.be/aVXG5koU9G4
7. 家々を訪問するチームのパレードのような場面には前例がなかったわけではない。家の中でよく見かける節足動物の多くの命名者である現代分類学の父、リンネは、なんと遠出のときに自分の前を行進させるバンドをもっていた。行進するときに叩いたドラムが今も保存されている。B. Jonsell, "Daniel Solander—the Perfect Linnaean; His Years in Sweden and Relations with Linnaeus," *Archives of Natural History* 11, no. 3 (1984): 443–450 を参照。
8. 昆虫学者たちは昆虫の生殖器を調べるのに長い時間をかける。この事実と昆虫学者特有の愛情や好意の示し方とが相俟って妙なことが起きてくる。たとえば、友人のダニエル・シンバーロフは最近、アナツバメに寄生する新種のシラミに、自分の名前にちなんだ学名を付けた。自尊心をくすぐられずにいられない栄誉だが、この新種のシラミ、デニユアス・シンバーロフィを近縁種から区別する独自の特徴は、異常に小さな

Stachybotrys chartarum, " *Current Microbiology* 39, no. 1 (1999): 21–26.
31. 彼らはタイロン・ヘイズ教授のような事件も見てきている。タイロンは、ある除草剤が動物たちに及ぼす影響を研究している。そして、その除草剤が動物たちに害を及ぼすことを突きとめた。すると、レイチェル・アビブが「ニューヨーカー」誌で述べているように、そのメーカーはたちの悪い手を使って彼を「追い詰めて」いった（"A Valuable Reputation," February 10, 2014, www.newyorker.com/magazine/2014/02/10/a-valuable-reputation を参照）。
32. ビアギッテはケトミウム属真菌に強く興味を引かれている。いつもこれに囲まれているのだと、メールで教えてくれた。幼い頃に小学校のクラスで撮った写真を送ってくれたことがある。その写真には矢印がついていたが、その矢印が指しているのはビアギッテ本人ではなく、写真の台紙に生えているケトミウム・エラツムだった。
33. 興味深いことに、国際宇宙ステーションにはこれらの真菌は全くいなかったし、真菌がはるかに多いミールにさえいなかった。
34. M. Nikulin, K. Reijula, B. B. Jarvis, and E.-L. Hintikka, "Experimental Lung Mycotoxicosis in Mice Induced by *Stachybotrys atra*, " *International Journal of Experimental Pathology* 77, no. 5 (1996): 213–218.
35. I. Došen, B. Andersen, C. B. W. Phippen, G. Clausen, and K. F. Nielsen, "*Stachybotrys* Mycotoxins: From Culture Extracts to Dust Samples," *Analytical and Bioanalytical Chemistry* 408, no. 20 (2016): 5513–5526.
36. アルテルナリア・アルタナータ、アスペルギルス・フミガーツス、およびクラドスポリウム・ヘルバルムはどれも、ビアギッテの研究で見つかっており、宇宙ステーションにも存在していた。これらの真菌はすべて、アレルギーを起こすことがわかっている。
37. A. Nevalainen, M. Täubel, and A. Hyvärinen, "Indoor Fungi: Companions and Contaminants," *Indoor Air* 25, no. 2 (2015): 125–156.
38. C. M. Kercsmar, D. G. Dearborn, M. Schluchter, L. Xue, H. L. Kirchner, J. Sobolewski, S. J. Greenberg, S. J. Vesper, and T. Allan, "Reduction in Asthma Morbidity in Children as a Result of Home Remediation Aimed at Moisture Sources," *Environmental Health Perspectives* 114, no. 10 (2006): 1574.

第７章

1. ただしそれは、主に防御のためだったと思われる。最新の研究によると、ホラアナグマはほとんど草食性だったという。しかし、体の小さなヒトからすれば、洞窟に迷い込んでいらついている草食性の大きなクマは、あくまでも、いらついている大きなクマだ。
2. キャメル・クリケット（カマドウマの英名）が、少年たちを洞窟に導いたフランソア・キャメルに由来するのだとしたら、なかなか面白い話になる。それが良ければ、とは、真菌と（巣も含めた）住まいとの関係は、ヒトの住まいよりもずっと古く、ハチの巣が作られるようになった数千万年前にまでさかのぼるのかもしれない。A. A. Madden, A. M. Stchigel, J. Guarro, D. Sutton, and P. T. Starks, "*Mucor nidicola* sp. nov., a Fungal Species Isolated from an Invasive Paper Wasp Nest," *International Journal of Systematic and Evolutionary Microbiology* 62, no. 7 (2012): 1710–1714 を参照。ハチの巣の構造の進化に関する見事な研究は R. L. Jeanne, "The Adaptiveness of Social Wasp Nest Architecture," *Quarterly Review of Biology* 50, no. 3 (1975): 267–287 を参照。

23. ケトミウム属真菌は、ミール表面に生えているのが見つかったが、空気中にはいなかった。ペニシリウム属真菌は、ミールのいたるところにいた（採取したサンプルの80パーセント近くから検出された）。ケカビ属真菌は、ミールのサンプルの1～2パーセントから検出された。アスペルギルス属真菌は、ミールの表面サンプルの40パーセント、空気サンプルの76.6パーセントから検出された。
24. P. F. E. W. Hirsch, F. E. W. Eckhardt, and R. J. Palmer Jr., "Fungi Active in Weathering of Rock and Stone Monuments," *Canadian Journal of Botany* 73, no. S1 (1995): 1384–1390.
25. ほとんどのシロアリはリグニンを分解できないが、それができる細菌や原生生物を腸内に共生させることによって、この問題を克服している。自然界において、シロアリとその共生微生物の活動は、森林や草原が存続していく上で不可欠なものだ。シロアリがリグニンなどの分解を速めることによって、樹木や草の成長が促され、生態系全体としての健全性が保たれてうまく機能しているのである。しかし、家を建てるときには、こうしたプロセスを（そしてシロアリの活動を）なるべく長く止めておこうとする。果物や肉を、食べるまで傷まないように保存するのと同じだ。
26. アースリニウム・ファエオスパムム、アウレオバシジウム・プルランス、クラドスポリウム・ヘルバルム、トリコデルマ属真菌、アルテルナリア・テヌイシマ、フザリウム属真菌、グリオクラディウム属真菌、ロドトルラ・ムシラギノーサ、トリコスポロン・プルランスなど。これらの真菌は宇宙ステーションやミールにはほとんどいなかった。宇宙ステーションには木製のものがあまりないことを考えれば当然だろう。
27. H. Kauserud, H. Knudsen, N. Högberg, and I. Skrede, "Evolutionary Origin, Worldwide Dispersal, and Population Genetics of the Dry Rot Fungus Serpula lacrymans, " *Fungal Biology Reviews* 26, nos. 2–3 (2012): 84–93.
28. そのなかにはペニシリウム属真菌、ケトミウム属真菌、ウロクラジウム属真菌が含まれていた。
29. R. I. Adams, M. Miletto, J. W. Taylor, and T. D. Bruns, "Dispersal in Microbes: Fungi in Indoor Air Are Dominated by Outdoor Air and Show Dispersal Limitation at Short Distances," *ISME Journal* 7, no. 7 (2013): 1262–1273.
30. D. L. Price and D. G. Ahearn, "Sanitation of Wallboard Colonized with

に向いている。

15. N. Novikova, P. De Boever, S. Poddubko, E. Deshevaya, N. Polikarpov, N. Rakova, I. Coninx, and M. Mergeay, "Survey of Environmental Biocontamination on Board the International Space Station," *Research in Microbiology* 157, no. 1 (2016): 5–12.
16. これらのなかには、カンジダ属の3種と、クリプトコッカス・オイエレンシス（*Cryptococcus oirensis*）、ペニシリウム・コンセトリクム（*Penicillium concetricum*）、およびビール醸造用酵母（サッカロマイセス・セレビシエ）が含まれる。やはり世帯人数の多い家によく見られるものに、ロドトルラ・ムシラギノーサやシストフィロバシディウム・カピターツム（*Cystofilobasidium capitatum*）がある。どちらも、頻繁に清掃する浴室内のような厳しい環境下でもよく繁殖する。
17. エアコンは、木材を腐朽させるフィシスポリヌス・ヴィトレウスなど、その他数種の真菌とも関連があったが、その関係についてはさらなる研究が待たれる。
18. エアコンの使用頻度が増せば増すほど、エアコン内部で真菌（カビ）が増殖してくる。これらの真菌が送風口から出て、部屋中に広がってしまうのを防ぐには、フィルターのホコリを掃除機で吸い取ったり、石鹸を使ってフィルターを水洗いしたりするといいようだ。また、エアコンを付けてから最初の10分間に、真菌のほとんどが放出されるので、運転開始後10分間は、毎回、窓を開けるよう勧める科学者もいる。あるいは、エアコンを切って窓を開けるとよい。そうすれば多様性に富んだ環境由来細菌が吹き込んできて、更なるメリットがある。N. Hamada and T. Fujita, "Effect of Air-Conditioner on Fungal Contamination," *Atmospheric Environment* 36, no. 35 (2002): 5443–5448.
19. 「私が知る限り」と述べたのは、国際宇宙ステーションでは頻繁に科学プロジェクトが実施されており、そのなかには、セルロースやリグニンを含むものがないとは言えないからだ。クリント・ペニックは、うちのラボのポスドクだったとき、私の友人で隣人のエレノア・スパイサー・ライスとともに、ペイヴメント・アント（シワアリ属の一種）を採集した。そのアリたちはその後、国際宇宙ステーションに送られ、しばらくそこで生活することになった。そのアリたちは、ノースカロライナ州の真菌や細菌をいろいろ付けていたはずで、そのなかにはおそらくセルロースやリグニンを分解できるものが含まれていただろう。
20. 実際には、ホコリからほとんど検出されなかった理由は、いろいろ考えられる。本当にいなかった可能性もある。あるいは、シークエンシング技術に関連する理由で検出されなかった可能性もある。しかし、そのいずれも、それほど興味を引く可能性ではないだろう。
21. 彼女は、ケタマカビ属、ペニシリウム属、ケカビ属、およびアスペルギルス属の真菌を検出した。
22. ケカビ属真菌は、ヒトの住まいのみならず、ハチの巣でも発見されている。というこ

Geographic Origin of Dust Samples," *PLoS One* 10, no. 4 (2015): e0122605.

7. しかし、この一見単純な文言にも但し書きがつく。あるロシアの研究によると、屋内の真菌や皮膚の細菌は、国際宇宙ステーションの外部に置かれても（そう、船外である！）、少なくとも13か月のあいだ生きていた。V. M. Baranov, N. D. Novikova, N. A. Polikarpov, V. N. Sychev, M. A. Levinskikh, V. R. Alekseev, T. Okuda, M. Sugimoto, O. A. Gusev, and A. I. Grigor'ev, "The Biorisk Experiment: 13-Month Exposure of Resting Forms of Organism on the Outer Side of the Russian Segment of the International Space Station: Preliminary Results," *Doklady Biological Sciences* 426, no. 1 (2009): 267–270. MAIK Nauka/Interperiodicaを参照。
8. たとえば、好熱性微生物の増殖に必要な高温下での培養は行なわれなかったようだ。また、それ以外の理由で培養が困難、もしくは培養不能な細菌や真菌について検討できるような方法でのサンプル採取も行なわれなかった。
9. さらに、ミール船内の真菌は、地上の4倍の速度で増殖した。なぜなのか、その理由は謎のままである。N. D. Novikova, "Review of the Knowledge of Microbial Contamination of the Russian Manned Spacecraft," *Microbial Ecology* 47, no. 2 (2004): 127–132を参照。その真菌には、何らかのサイクルもあるようだったが、なぜそのような（地球の季節変化とは全く無関係の）サイクルがあるのかについては調べられていない。ノヴィコヴァは、これらのサイクルを、宇宙ステーションが受ける放射線レベルと関連づけているが、なぜ放射線レベルが真菌にこのような影響を及ぼすのかは明らかにされていない。
10. O. Makarov, "Combatting Fungi in Space," *Popular Mechanics*, January 1, 2016, 42–46.
11. Novikova, "Review of the Knowledge of Microbial Contamination of the Russian Manned Spacecraft," 127–132.
12. T. A. Alekhova, N. A. Zagustina, A. V. Aleksandrova, T. Y. Novozhilova, A. V. Borisov, and A. D. Plotnikov, "Monitoring of Initial Stages of the Biodamage of Construction Materials Used in Aerospace Equipment Using Electron Microscopy," *Journal of Surface Investigation: X-ray, Synchrotron and Neutron Techniques* 1, no. 4 (2007): 411–416.
13. ミールでは、ブドウの果房に付くボトリティス属真菌も見つかった。ワインと共にひょいと乗り込んで、生きていたのかもしれない。
14. やはり浴室に生えるピンク色の細菌、セラチア・マルセッセンスはこれとは全く別物だ。セラチアは、トイレの便器のような、常に湿っている場所に多い。ミールではセラチア属の細菌も見つかった。いずれの場合も、ピンク色は、紫外線から菌を保護してくれる物質、いわば菌の日焼け止めの色なのだ。ロドトルラ属の真菌は、空気中の窒素を固定することもできるので、生息不能と思われているような場所で生息するの

第6章

1. S. Nash, "The Plight of Systematists: Are They an Endangered Species?" October 16, 1989, https://www.the-scientist.com/?articles.view/articleNo/10690/title/The-Plight-Of-Systematists—Are-They-An-Endangered-Species-/. 同様のテーマで最近行なわれた次の研究も参照のこと。L. W. Drew, "Are We Losing the Science of Taxonomy? As Need Grows, Numbers and Training Are Failing to Keep Up," *BioScience* 61, no. 12 (2011): 942–946.
2. これらのデータ分析は、忍耐力、解読力、洞察力、そしてさらなる忍耐力を要するたいへんな作業だった。この作業は、現在アリゾナ大学（アリゾナ州ツーソン市）にいるアルベルト・バルベランが行なった。A. Barberán, R. R. Dunn, B. J. Reich, K. Pacifici, E. B. Laber, H. L. Menninger, J. M. Morton, et al., "The Ecology of Microscopic Life in Household Dust," *Proceedings of the Royal Society B: Biological Sciences* 282, no. 1814 (2015): 20151139を参照。A. Barberán, J. Ladau, J. W. Leff, K. S. Pollard, H. L. Menninger, R. R. Dunn, and N. Fierer, "Continental-Scale Distributions of Dust-Associated Bacteria and Fungi," *Proceedings of the National Academy of Sciences* 112, no. 18 (2015): 5756–5761も参照。私たちはいずれ、真菌だけではなく、地衣類など、真菌が重要なパートナーの一員となっている相利共生系をも検討できるようになるだろう。E. A. Tripp, J. C. Lendemer, A. Barberán, R. R. Dunn, and N. Fierer, "Biodiversity Gradients in Obligate Symbiotic Organisms: Exploring the Diversity and Traits of Lichen Propagules across the United States," *Journal of Biogeography* 43, no. 8 (2016): 1667–1678を参照。
3. 私たちのチームには真菌の分類の訓練を受けた者がいないので、新種を発見し、それを培養できたとしても、命名することができない。命名するには、ビアギッテのようなスキルをもつ人材が必要だが、そういう人々はたいていみな多忙をきわめている。
4. V. A. Robert and A. Casadevall, "Vertebrate Endothermy Restricts Most Fungi as Potential Pathogens," *Journal of Infectious Diseases* 200, no. 10 (2009): 1623–1626.
5. 家の中でDNAが見つかった真菌種の多くはすでに死んでいたようだ。家の中に漂ってきて、落下したが、その後、寝室やキッチンの環境に対処できずに死んだのだ。このような真菌は増殖できない。人間に害を及ぼす代謝産物を新たに産生することはできない。アレルゲンをさらに産み出すことはできない。検出はされるものの、ほとんど影響力のない亡霊のようなものだ。家の中で見つかる真菌種のなかには、静止期の状態の種もある。胞子を形成して、増殖に適した環境——栄養源と水分が理想的な状態、多くの場合、水分量がちょうどよい状態——になるのを待っているのである。
6. N. S. Grantham, B. J. Reich, K. Pacifici, E. B. Laber, H. L. Menninger, J. B. Henley, A. Barberán, J. W. Leff, N. Fierer, and R. R. Dunn, "Fungi Identify the

26. そう、ボトル入りの水にも細菌が含まれているのだ。おいしいと思えるようになろう。S. C. Edberg, P. Gallo, and C. Kontnick, “Analysis of the Virulence Characteristics of Bacteria Isolated from Bottled, Water Cooler, and Tap Water,” *Microbial Ecology in Health and Disease* 9, no. 2 (1996): 67–77. いくつかの研究で、実はボトル入りの水のほうが水道水よりも細菌密度がずっと高いことが明らかになっている。J. A. Lalumandier and L. W. Ayers, “Fluoride and Bacterial Content of Bottled Water vs. Tap Water,” *Archives of Family Medicine* 9, no. 3 (2000): 246.
27. 地球上の液体状の淡水（氷以外の淡水）の94パーセントが地下水である。C. Griebler and M. Avramov, “Groundwater Ecosystem Services: A Review,” *Freshwater Science* 34, no. 1 (2014): 355–367.
28. 多様性に富んだ帯水層にいるウイルスの運命も同じようなものだ（原生生物のなかには、ウイルスを粉々にして、そのアミノ酸を取り込んでしまうものもいる）。
29. 帯水層内で病原体が死滅するプロセスについて網羅した概説は、J. Feichtmayer, L. Deng, and C. Griebler, “Antagonistic Microbial Interactions: Contributions and Potential Applications for Controlling Pathogens in the Aquatic Systems,” *Frontiers in Microbiology* 8 (2017) を参照。
30. さまざまな生物学的処理や化学的処理を施すことで、廃水を水道水に変える水処理施設が増加しているが、水不足が深刻化する将来は、ますますこのような施設が増加するだろう。
31. F. Rosario-Ortiz, J. Rose, V. Speight, U. Von Gunten, and J. Schnoor, “How Do You Like Your Tap Water?” *Science* 351, no. 6276 (2016): 912–914.
32. これらの要素のうちで、飲み水のおいしさに最も大きく影響するのはどれか（さらに、水に特殊なフレーバーを付けているのはどの微生物か）を知るために、水のテイスティングをやってみようと、これまで研究室内で話し合ってきた。私たちはまだ実現に至っていないが、ぜひやってみてほしい。今度、水を飲むとき、一呼吸おいてその水を味わってみよう。わずかでも「土管に溜まっていた」においがしないか、あるいは「甲殻類のほのかなフレーバー」が感じられないかどうか。
33. L. M. Feazel, L. K. Baumgartner, K. L. Peterson, D. N. Frank, J. L. Harris, and N. R. Pace, “Opportunistic Pathogens Enriched in Showerhead Biofilms,” *Proceedings of the National Academy of Sciences* 106, no. 38 (2009): 16393–16399.
34. S. O. Reber, P. H. Siebler, N.C. Donner, J. T. Morton, D. G. Smith, J. M. Kopelman, K. R. Lowe, et al., “Immunization with a Heat-Killed Preparation of the Environmental Bacterium Mycobacterium vaccae Promotes Stress Resilience in Mice,” *Proceedings of the National Academy of Sciences* 113, no. 22 (2016): E3130–E3139.

じがたいほどの努力を要した。ディオは着用している月桂冠から月桂樹の葉を抜きとり、それを口に噛んで笑いをこらえた。M. Beard, *Laughter in Ancient Rome: On Joking, Tickling, and Cracking Up* (Oakland: University of California Press, 2014) を参照。

21. G. G. Fagan, "Bathing for Health with Celsus and Pliny the Elder," *Classical Quarterly* 56, no. 1 (2006): 190–207.
22. サガラソッス遺跡（現在、トルコ共和国が支配するアナトリア半島にある遺跡）の古代ローマ公衆浴場のトイレを発掘したところ、線虫（回虫類）の卵や、病原性原生動物であるランブル鞭毛虫の形跡が見つかった。F. S. Williams, T. Arnold-Foster, H. Y. Yeh, M. L. Ledger, J. Baeten, J. Poblome, and P. D. Mitchell, "Intestinal Parasites from the 2nd–5th Century AD Latrine in the Roman Baths at Sagalassos (Turkey)," *International Journal of Paleopathology* 19 (2017): 37–42.
23. ルネサンス初期には、イタリアでも北ヨーロッパでも、水を浴びる裸の男性を描いた絵画が人気を博した。こうした場面は古代ローマ・ギリシャを彷彿させたが、ほとんどどれもみな、身体を洗おうとしている男性ではなく、水の中で泳ぐ男性を描いていた。例外の一つが、アルブレヒト・デューラー（1471~1528年）の版画であり、そこにはドイツの男性用公衆浴場にいるデューラー自身と友人３人が描かれている。このような公衆浴場は、入浴目的と社交目的の両方で利用されており、おそらく両者の比重は同程度であったと思われる。そのことは、デューラーの版画が制作される直前に、浴場内で梅毒の蔓延が認められたことを理由にニュルンベルクの公衆浴場が閉鎖されたことからもうかがえる。S. S. Dickey, "Rembrandt's 'Little Swimmers' in Context," in *Midwest Arcadia: Essays in Honor of Alison Kettering* (2015), doi:10.18277/makf.2015.05 を参照。
24. 例外の一つは、ヴァイキングの入浴習慣だった。ヴァイキングは他民族を襲う恐ろしい侵略者で、凶暴さと独自の武器と神出鬼没の航海術で軍事的成功を収めていった。その一方で、ヴァイキングは農民でもあった。これら二つの特徴はよく知られている（十分に立証もされている）ようだが、あまり知られていないのは、ヴァイキングがファッションにもうるさかったという点だ。彼らはアルカリ石鹸を使って髪をブリーチし、それから、大修道院を攻め落とすべく航海に出て行った（そのヴァイキングの子孫である現代のデンマーク人たちが、髪をブリーチしてからコペンハーゲン市内でバイクを乗り回すのと同じだ）。彼らは身体を洗ったり、衣服を洗濯したりするのにもアルカリ石鹸を使った。したがって、ヴァイキングの身体や衣服にいる生物種は、同じ暗黒時代の人々とは全く異なっていた可能性が高い。たとえば、多くのイギリス女王よりもコロモジラミが少なかったはずだ。
25. F. Geels, "Co-evolution of Technology and Society: The Transition in Water Supply and Personal Hygiene in the Netherlands (1850–1930)—a Case Study in Multi-level Perspective," *Technology in Society* 27, no. 3 (2005): 363–397.

14. 現代の総合大学は複数のカレッジから編成されている（たとえば、うちの大学には、人文社会科学カレッジ（CHASS)、農学生命科学カレッジ（CALS)、その他さまざまなカレッジがある)。各学部が学部長によって管理運営されているように、各カレッジはディーン（学長）よって管理運営されている。しかし、ディーンが単独で職務を行なうわけではない。複数のアソシエイト・ディーン（副学長）がいる。アソシエイト・ディーンも単独で職務を行なうわけではない。複数のアシスタント・ディーン(学長補佐）がいる。アシスタント・ディーンでさえ、単独で職務を行なわないところもある。どのノミにも、さらに小さなノミが付き……と詩にもあるが、同様に、各ディーンに付いているのが、小さなディーン、すなわちディーンレットだ。
15. E. Ludes and J. R. Anderson, "'Peat-Bathing' by Captive White-Faced Capuchin Monkeys (*Cebus capucinus*)," *Folia Primatologica* 65, no. 1 (1995): 38–42.
16. P. Zhang, K. Watanabe, and T. Eishi, "Habitual Hot Spring Bathing by a Group of Japanese Macaques (*Macaca fuscata*) in Their Natural Habitat," *American Journal of Primatology* 69, no. 12 (2007): 1425–1430.
17. ライプチヒにあるマックス・プランク研究所のヤルマー・クールに聞いた話だが、クールたちは何時間もチンパンジーを観察したのだという。
18. 手洗いの習慣や清潔な飲み水と比べて、風呂に入ったりシャワーを浴びたりという行為はどちらかというと、衛生面よりも美的感覚や文化との関連が深い。NASAは、宇宙探査ミッションの延長を検討しているとき、宇宙飛行士たちが同じ宇宙服を着たまま長期間過ごすはめになることを認めざるをえなかった。宇宙飛行士たちは何日も、何週間も、訓練中も、探査ミッション中もずっと、洗濯も、着替えもせずに我慢することを余儀なくされた。宇宙服の状態は悪化した。皮膚には腫れ物ができてきた。皮脂がたまって固まり始めた。つまり、手を洗って身の回りを清潔に保っていれば、それほど頻繁にシャワーを浴びたり風呂に入ったりする必要はないが、宇宙飛飛行士よりも、少なくとも、あの宇宙飛行士たちよりも頻繁に入浴したほうがいい。"Houston, We Have a Fungus" in M. Roach, *Packing for Mars: The Curious Science of Life in the Void* (New York: W. W. Norton, 2011)〔『わたしを宇宙に連れてって』NHK出版〕の該当章を参照。
19. 一例として、W. A. Fairservis, "The Harappan Civilization: New Evidence and More Theory," *American Museum Novitates*, no. 2055 (1961) を参照。
20. 極めて現代的にも思えるが、ローマ皇帝コンモドゥスはかつて、ダチョウとの剣闘試合に選手として出場した。闘いを見ようと大勢の民衆が詰めかけた。ダチョウは綱でつながれていた。コンモドゥスは裸だった。コンモドゥスがダチョウを殺しにかかり、斬り落としたその首を観客席の元老院議員たちに向けて掲げると、割れんばかりの拍手喝采が闘技場に響きわたった。元老院議員の一人、カッシウス・ディオはのちに、この頃は人生で最悪の時期だったと綴っている。笑いそうになるのをこらえるには信

Mergulhão, L. Melo, and M. Simoes, “Antimicrobial Resistance to Disinfectants in Biofilms,” in *Science against Microbial Pathogens: Communicating Current Research and Technological Advances*, ed. A. Mendez-Vilas, 826–834 (Badajoz: Formatex, 2011) を参照。

7. L. G. Wilson, “Commentary: Medicine, Population, and Tuberculosis,” *International Journal of Epidemiology* 34, no. 3 (2004): 521–524.
8. K. I. Bos, K. M. Harkins, A. Herbig, M. Coscolla, N. Weber, I. Comas, S. A. Forrest, J. M. Bryant, S. R. Harris, V. J. Schuenemann, and T. J Campbell, “Pre-Columbian Mycobacterial Genomes Reveal Seals as a Source of New World Human Tuberculosis,” *Nature* 514, no. 7523 (2014): 494–497. S.Rodriguez-Campos, N. H. Smith, M. B. Boniotti, and A. Aranaz, “Overview and Phylogeny of *Mycobacterium tuberculosis* Complex Organisms: Implications for Diagnostics and Legislation of Bovine Tuberculosis,” *Research in Veterinary Science* 97 (2014): S5–S19 も参照。
9. W. Hoefsloot, J. Van Ingen, C. Andrejak, K. Ängeby, R. Bauriaud, P. Bemer, N. Beylis, et al., “The Geographic Diversity of Nontuberculous Mycobacteria Isolated from Pulmonary Samples: An NTM-NET Collaborative Study,” *European Respiratory Journal* 42, no. 6 (2013): 1604–1613.
10. J. R. Honda, N. A. Hasan, R. M. Davidson, M. D. Williams, L. E. Epperson, P. R. Reynolds, and E. D. Chan, “Environmental Nontuberculous Mycobacteria in the Hawaiian Islands,” *PLoS Neglected Tropical Diseases* 10, no. 10 (2016): e0005068. シャワーヘッドの微生物に関する重要な初期研究である L. M. Feazel, L. K. Baumgartner, K. L. Peterson, D. N. Frank, J. K. Harris, and N. R. Pace, “Opportunistic Pathogens Enriched in Showerhead Biofilms,” *Proceedings of the National Academy of Sciences* 106, no. 38 (2009): 16393–16399 も参照のこと。
11. つまり、うちの研究室のローレン・ニコルズにメールを送って、そうしてくれるように頼んだのだ。それを受けたローレンは、リー・シェルにメールを送った。リーとローレンは結局、ジュリー・シェアード（デンマークに拠点を置くうちのグループの大学院生）にもメールを送った。
12. 10回目には、私の尿道の微生物叢をサンプリングしたいと協力を求められた。丁重にお断りした。
13. 一般に、水道水中では、環境が生育に適していればいるほど、生物種数は少なくなるようだ。流れている冷水が最も多様性に富んでおり、次いで、流れている温水、淀んだ水と続き、バイオフィルムは最も多様性が低い。C. R. Proctor, M. Reimann, B. Vriens, and F. Hammes, “Biofilms in Shower Hoses,” *Water Research* 131 (2018): 274–286 の図4b を参照。

住居のほうが、アメリカ合衆国の住居よりもガンマプロテオバクテリア綱細菌の数が多いはず、というのがハンスキらの予測だ。しかし、ミーガンの調査結果はその逆だった。簡単な問題ならば、もうすでに答えが得られているだろう。
26. M. M. Stein, C. L. Hrusch, J. Gozdz, C. Igartua, V. Pivniouk, S. E. Murray, J. G. Ledford, et al., "Innate Immunity and Asthma Risk in Amish and Hutterite Farm Children," *New England Journal of Medicine* 375, no. 5 (2016): 411–421.
27. T. Haahtela, T. Laatikainen, H. Alenius, P. Auvinen, N. Fyhrquist, I. Hanski, L. Hertzen, et al., "Hunt for the Origin of Allergy—Comparing the Finnish and Russian Karelia," *Clinical and Experimental Allergy* 45, no. 5 (2015): 891–901.

第5章

1. J. Leja, "Rembrandt's 'Woman Bathing in a Stream,' " *Simiolus: Netherlands Quarterly for the History of Art* 24, no. 4 (1996): 321–327.
2. ノアも私も忘れていたのだが（メールをチェックしてみたら）、シャワーヘッドのプロジェクトについて話したのは、実はこれが２度目だった。１度目は立ち消えとなり、メールのやりとりは途絶えた。しかし、このノアからのメールで以前の情熱がやや復活した。
3. デンマークの水道水から見つかる無脊椎動物をもっと詳しく挙げていくと、貝虫、扁虫、ケンミジンコ、イトミミズ、ゴカイ類（多毛類）、端脚類、線虫などがある。S. C. B. Christensen, "*Asellus aquaticus* and Other Invertebrates in Drinking Water Distribution Systems" (PhD diss., Technical University of Denmark, 2011) を参照。S. C. B. Christensen, E. Nissen, E. Arvin, and H. J. Albrechtsen, "Distribution of *Asellus aquaticus* and Microinvertebrates in a Non-chlorinated Drinking Water Supply System— Effects of Pipe Material and Sedimentation," *Water Research* 45, no. 10 (2011): 3215–3224 も参照。
4. カルロス・ゴラーとノースカロライナ州立大学の学生たちの研究のおかげで、この事実が知られるようになった。カルロスは、現在、これらの珍しい細菌の新変種を探して、次から次へと水道の蛇口を調べて回っている。カルロスが大学生数千人にこの取り組みへの協力を要請したところ、数千人の大学生が自宅の水道の蛇口をのぞき込んで新奇な生物を探してくれた。その結果、デルフチア・アシドボランスだけでなく、その他のデルフチア属細菌が多数見つかった。そのうちの相当数が科学界にまだ知られていない種のようだ。
5. 口の中の歯垢の場合も同じだ。
6. バイオフィルムのおかげでしっかりと付着している微生物は、人間からの攻撃をも含め、日々さらされる危険から保護されている。たとえば、バイオフィルムを形成している細菌を死滅させるのに必要な抗菌薬の濃度は、プランクトンのように水中を浮遊している場合に必要な濃度の1000倍にも及ぶ。P. Araujo, M. Lemos, F.

足りない』早川書房〕
13. D. P. Strachan, "Hay Fever, Hygiene, and Household Size," *BMJ* 299, no. 6710 (1989): 1259.
14. L. Ruokolainen, L. Paalanen, A. Karkman, T. Laatikainen, L. Hertzen, T. Vlasoff, O. Markelova, et al., "Significant Disparities in Allergy Prevalence and Microbiota between the Young People in Finnish and Russian Karelia," *Clinical and Experimental Allergy* 47, no. 5 (2017): 665–674.
15. L. von Hertzen, I. Hanski, and T. Haahtela, "Natural Immunity," *EMBO Reports* 12, no. 11 (2011): 1089–1093.
16. このプロジェクトは、好条件のもとでスタートしても、結局うまくいかないだろう。ジャンゼンは、資金がほとんどないまま、一握りの熱心な友人たちのフィールドワークと分類作業を頼りにプロジェクトを進めねばならなかった。J. Kaiser, "Unique, All-Taxa Survey in Costa Rica 'Self-Destructs,' " *Science* 276, no. 5314 (1997): 893を参照。もちろん、プロジェクトはまだ終わっていない。たぶん終わることはないだろう。
17. たとえばローリーでこれと同じ調査をしたら、細菌はもちろん、何百種、何千種もの多細胞生物が含まれていて、信じられないほど面倒な仕事になるだろう。
18. I. Hanski, L. von Hertzen, N. Fyhrquist, K. Koskinen, K. Torppa, T. Laatikainen, P. Karisola, et al., "Environmental Biodiversity, Human Microbiota, and Allergy Are Interrelated," *Proceedings of the National Academy of Sciences* 109, no. 21 (2012): 8334–8339.
19. H. F. Retailliau, A. W. Hightower, R. E. Dixon, and J. R. Allen. "*Acinetobacter calcoaceticus*: A Nosocomial Pathogen with an Unusual Seasonal Pattern," *Journal of Infectious Diseases* 139, no. 3 (1979): 371–375.
20. N. Fyhrquist, L. Ruokolainen, A. Suomalainen, S. Lehtimäki, V. Veckman, J. Vendelin, P. Karisola, et al., "*Acinetobacter* Species in the Skin Microbiota Protect against Allergic Sensitization and Inflammation," *Journal of Allergy and Clinical Immunology* 134, no. 6 (2014): 1301–1309.
21. Fyhrquist et al., "*Acinetobacter* Species in the Skin Microbiota," 1301–1309.
22. Ruokolainen et al., "Significant Disparities in Allergy Prevalence and Microbiota," 665–674.
23. Fyhrquist et al., "*Acinetobacter* Species in the Skin Microbiota," 1301–1309.
24. L. von Hertzen, "Plant Microbiota: Implications for Human Health," *British Journal of Nutrition* 114, no. 9 (2015): 1531–1532.
25. 解明が進んでおらず、明快な答えはまだ得られないかもしれない。たとえば、ミーガンも、ナミビアのヒンバ族の伝統的住居とアメリカ合衆国の住居とで、ガンマプロテオバクテリア綱細菌の数を比較した。茂みの中に泥と家畜糞で建てられたヒンバ族のる「瘴気」臭が、糞虫やヒメコンドルにはまったく逆の反応を引き起こす。

4. これは厳密に言えば、ある家庭の生物相の話ではなかったが、誰もが街の共同井戸の水を利用している場合、街全体とその生物相が家庭に波及する。
5. コレラの流行が収まる理由のひとつとして、コレラ菌を攻撃するウイルス（ビブリオファージ）の存在が挙げられる。コレラ菌が大量に増殖するとビブリオファージも増殖し、やがて大量のビブリオファージのせいでコレラ菌の個体数が減ってくる。すると、ビブリオファージの個体数も減って、コレラ菌の個体数がまた増え始める。ガンジス川では、コレラ菌とそのウイルスの個体数が周期的に増減し、それに伴ってコレラ患者数も増減する。S. Mookerjee, A. Jaiswal, P. Batabyal, M. H. Einsporn, R. J. Lara, B. Sarkar, S. B. Neogi, and A. Palit, “Seasonal Dynamics of *Vibrio cholerae* and Its Phages in Riverine Ecosystem of Gangetic West Bengal: Cholera Paradigm,” *Environmental Monitoring and Assessment* 186, no. 10 (2014): 6241–6250.
6. 現在もなお、毎年数百万人がコレラで死亡していることを考えると、誰もがこうしたシステムの恩恵にあずかれるようにすることが喫緊の課題である。コレラの原因や予防法を解明しようとする段階はすでに終わり、いかにして世界中のすべての人々に清潔な飲料水を届けるかが目下の課題となっている。瘴気がもたらす謎の病を防ごうとする段階はすでに終わり、世界の地域格差や地政学的問題といった、一筋縄ではいかない難題を解決することが目下の課題となっている。
7. I. Hanski, *Messages from Islands: A Global Biodiversity Tour* (Chicago: University of Chicago Press, 2016).
8. 虫の知らせでもあったかのように、ハーテラがこの論文で引用した23件の文献のうちの2件がハンスキの論文だった。T. Haahtela, “Allergy Is Rare Where Butterflies Flourish in a Biodiverse Environment,” *Allergy* 64, no. 12 (2009): 1799–1803を参照。
9. United Nations, *World Urbanization Prospects: The 2014 Revision. Highlights* (New York: United Nations, 2014), https://esa.un.org/unpd/wup/ publications/files/wup2014-highlights.pdf.
10. E. O. Wilson, *Biophilia* (Cambridge, MA: Harvard University Press, 1984).〔『バイオフィリア』ちくま学芸文庫〕
11. 一例として、M. R. Marselle, K. N. Irvine, A. Lorenzo-Arribas, and S. L. Warber, “Does Perceived Restorativeness Mediate the Effects of Perceived Biodiversity and Perceived Naturalness on Emotional Well-Being Following Group Walks in Nature?” *Journal of Environmental Psychology* 46 (2016): 217–232に挙げられた実例および論考を参照。
12. R. Louv, *Last Child in the Woods: Saving Our Children from Nature-Deficit Disorder* (Chapel Hill, NC: Algonquin Books, 2008).〔『あなたの子どもには自然が

Fujiwara-Tsujii, T. Akino, T. Yoshimura, T. Yanagawa, and S. Shimizu, "Musty Odor of Entomopathogens Enhances Disease-Prevention Behaviors in the Termite *Coptotermes formosanus*, " *Journal of Invertebrate Pathology* 108, no. 1 (2011): 1–6 も参照。

26. D. L. Pierson, "Microbial Contamination of Spacecraft," *Gravitational and Space Research* 14, no. 2 (2007): 1–6.
27. これは細菌についての結果。真菌については後述する。Novikova, "Review of the Knowledge of Microbial Contamination," 127–132 を参照。N. Novikova, P. De Boever, S. Poddubko, E. Deshevaya, N. Polikarpov, N. Rakova, I. Coninx, and M. Mergeay, "Survey of Environmental Biocontamination on Board the International Space Station," *Research in Microbiology* 157, no. 1 (2006): 5–12 も参照。
28. 長期にわたる調査の結果、数十におよぶ属の細菌が発見された。そのなかで最も多かったのは、腋窩のにおいのもとになる細菌（コリネバクテリウム属）と、にきびの原因になるアクネ菌（プロピオニバクテリウム属）だった。A. Checinska, A. J. Probst, P. Vaishampayan, J. R. White, D. Kumar, V. G. Stepanov, G. R. Fox, H. R. Nilsson, D. L. Pierson, J. Perry, and K. Venkateswaran, "Microbiomes of the Dust Particles Collected from the International Space Station and Spacecraft Assembly Facilities," *Microbiome* 3, no. 1 (2015): 50 を参照。
29. S. Kelly, *Endurance: A Year in Space, a Lifetime of Discovery* (New York: Knopf, 2017), 387.

第4章

1. 最初にこれを論じたのはロナルド・プリアムの論文。H. R. Pulliam, "Sources, Sinks, and Population Regulation," *American Naturalist* 132 (1988): 652–661 を参照。
2. ダニエル・ジャンゼンは、ある種の細菌が不快なにおいを発するのは、老廃物ゆえではなく、自分の餌がヒトに食べられてしまうのを防ぐためだと述べている。邪魔されずに食事するために悪臭を放つのだというのだ。ときおり私は、飛行機で隣り合わせた乗客も同じ戦略を試みているらしいと思うことがある。D. H. Janzen, "Why Fruits Rot, Seeds Mold, and Meat Spoils," *American Naturalist* 111, no. 980 (1977): 691–713 を参照。
3. どんなにおいをむかつくと感じるかには、人類の進化史と文化の両方が反映されている。特定のにおいの受け止め方（たとえば、魚のすり身のにおいをどう感じるか）は、文化によって調整が加えられる。しかし、あるにおいによって引き起こされる脳内の信号を不快と捉えるかどうかは、進化史の中で形成される。注目すべきなのは、こうした受け止め方はすべて、種に固有なものであるという点だ。人間に吐き気を催させ

Exposure to Parasitic Arthropods? A Preliminary Report on the Possible Anti-vector Function of Chimpanzee Sleeping Platforms," *Primates* 54, no. 1 (2013): 73–80を参照。ミーガンの研究については、M. S. Thoemmes, F. A. Stewart, R. A. Hernandez-Aguilar, M. Bertone, D. A. Baltzegar, K. P. Cole, N. Cohen, A. K. Piel, and R. R. Dunn, "Ecology of Sleeping: The Microbial and Arthropod Associates of Chimpanzee Beds," *Royal Society Open Science* 5 (2018): 180382. doi:10.1098/ rsos.180382を参照。

21. H. De Lumley, "A Paleolithic Camp at Nice," *Scientific American* 220, no. 5 (1969): 42–51.
22. 170万年以上前にヨーロッパに移住したホミニドに、シェルターを作る能力がなかったとは考えにくい。当然、そのようなものを作っていたはずだが残っていないのは、最初の住居の材料——木の枝、葉、泥といったもの——が保存されにくいからなのだ。しかし、巣を作るところから、雨風をしのぐシェルターを作るようになり、さらに粗末な丸屋根の住まいを作るようになるのは造作ない。
23. L. Wadley, C. Sievers, M. Bamford, P. Goldberg, F. Berna, and C. Miller, "Middle Stone Age Bedding Construction and Settlement Patterns at Sibudu, South Africa," *Science* 334, no. 6061 (2011): 1388–1391.
24. J. F. Ruiz-Calderon, H. Cavallin, S. J. Song, A. Novoselac, L. R. Pericchi, J. N. Hernandez, Rafael Rios, et al., "Walls Talk: Microbial Biogeography of Homes Spanning Urbanization," *Science Advances* 2, no. 2 (2016): e1501061.
25. 私たち人間は、家の中の有用な種をすべて殺し、それと同時に、有害な種をうっかり利してしまう傾向がある。家屋内に生息しているシロアリは、それとは逆のことをする。たとえばイエシロアリは、真っ暗な巣穴の中で触角を振って、体に付いている真菌や巣に生えている真菌のにおいを嗅ぎつけることができる。さらにシロアリは、真菌の胞子を自分の体から取り除くこともできる。真菌胞子を見つけたら、シロアリはそれを食べて取り除くのだ。シロアリの腸は、真菌をうまく糞で包み込んでしまう。貝の真珠層が条虫の包虫嚢胞（幼虫）を包み込むように、糞が殺生物剤のような働きをするのである。シロアリはその後、自分の糞、抗菌性のある唾液、そして土を使って巣の壁をこしらえる。真菌は、その壁の内部で、閉じ込められたまま生き続ける。このような一連の行動——探知、摂取、建設——によってこれらのシロアリは、重大な敵がほとんどおらず、同時に、他の種が（シロアリが消化を依存している種も含め）無事に存続できる環境を作り上げている。A. Yanagawa, F. Yokohari, and S. Shimizu, "Defense Mechanism of the Termite, *Coptotermes formosanus* Shiraki, to Entomopathogenic Fungi," *Journal of Invertebrate Pathology* 97, no. 2 (2010): 165–170を参照。A. Yanagawa, F. Yokohari, and S. Shimizu, "Influence of Fungal Odor on Grooming Behavior of the Termite, *Coptotermes formosanus*, " *Journal of Insect Science* 10, no. 1 (2010): 141も参照。A. Yanagawa, N.

する深海の熱水噴出孔付近だった。その後、121株は、それまで誰も想像していなかったほどの高温下でも生存できることが明らかになる。オートクレーブは、圧力鍋と同じく、圧力を高めることで内部をおよそ摂氏121度に維持でき、あらゆる生物を死滅させられる。ところが、121株は、24時間以上オートクレーブ内にあっても、生存し増殖することができた。オートクレーブでの滅菌時間は、1～2時間程度であるのがふつうだ。K. Kashefi and D. R. Lovley, "Extending the Upper Temperature Limit for Life," *Science* 301, no. 5635 (2003): 934–934を参照。

16. 私たちは、集合住宅のドアについては（集合住宅の他のすべてと同じく）これがあまり当てはまらないことを、その後明らかにした。R. R. Dunn, N. Fierer, J. B. Henley, J. W. Leff, and H. L. Menninger, "Home Life: Factors Structuring the Bacterial Diversity Found within and between Homes," *PLoS One* 8, no. 5 (2013): e64133を参照。
17. B. Fruth and G. Hohmann, "Nest Building Behavior in the Great Apes: The Great Leap Forward?" *Great Ape Societies*, ed. W. C. McGrew, L. F. Marchant, and T. Nishida (New York: Cambridge University Press, 1996), 225; D. Prasetyo, M. Ancrenaz, H. C. Morrogh-Bernard, S. S. Utami Atmoko, S. A. Wich, and C. P. van Schaik, "Nest Building in Orangutans," *Orangutans: Geographical Variation in Behavioral Ecology*, ed. S. A. Wich, S. U. Atmoko, T. M. Setia, and C. P. van Schaik (Oxford: Oxford University Press, 2009), 269–277.
18. ミツユビナマケモノは、ほとんどの時間を木にぶら下がって過ごすが、3週間に1回程度、安全な樹上から、ふらりと林床に降りてきて排便や排尿を行なう。そのとき、ミツユビナマケモノの被毛に生息しているガが、ナマケモノの糞に産卵する。ガの幼虫は糞の中ですっかり成長し、羽化すると、樹上まで飛んでいってナマケモノの被毛に居を定める。ミツユビナマケモノ1匹には4～35匹のガが棲んでいる。ナマケモノの被毛には藻類も生えているのだが、どうやらこれらのガが、藻類が繁茂するための養分を提供しているらしい。ナマケモノは藻類を食べて栄養を補っている。藻類には、主食の葉よりも豊富に脂質が含まれているからだ。J. N. Pauli, J. E. Mendoza, S. A. Steffan, C. C. Carey, P. J. Weimer, and M. Z. Peery, "A Syndrome of Mutualism Reinforces the Lifestyle of a Sloth," *Proceedings of the Royal Society B* 281, no. 1778 (2014): 20133006を参照。
19. 一例としてM. J. Colloff, "Mites from House Dust in Glasgow," *Medical and Veterinary Entomology* 1, no. 2 (1987): 163–168を参照。
20. チンパンジーは、巣の中で用を足すことはなく、餌を大量に捨てることもないようで、ほとんど毎晩、新しい巣を作って寝る。こうしたことすべてが手伝って、チンパンジーの身体に由来する微生物などが、巣にたまりにくくなっているにちがいない。D. R. Samson, M. P. Muehlenbein, and K. D. Hunt, "Do Chimpanzees (*Pan troglodytes schweinfurthii*) Exhibit Sleep Related Behaviors That Minimize

細菌を研究していた。このような縁も、ノアと私が共同研究を始めるきっかけとなった。J. Hulcr, N. R. Rountree, S. E. Diamond, L. L. Stelinski, N. Fierer, and R. R. Dunn, "Mycangia of Ambrosia Beetles Host Communities of Bacteria," *Microbial Ecology* 64, no. 3 (2012): 784–793 を参照。

9. 当初、こうした参加者は、私たちの知り合いが多かったのだが、プロジェクトの規模が大きくなるにつれて、参加者の範囲もどんどん拡大していった。
10. H. Holmes, *The Secret Life of Dust: From the Cosmos to the Kitchen Counter, the Big Consequences of Small Things* (Hoboken, NJ: Wiley, 2001).〔『小さな塵の大きな不思議』紀伊國屋書店〕
11. ということはつまり、ノアの研究室の実験助手、ジェシカ・ヘンリーが、4000本の綿棒の4000個の先端を切り取って4000個のバイアルに入れていくことになった。大変なことをお願いしてしまったが、ジェシカ、どうもありがとう。
12. 場所によっては、屋内生物は、人間が身を置いた場所を正確に記録している。当時グラスゴー大学にいた生態学者でダニ学者のマット・コロフが行なった研究を見てみよう。コロフは、毎晩、自分のベッドから試料を採取して調べてみることにした。ベッドを9分割して、就寝中にそれぞれの区画の温度と湿度をモニターする装置を設置した。コロフがその研究の中で記しているところによると、そのベッドは、15年間使っているダブルベッドに、15年使っているマットレスを敷いたものだった。その装置は、彼が眠っている間、毎正時に、マットレスに関するデータを収集した。温度や湿度が高い場所ほど、多数のダニが見つかるだろうと彼は予想していた。しかし、予想は外れたようだった。実験から明らかになったのは、温度とは関係なく、身体を横たえている場所では必ずダニの数が増えるということだった。チリダニなど、合わせて18種類のダニのほか、チリダニを捕食するダニも見つかった。そのすべてが、彼が眠っている場所の真下で、身体から剝がれ落ちたものを食べていた。細菌もやはり同様のパターンを示し、人間が長い時間を過ごす場所の真下で、最も高密度で生息しているのはないかと考えられる。コロフは、自分のベッドに多種多様なダニがいるのはマットレスが古いせいだとしている。M. J. Colloff, "Mite Ecology and Microclimate in My Bed," in *Mite Allergy: A Worldwide Problem*, ed. A. De Weck and A. Todt (Brussels: UCB Institute of Allergy, 1988), 51–54 を参照。
13. その後、人間の臍に棲んでいる生物を調べているときにも同じような経験をした。研究に参加してくれた、ある有名なジャーナリストの臍は、ほとんど食品由来の細菌ばかりだった。まったく説明がつかなかった。生命の神秘は、ときに、科学で解明できる範囲を越えている。
14. P. Zalar, M. Novak, G. S. De Hoog, and N. Gunde-Cimerman, "Dishwashers— a Man-Made Ecological Niche Accommodating Human Opportunistic Fungal Pathogens," *Fungal Biology* 115, no. 10 (2011): 997–1007.
15. 「121株」と呼ばれるこの生物が最初に発見されたのは、水温が摂氏130度にまで達熱水泉にしかいない6種類の細菌が見つかった。そのうちの数種は、いまだに培養不能でありながら、検出が可能になった細菌だった。

第3章

1. 長時間、長い距離を歩き続けて、電池が三つとも切れてしまい、月明かりを頼りにステーションへの帰り道を探すはめになったのは一度だけではない。毒ヘビがうじゃうじゃいる森の中で、声も出ないほどの恐怖だった。
2. S. H. Messier, "Ecology and Division of Labor in *Nasutitermes corniger*: The Effect of Environmental Variation on Caste Ratios" (PhD diss., University of Colorado, 1996).
3. B. Guénard and R. R. Dunn, "A New (Old), Invasive Ant in the Hardwood Forests of Eastern North America and Its Potentially Widespread Impacts," *PLoS One* 5, no. 7 (2010): e11614.
4. B. Guénard and J. Silverman, "Tandem Carrying, a New Foraging Strategy in Ants: Description, Function, and Adaptive Significance Relative to Other Described Foraging Strategies," *Naturwissenschaften* 98, no. 8 (2011): 651–659.
5. T. Yashiro, K. Matsuura, B. Guenard, M. Terayama, and R. R. Dunn, "On the Evolution of the Species Complex *Pachycondyla chinensis* (Hymenoptera: Formicidae: Ponerinae), Including the Origin of Its Invasive Form and Description of a New Species," *Zootaxa* 2685, no. 1 (2010): 39–50.
6. このアリについて書かれた論文は、1954年に発表された次の1編しかない。M. R. Smith and M. W. Wing, "Redescription of *Discothyrea testacea* Roger, a Little-Known North American Ant, with Notes on the Genus (Hymenoptera: Formicidae)," *Journal of the New York Entomological Society* 62, no. 2 (1954): 105–112. キャサリンが今、何をしているのか把握していなかったので、調べてみた。彼女は現在、テキサス州のエルパソ動物園で飼育員として働いている。ネコ科の大型動物に対するキャサリンの関心は、私に気を散らされたくらいでは揺るがないことが判明した。
7. このプロジェクトは、現在フロリダ大学のアシスタント・プロフェッサーであるアンドレア・ラッキーが着手し主導した。A. Lucky, A. M. Savage, L. M. Nichols, C. Castracani, L. Shell, D. A. Grasso, A. Mori, and R. R. Dunn, "Ecologists, Educators, and Writers Collaborate with the Public to Assess Backyard Diversity in the School of Ants Project," *Ecosphere* 5, no. 7 (2014): 1–23.
8. 人間の臍や家屋を調査するという構想を抱くようになるずっと前から、ノアと私は、ユリー・ホルサー率いる養菌性キクイムシの研究プロジェクトで活動を共にしていた。ユリーは、キクイムシが幼虫の餌にするために、木の中に持ち込んで栽培する真菌や

14. D. J. Opperman, L. A. Piater, and E. van Heerden, “A Novel Chromate Reductase from *Thermus scotoductus* SA-01 Related to Old Yellow Enzyme,” *Journal of Bacteriology* 190, no. 8 (2008): 3076–3082. また、微生物に驚きは尽きないもので、テルムス・スコトダクタスの別の新変種は、いざというときには化学合成生物として生育できることが最近、明らかになった。専門用語で混合栄養生物という。S. Skirnisdottir, G. O. Hreggvidsson, O. Holst, and J. K. Kristjansson, “Isolation and Characterization of a Mixotrophic Sulfur-Oxidizing *Thermus scotoductus*, ” *Extremophiles* 5, no. 1 (2001): 45–51.
15. 圧倒的多数の細菌が依然として培養不能である理由について詳しくは、S. Pande and C. Kost, “Bacterial Unculturability and the Formation of Intercellular Metabolic Networks,” *Trends in Microbiology* 25, no. 5 (2017): 349–361 を参照。
16. このプロセスはハイスループット・シークエンシングだ。「ハイスループット」とは、大量の検体を一度に根こそぎ処理することで、この手法では同時に多数の生物のゲノム配列を解読する。マクドナルドがハイスループット・イーティングであるようなものだ。ちなみに「次世代」という言葉について言うと、このような手法は瞬く間に進歩するので、最先端を行く人々から見れば「次世代」アプローチももはや「前世代」となってしまうのは避けられない。
17. 通常は、サンプル中に残存しているDNA以外の物質を除去しやくするための処置をまだいくつか行なう。しかし、ここでは概略を述べるにとどめる。
18. ブロックやその同僚および同年輩の人々による研究はやがて、もっと別の好熱性微生物や、さらには超好熱性微生物の発見へとつながっていき、それとともに、能力が少しずつ異なるさまざまな酵素のライブラリーが構築されていった。たとえば、パイロコッカス・フリオサスから見つかったポリメラーゼは、Taqポリメラーゼと同様の働きをするが、高温下での安定性はより高い。
19. 標準的なシークエンシングでは、命名済みの種とぴったり一致するように、生物の同定がなされるわけではない。テルムス属1、テルムス属2というぐあいに、属分類された生物のリストが作成される。個々の塩基配列がその類似度に応じて、こうした名称が付けられ、こうした分類群にグループ化されるのである。微生物学者はこうした分類群を、それが必ずしも種ではないことを認めて、OTU(operational taxonomic unit〔操作上の分類単位〕)と呼んでいる。場合によっては、一つのOTUに数種が含まれている可能性もある。逆に、二つのOTUが同一種だという可能性もある。微生物の命名に関してはいまだに、こうしたことすべてがやや混乱した段階にある。したがってOTUは、生物分類法としては極めて不完全ではあるものの、生物を階級分類する新旧アプローチの折り合いをつけながら、前進を続けていく手段を提供してくれているのだ。
20. 最近、レジーナ・ウィルピゼスキはこの手法を用いて、給湯器内にテルムス・スコトダクタスのほかにもテルムス属細菌がいないかどうかを調査した。その結果、通常は

5. 無機物質を酸化させてエネルギーを得ている化学合成無機酸化生物。
6. 細菌であれ、サルであれ、どんな生物種にも種小名と属名が付けられている。属名は、その生物が属している大きなグループを示すものだ。ヒトの種小名は「サピエンス(「知恵のある」の意)」、属名は「ホモ」なので、ヒトの学名は「ホモ・サピエンス」である。ある種と別の種との境界線を明快に引くのはむずかしいが、属と属の境界線となるとますます不明瞭になる。理論的には、霊長類のある属と細菌のある属とがほぼ同格になるように、命名されて分類される傾向があってしかるべきだ、と言えるかもしれない。しかし実際には、下位分野の科学者たちが、ある一つの属にどれだけの数の種を含めるかを決めるやり方はそれぞれ異なる。細菌の属は、含まれる種の数が多く、しかも古い時代に出現した傾向がある(テルムス属は、そこまで古くないにせよ、数千万年前には出現していたと思われる)。一方、ヒトを含むホモ属は、種の数が少なく、しかも、比較的最近になって進化した傾向がある。こうした違いは、細菌と霊長類それ自体の違いというよりもむしろ、たとえば霊長類学者の好みと微生物学者の好みの違いによるものだ
7. ブロックがテルムス・アクウァーティクスを培養したとき、実を言うと彼は、「ピンク・バクテリア」と呼ぶ、もっと高温の環境下で生育する細菌を培養しようとしていたのだった。ピンク・バクテリアを培養することはできなかった。それ以降も誰一人、その培養には成功していないようだ。史上初のテルムス属の研究についてはT. D. Brock and H. Freeze, "*Thermus aquaticus* gen. n. and sp. n., a Nonsporulating Extreme Thermophile," *Journal of Bacteriology* 98, no. 1 (1969): 289–297 を参照。
8. R. F. Ramaley and J. Hixson, "Isolation of a Nonpigmented, Thermophilic Bacterium Similar to *Thermus aquaticus*, " *Journal of Bacteriology* 103, no. 2 (1970): 527.
9. 生態学用語であるこの言葉が、その後、経済やマーケティングの分野でも用いられるようになる。
10. T. D. Boylen and K. L. Boylen, "Presence of Thermophilic Bacteria in Laundry and Domestic Hot-Water Heaters," *Applied Microbiology* 25, no. 1 (1973): 72–76.
11. J. K. Kristjánsson, S. Hjörleifsdóttir, V. Th. Marteinsson, and G. A. Alfredsson, "*Thermus scotoductus*, sp. nov., a Pigment-Producing Thermophilic Bacterium from Hot Tap Water in Iceland and Including *Thermus* sp. X-1," *Systematic and Applied Microbiology* 17, no. 1 (1994): 44–50.
12. Kristjánsson et al., "*Thermus scotoductus*, sp. nov.," 44–50.
13. ブロックが著書の中で繰り返し強調していることの一つは、彼と同僚たちが1970年代から1980年代にかけて発見した極限環境微生物について、産業界は引き続き研究を進めているが、このような生物の野生での生態を研究し続けている研究者はほとんどいないということだ。Brock, "The Road to Yellowstone," 1–28 を参照。

ルは同じ三つの部屋を何度も何度も題材にし、時が止まったような静けさの中で、少数の人物をあたかも静物のように描いた。

12. かつてレーウェンフックの家が建っていた敷地の発掘が行なわれたことはまだ一度もない。もしかしたら、行方不明の顕微鏡や標本その他、ありとあらゆるものが埋まっているかもしれない。その敷地には現在、高級喫茶店が建っている。レスリー・ロバートソンと私は、喫茶店のオーナーを何とか説得し、真新しい床に穴を開けて、その下に隠れているレーウェンフックの遺品を探させてもらおうとした。けれども断られてしまったので、私はそれから数日間、喫茶店に通ってはその窓越しに、レーウェンフックがとてつもなく長い時間を過ごした裏庭を覗き込みながら過ごした。

第2章

1. 「第五の界——真菌類はいかにして世界を形成したか」と題するそのドキュメンタリーは、真菌類とその進化、その重要性を伝えるものだ。私は、真菌類の進化について話すために、熱水泉の傍らに立っていた。熱水泉は火山活動と微生物の共同活動の結果だ。
2. どうも科学者はいらいらをつのらせるはめになるらしい！　多忙な撮影クルーは理想的な間欠泉を見つけるのに夢中で、出発前に頭数を数えるのを忘れただけのこと、と思ってはみるのだが。
3. 英語の「ガイザー」（間欠泉）という言葉は、アイスランド語で「温泉」を意味する「ゲイシル」に由来する。ブロックの楽しい自叙伝はT. D. Brock, “The Road to Yellowstone—and Beyond,” *Annual Review of Microbiology* 49 (1995): 1–28を参照。
4. 古細菌（アーキア）は、細菌と同じく、数十億年前に進化した。古細菌は、細菌と同じく、単細胞生物である。そして、細菌と同じく、核膜をもたない。しかし似ているのはそこまでだ。古細菌の細胞と細菌の細胞の違いは、ヒトの細胞と植物の細胞の違い以上に大きい。古細菌は20世紀半ばに発見された。古細菌は多様性に富んでいるが、見つかる場所はたいてい極限環境だ（必ずというわけではないが）。ヒトに寄生することはない（と思われていた）。たいてい比較的ゆっくりと増殖する。そして、並外れて多様な代謝能力をもっている。細菌は魅力にあふれ、驚きの種が尽きないが、古細菌はさらにその上を行く。生命の起源と同じくらい古い生物で、人に害を及ぼすことはなく、基本的な生態学的プロセスを行なっている。こうした古細菌の研究はほとんどなされていないが、最近私たちが明らかにしたように、たとえば臍（へそ）のような、非常に身近なところに生息していることがある。レーウェンフックはそれを見逃していたわけで、臍については私たちのほうが優れているようだ。J. Hulcr, A. M. Latimer, J. B. Henley, N. R. Rountree, N. Fierer, A. Lucky, M. D. Lowman, and R. R. Dunn, “A Jungle in There: Bacteria in Belly Buttons Are Highly Diverse, but Predictable,” *PloS One* 7, no. 11 (2012): e47712.

5. サミュエル・ピープスはこれを「私がこれまでに読んだなかで最も独創的な本」と評している。R. Hooke, *Micrographia: Or Some Physiological Descriptions of Minute Bodies Made by Magnifying Glasses with Questions and Inquiries Thereupon* (J. Martin and J. Allestrym, 1665) を参照。
6. 当時はノミが生殖行動をとることさえ知られておらず、ノミは、小便とホコリとノミの糞が適度に混じり合ったところから自然発生するのだと思われていた。レーウェンフックは、ノミの交尾の場面（体の小さなオスが、メスの腹の下にぶらさがっている様子）を記録した。オスの精子やペニスも記録した（研究人生を通して彼は、自分の精子も含め、30種を超える動物の精子を記録することになる）。メスが産みつけた卵も見つけた。卵が孵化する瞬間をスケッチし、幼虫を観察し、その変態の様子を見届けた。そして、交尾、受精、産卵、成長のプロセスが1年に7～8回繰り返されるであろうと推測した。人から注目されようがされまいが、どんどん新たな試みにもチャレンジしていった。子どもがお気に入りのカエルを持ち歩くように、どこへ行くときも必ず、ノミの卵をバッグに入れて持ち歩いていた。Robertson et al., *Antoni van Leeuwenhoek* を参照。
7. デ・グラーフの添書の全文をM. Leeuwenhoek, "A Specimen of Some Observations Made by Microscope, Contrived by M. Leeuwenhoek in Holland, Lately Communicated by Dr. Regnerus de Graaf," *Philosophical Transactions of the Royal Society* 8 (1673): 6037–6038で読むことができる。
8. レーウェンフックの出現は絶好のタイミングだった。折しも科学は、古い原典の読み直しや抽象的思考から、観察へと焦点を移し始めていた。フランス生まれの哲学者、ルネ・デカルトの著作に触発されて、この新しい世代の科学者たちは、観察によってこそ、最も効果的に新たな真実を発見することができると考えていた。
9. A. R. Hall, "The Leeuwenhoek Lecture, 1988, Antoni Van Leeuwenhoek 1632–1723," *Notes and Records the Royal Society Journal of the History of Science* 43, no. 2 (1989): 249–273.
10. 液胞は、植物、動物、原生生物、真菌、さらには細菌の細胞までもが利用しているすぐれた貯蔵装置である。液胞には栄養を貯めることができる。老廃物も貯めることができる。液胞内では、細胞の他の部分とは異なる状態を維持することができるのだ。こうしてみると、液胞は、人類初期の文明の土器や籐籠（とうかご）に似ているところがある。液胞は、生物種によって利用するタイミングも用途も異なる多目的容器なのである。
11. レーウェンフックが住んでいた町、デルフトは、住居の研究の中心地だった。といっても、科学者ではなく、画家による研究だったが。デルフトの画家たちはさかんに街の風景を描き、部屋の中の様子も描いた。彼らはレーウェンフックが探索を続けた居住環境を描いたのである。ピーテル・デ・ホーホは数々の中庭の風景を描いた。カレル・ファブリティウスの代表作は、家で飼われているゴシキヒワの絵だが、彼はデルフトの風景も描いた。そして、ヨハネス（ヤン）・フェルメールである。フェルメー

註

序章

1. N. E. Klepeis, W. C. Nelson, W. R. Ott, J. P. Robinson, A. M. Tsang, P. Switzer, J. V. Behar, S. C. Hern, and W. H. Engelmann, "The National Human Activity Pattern Survey (NHAPS): A Resource for Assessing Exposure to Environmental Pollutants," *Journal of Exposure Science and Environmental Epidemiology* 11, no. 3 (2001): 231. カナダについては、たとえば次の調査を参照。C. J. Matz, D. M. Stieb, K. Davis, M. Egyed, A. Rose, B. Chou, and O. Brion, "Effects of Age, Season, Gender and Urban-Rural Status on Time-Activity: Canadian Human Activity Pattern Survey 2 (CHAPS 2)," *International Journal of Environmental Research and Public Health* 11, no. 2 (2014): 2108–2124.

第 1 章

1. 微生物学者で歴史学者のレスリー・ロバートソンは、レーウェンフックの顕微鏡と同じような顕微鏡を用いて、珪藻、ツリガネムシ、シアノバクテリア、各種細菌など、さまざまな種類の生物を観察している。このような研究には、忍耐力と好奇心、さらには、ありとあらゆる照明法や試料作製法を試してみる意欲が不可欠だが、レーウェンフックもそのような人物だった。L. A. Robertson, "Historical Microbiology: Is It Relevant in the 21st Century?" *FEMS Microbiology Letters* 362, no. 9 (2015): fnv057 を参照。
2. レーウェンフックが顕微鏡を用いるようになった頃には、収入のほとんどを、デルフトの役人としての軽い職務から得ていたと思われる。その仕事のおかげで、執着心を養えるだけの潤沢な余暇時間がレーウェンフックにもたらされたのだった。
3. レーウェンフックは、亜麻、羊毛、その他の繊維の品質を検査するために、リネンテスターと呼ばれるルーペを使っていたのだろう。L. Robertson, J. Backer, C. Biemans, J. van Doorn, K. Krab, W. Reijnders, H. Smit, and P. Willemsen, *Antoni van Leeuwenhoek: Master of the Minuscule* (Boston: Brill, 2016) を参照。
4. この本は現在、プロジェクト・グーテンベルクにより、無料でオンライン閲覧できる。非常に大きなものから極めて小さなものまで驚異の画像が収録されている。(https://www.gutenberg.org/files/15491/15491-h/15491-h.htm)

ISBN 978-4-8269-0223-6

家は生態系 あなたは20万種の生き物と暮らしている

二〇二一年二月二十八日 第一版第一刷発行
二〇二三年二月二十三日 第一版第五刷発行

著者 ロブ・ダン
訳者 今西康子

発行者 中村幸慈
発行所 株式会社 白揚社 ©2021 in Japan by Hakuyosha
〒101-0062 東京都千代田区神田駿河台1-7
電話 03-5281-9772 振替 00130-1-25400
装幀 吉野愛
印刷・製本 中央精版印刷株式会社